생산자와 소비자를 위한

매실의 재배와 이용

감수 金正浩

집필 姜尙祚 · 尹益九 · 全智惠 · 任明淳
崔長田 · 權庭賢 · 鄭碩泰

오성출판사

책 머리에

최근 과수산업을 둘러싼 국내외적 농업여건이 날로 어려워져 가고 있습니다. 국제적으로는 DDA, FTA 등에 의해 농산물에 대한 국가간 무역장벽이 무너짐에 따라 외국의 신선 과실도 위험 병해충에 대한 식물검역상의 문제만 없다면 자유로운 수입이 가능하게 되었습니다.

그동안 사과, 배, 포도, 감 등 주요 과수 재배농가의 소득이 크게 감소하는 추세여서, 일찍 출하할 수 있으면서 다른 과수재배에 비해 생산비가 적게 드는 매실에 대한 관심이 날로 높아져 최근에는 매실수 재배면적이 크게 늘어나고 있습니다.

매실은 섬유소와 무기질이 풍부하고 구연산을 비롯한 유기산이 다량 함유되어 있어 소비자의 관심도가 매우 높은, 지속적인 소비 시장이 구축될 수 있는 과수 작목입니다.

그러나 매실을 재배하는 대부분의 농가는 생산기반이 취약하기 때문에 새로 개발된 재배기술이 영농현장에 곧바로 적용되지 못하는 사례가 많을 뿐만 아니라 기술수준도 아직까지 낮은 편이어서 경쟁력을 높이기 위해서는 해결하여야 할 부분이 많은 것으로 생각됩니다.

이 책은 매실 재배농가 및 소비자에게 유익한 참고도서가 될 수 있도록 최신 연구정보와 소비자들의 지속적인 매실 소비를 위한 매실의 가공방법 등에 중점을 두고 집필하였습니다.

앞으로 수준 높은 재배기술과 합리적인 경영방법으로 경쟁력 있는 농업의 위상을 드높이고, 유익한 매실 가공 방법을 통해 일년내내 매실을 상식함으로써 우리 건강을 지키는 데 좋은 길잡이가 되기를 기대합니다. 어려운 가운데서도 이 책을 발간해 주신 오성출판사 金重英 회장님께 감사드립니다.

2009. 6. 저자 씀

목차

제1장 재배역사와 현황

I. 원산지와 내력

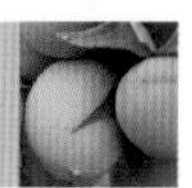

1. 원산지와 분포

매실의 원산지는 중국 사천성과 호북성의 산간지로 알려져 있으며, 아시아 동북부에 해당하는 우리나라, 중국, 일본의 온난한 지역에 야생종이 분포하고 있다. 현재 매실은 중국을 비롯하여 우리나라와 일본을 포함한 동북아시아의 일부 따뜻한 기후 지역을 중심으로 재배되고 있으며, 일반적인 매실의 전파경로는 한국은 중국을 통해, 일본에는 한국이 전래했을 것으로 추측되고 있다.

2. 내력

매실의 재배역사는 중국 고서인 《시경(詩經)》, 《신농본초경(新農本草經)》 등에서 기록을 찾아볼 수 있으며, 중국 은허 유적에서 출토된 매화의 탄화한 종자를 분석한 결과, 중국의 매실 재배는 약 3,000년 전부터 이루어졌을 것으로 추정되고 있다. 일본에서도 약 1,500년 전후로 매실이 이용되어 온 것으로 추정되는데, 주로 꽃을 보기 위한 관상용으로 재배되었으며 열매는 부수적으로 사용되었다. 과실 생산을 목적으로 한 본격적인 재배는 도쿠가와 시대 중기에 시작되었고, 메이지 시대까지는 백매(白梅: 절인매실) 또는 오매(烏梅: 말린매실)로 가공, 이용되었다.

우리나라의 매실에 대한 기록은 《삼국사기(三國史記)》와 《삼국유사(三國遺事)》에서 찾아볼 수 있으며, 한국에 전래된 시기는 약 1,500년 전쯤으로 짐작된다. 그러나 이들 문헌에서는 열매에 대한 기록은 없고, 꽃인 매화에 대해서만 언급하고 있어 전래 초기인 삼국시대에는 주로 매화나무를 정원수로 이용하였을 것으로 추정된다.

고려시대에는 이규보의 《동국이상국집(東國李相國集)》, 《정몽주의 포은집(圃隱集)》 등 삼국시대보다 더 많은 문헌에서 매화에 대한 기록을 찾을 수 있는 것으로 보아 매화의 분포가 더 확대된 것으로 추정된다. 고려사(高麗史)에는 오매에 대한 기록이 처음 나타나는데, 이로 보아 삼국시대에는 주로 정원수로 이용하였던 매화나무의 열매를 고려시대에 오면서 식용 또는 약용으로도 이용하였을 것으로 추측할 수 있다.

조선시대에는 매화에 대한 기록이 강희안(姜希顔)의 《양화소록(養花小錄)》, 이수광의 《지봉유설(芝峰類說)》, 홍만선(洪萬選)의 《산림경제(山林經濟)》 등, 고려시대보다 더 많은 문헌에서 매화에 대하여 언급하고 있다. 일부 문헌에는 매실의 품종과 그 관리 방법, 오매와 백매를 만드는 방법 등이 기록되어 있어, 이 시기에 매실의 토착화 및 이용방법의 체계화가 이루어졌음을 알 수 있다.

1454년에 쓰인 《세종실록지리지(世宗實錄地理志)》에는 매실의 생산지와 종류에 대한 기록이 있으며, 약재로 쓰인 매(梅), 매실(梅實), 오매(烏梅), 염매(鹽梅), 염매실(鹽梅實), 백매(白梅), 백매실(白梅實)이 생산지별로 기록되어 있다(표 1-1). 이로 보아 조선시대 초기에는 매실이 약재로 널리 이용되었으며, 주로 기온이 따뜻한 남부지역, 특히 전라도 지역에서 주로 재배되었음을 알 수 있다.

표 1-2는 1530년에 완성된 지리서인 《신증동국여지승람(新增東國輿地勝覽)》에 기록되어 있는 매실의 종류와 재배지를 나타낸 것으로, 토산 항목에 오매와 매실이 기록되어 있다. 오매는 경상도 현풍현과 전라도 장흥도호부의 특산물, 매실은 경상도의 영산현, 경산현 등, 전라도의 광산현, 진원현 등의 특산물로 기록되어 있으며, 이는 1400년대에 비해 매실의 재배지역이 점차 확대되었음을 간접적으로 보여준다.

이렇게 《세종실록지리지》와 《신증동국여지승람》의 매실에 대한 기록으로 보아 기온이 따뜻한 경상도와 전라도 지역을 중심으로 매실의 재배가 이루어졌음을 알 수 있으며, 매실의 생산지로 언급되어 있는 지역은 대부분이 매실의 재배에 적합한 기후조건을 갖추고 있는 곳으로, 현재 매실이 주로 생산되고 있는 광양, 순천 등의 지역과 일치하고 있다.

1766년에 기록된 농서 《증보산림경제(增補山林經濟)》에는 오매와 꿀을 이용하여 매실차를 만들어 여름에 물에 타서 먹으면 갈증을 풀어주는 효과가 있다고 기록되어 있어 조선시대에는 매실을 약용뿐 아니라 식용으로도 널리 이용하였음을 알 수 있다.

표 1-1 • 《세종실록지리지》에 기록되어 있는 매실의 종류와 생산지

지역	종류
경상도(慶尙道)	백매실(白梅實), 염매(鹽梅), 오매(烏梅)
경주부 울산군(慶州府 蔚山郡)	염매(鹽梅), 오매(烏梅)
전라도(全羅道)	백매(白梅), 염매실(鹽梅實), 오매(烏梅)
전주부(全州府)	염매실(鹽梅實)
나주목(羅州牧)	염매실(鹽梅實), 오매실(烏梅實)
남원도호부(南原都護府)	매실(梅實)
광양현(光陽縣)	백매(白梅)
장흥도호부(長興都護府)	백매(白梅)
담양도호부(潭陽都護府)	매실(梅實)
순천도호부(順天都護府)	매(梅), 염매(鹽梅)
무진군(茂珍郡)	매실(梅實)
보성군(寶城郡)	매(梅)
낙안군(樂安郡)	매(梅)

표 1-2 • 《신증동국여지승람》에 기록되어 있는 매실의 종류와 재배지

지역		종류
경상도(慶尙道)	현풍현(玄風縣)	오매(烏梅)
	영산현(靈山縣)	매실(梅實)
	경산현(慶山縣)	매실(梅實)
	사천현(泗川縣)	매실(梅實)
	의령현(宜寧縣)	매실(梅實)
	단성현(丹城縣)	매실(梅實)
	진주목(晉州牧)	매실(梅實)
	고령현(高靈縣)	매실(梅實)
전라도(全羅道)	광산현(光山縣)	매실(梅實)
	진원현(珍原縣)	매실(梅實)
	남평현(南平縣)	매실(梅實)
	장흥도호부(長興都護府)	오매(烏梅)
	담양도호부(潭陽都護府)	매실(梅實)
	순천도호부(順天都護府)	매실(梅實)

II. 분류와 품종군

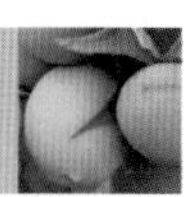

1. 분류

현재 세계적으로 알려진 매실 품종은 약 500여 품종으로 그 이용 목적 또는 식물학적인 특성에 따라 다양한 방법으로 분류하고 있으며, 이용 목적에 따라 크게는 꽃을 감상하기 위한 관상용 화매(花梅)와 과실을 이용하기 위한 실매(實梅)로 나누어진다. 품종에 따라 두 가지 목적을 겸하기도 한다.

가 관상용 매실의 분류

화매의 경우 간단하게는 꽃잎과 꽃받침의 색, 홑꽃 또는 겹꽃 여부에 따라 분류할 수 있으며, 꽃잎 색에 따라 크게 백매와 홍매로 나누어진다. 백매의 대표적인 품종으로는 꽃받침이 붉은 남고, 백가하, 앵숙, 갑주최소, 용협소매, 팔랑과 꽃받침이 녹색인 청축, 고성, 녹악, 백옥이 대표적이다. 홍매의 경우는 꽃잎색의 옅고 진함에 따라 다시 구분되는데, 미황백색을 띠는 옥영, 엷은 담홍색을 띠는 풍후, 짙은 홍색을 나타내는 녹아도홍, 팔중한홍 등이 있다.

한편 일본에서는 꽃 이외에도 가지 및 잎의 전반적인 특성을 고려하여 3계 9성과 실매로 분류(표 1-3)하기도 한다. 야매계(野梅系)의 경우는 야매성, 홍필성, 난파성, 청축성 4가지 성으로 분류되는데, 이 계통은 중국에서 유래한 계통이며 순수 매화에 가장 가까운 계통이다. 가지가 가늘고 꽃과 잎이 비교적 작으며 좋은 향기가 나는 특징이 있다. 특히 야매성(野梅性) 매화는 원종에 가장 가깝다고 할 수 있는데, 신초는 녹색이며 양광면이 적색으로 착색되고 잎에 솜털이 거의 나지 않는다. 꽃은 담홍색 꽃이 많고 홑꽃과 겹꽃 등 다양하며, 향기가 진하고 열매는 둥근 것이 특징이다. 가장 많은 매화 품종이 이 야매성 계열에 속해 있다. 홍필성(紅筆性) 매화는 꽃봉오리의 끝 부분이 붓끝처럼 홍색으로 착색되고 꽃잎 선단 부분의 모양이 뾰족하

표 1-3 • 관상용 매실의 분류

분류		품종
야매계(野梅系)	야매성(野梅性)	견경(見驚), 도지변(道知辺), 동지(冬至), 오모이노마마(思いのまま), 일월(日月), 초안(初雁), 팔중야매(八重野梅), 팔중한홍(八重寒紅), 홍동지(紅冬至), 황금학(黃金鶴)
	홍필성(紅筆性)	고금란(古金欄), 내리(內裏), 홍필(紅筆)
	난파성(難波性)	난파홍(難波紅), 봉래(蓬萊), 어소홍(御所紅)
	청축성(菁軸性)	녹악(綠鄂), 백옥(白玉), 월영(月影)
비매계(緋梅系)	홍매성(紅梅性)	기야침각(幾夜寢覺), 대배(大盃), 동운(東雲), 원앙(鴛鴦), 유키노아케보노(雪の曙), 하의(夏衣), 홍천조(紅千鳥), 히노츠카사(緋の司)
	비매성(緋梅性)	녹아도홍(鹿島島紅), 비매(緋梅), 소방매(蘇芳梅), 스즈카노세키(鈴鹿の關)
	당매성(唐梅性)	당매(唐梅)
풍후계(豊後系)	풍후성(豊後性)	권립산(券立山), 도원(桃園), 무장야(武藏野), 소우메이노츠키(滄暝の月), 양귀비(楊貴妃), 팔중양우(八重揚羽)
	살구성(杏性)	강남소무(江南所無), 기념(記念), 이치노타니(一の谷), 히노하카마(緋の袴)
실매(實梅)		갑주최소(甲州最小), 고성(古城), 남고(南高), 백가하(白加賀), 앵숙(鶯宿), 옥매(玉梅), 월세계(月世界), 풍후(豊後)

※자료: 南部川村うめ振興館常設展示図録

며 그 부분이 진하게 착색되는 특징이 있다. 난파성(難波性) 매화의 특징은 가지가 가늘고 전반적인 수체의 크기가 작으며 잎이 둥글고 나무의 모양이 바른 편이다. 상대적으로 늦게 개화하는 특징이 있으며 꽃의 향기가 좋다. 청축성(靑軸性) 매화의 특징은 가지가 항상 녹색을 띠고 꽃봉오리도 녹백색을 띠는 것이 특징이며 꽃은 모두 흰색(그림 1-1)이다.

비매계(緋梅系) 매화는 홍매성, 비매성, 당매성 3가지 성으로 구분되는데, 야매계통에서 분화된 계통으로 가지와 줄기 안쪽이 붉은 편이다. 꽃은 홍색 및 주홍색이 많아 야매계통보다 화려한 편이며, 잎과 수체가 작은 특징은 야매계와 비슷하다. 정원수와 분재로 많이 쓰이는 계통이다. 홍매성(紅梅性) 매화는 꽃이 밝은 담홍색이며 일부 품종의 경우 꽃이 흰색인 것도 있다. 신초의 양광면은 주홍색으로 착색되지만

그림 1-1 • 야매계 매화(자료: 南部川村うめ振興館常設展示図録)

녹색바탕이 남는 특징이 있다. 비매성(緋梅性) 매화는 꽃이 짙은 홍색 또는 주홍색을 띠며, 신초의 양광면은 흑갈색으로 착색되고 전반적인 수세가 약한 편이다. 당매성(唐梅性) 매화의 특징은 개화 초기에는 꽃이 분홍색이지만 만개시기에는 흰색으로 변한다는 것이다. 꽃이 지면을 향해 피는 것이 특징이며 꽃자루가 긴 편(그림 1-2)이다.

풍후계(豊後系) 매화는 살구와 교잡된 매화로 잎이 크고 수세가 좋으며 분홍색 꽃이 많다. 풍후성(豊後性) 매화는 살구와의 교잡성을 가장 많이 나타내는 계열로 가지가 굵고 수세가 강한 것이 특징이다. 신초의 양광면이 갈색으로 착색되며 잎이 크고

그림 1-2 ◦ 비매계 매화(자료: 南部川村うめ振興館常設展示図録)

둥글며 표면에 털이 나 있다. 꽃이 크고 담홍색 꽃이 많으며 살구 계통과 교잡되어 개화기가 늦은 편이고 꽃은 향이 없는 편이다. 살구성(杏性) 매실은 풍후성 매화보다 가지가 가늘고 잎이 작은 편이다. 신초가 가늘고 양광면에는 담갈색으로 착색된다. 잎이 작고 표면에 털이 조금 난다. 개화가 늦은 편이며 향이 없는 편(그림 1-3)이다.

그림 1-3 ◦ 풍후계 매화(자료: 南部川村うめ振興館常設展示図録)

나 열매용 매실의 분류

열매용 매실은 숙기의 빠르기 정도에 따라 조 · 중 · 만생종으로, 과실 크기에 따라 소 · 중 · 대매로, 신맛의 정도에 따라 산매(酸梅)와 감매(酸梅)로, 익은 정도에 따라 청매(青梅)와 숙매(熟梅)로 분류되기도 한다.

하지만 가장 일반적인 분류는 순수매실과 살구와의 교잡 정도를 기준으로 하여 분류하는 방법이라고 할 수 있다. 매실은 살구와 서로 매우 가까운 근연종이기 때문에 상호교잡이 가능하여 잡종 품종도 많으며, 그 유연관계에 따라 순수 매실, 살구성 매실, 중간계 매실, 매실성 살구, 순수 살구 등으로 분류(그림 1-4)된다. 이 중에서도 매실성 살구와 순수 살구는 살구로 분류되는데, 매실성 살구 중 풍후는 과실 성분이 매실에 가까워 일본에서도 매실로 분류되어 재배되고 있다. 이렇듯 매실과 살구는 형태 및 생태적 차이를 기준으로 구분(표 1-4, 그림 1-5)할 수 있으며, 일반적으로 매실에 가까운 품종일수록 개화기가 빠르고 꽃이 흰색에 가깝지만, 살구와 교잡된 품종일수록 화색의 분화가 일어나 붉은색에 가까우며, 또한 매실에 가까운 품종은 과실이 작은 편이며 신맛이 높은 경우가 많다.

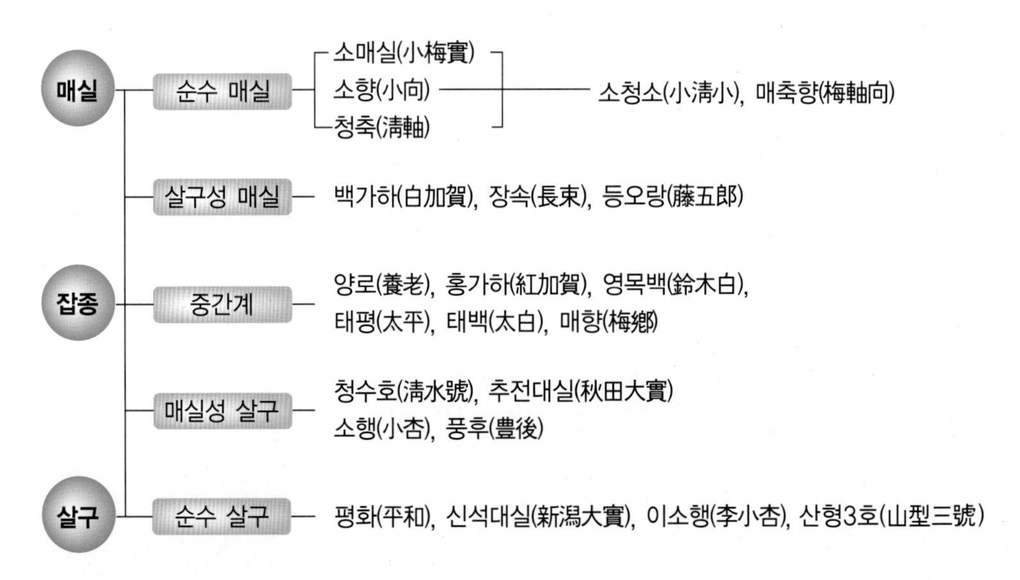

그림 1-4 • 매실과 살구간의 유연관계

표 1-4 • 매실과 살구의 구분

구분	매실	살구
적응 기후	비교적 온난한 지역	비교적 추운 지역
수자, 수세	개장성, 하수성	강한 직립성
수피색	회갈색	담홍색
신초색	녹색, 적갈색 도란형, 타원형	담길색 심장형, 원형, 광난형
잎	잎의 톱니가 가늘고 뾰족함 잎 선단이 길	잎의 톱니가 크고 둥글함 잎 선단이 짧음
꽃눈	겨드랑 꽃눈 1~2개	겨드랑 꽃눈 2~5개
성숙된 과실 색깔	옅은 황색이며 햇빛 닿는 면이 붉지 않음	오렌지색이며 햇빛 닿는 면이 붉게 착색됨
개화기	빠름(3월 중하순)	늦음(4월 상중순)
핵의 점리	점핵성	이핵성
핵의 모양	둥글고 작은 편이며 끝이 다소 뾰족하고, 핵 표면에 작은 구멍이 많음	납작하고 크며, 끝이 둥글고, 핵 표면에 작은 구멍이 없음
과실 산미	매우 강함(4.5~5.9%)	약함(1.1~12.%)

그림 1-5 • 매실(상)과 미숙 살구(하)의 과실 및 핵 비교

다 기타 방법에 의한 분류

(1) 분자 표지에 의한 분류

최근 분자 표지에 대한 연구가 활발히 진행됨에 따라 매실에서도 분자표지를 이용하여 매실 품종들의 유전적인 유연관계를 분석한 연구가 진행된 바 있다. 시마다 무언(武彦) 등은 RAPD 방법을 이용하여 매실 품종을 7그룹으로 분류(표 1-5, 그림 1-6)하였는데, 이 분류에서는 일본의 소매 계통과 대만에서 도입된 계통이 근연관계에 있으며, 살구 계통과는 가장 멀리 떨어져 있는 것으로 확인되었다. 또한 고전매가 가장 살구에 가까운 품종으로 확인되었으며, 지장매(매실)와 평화(살구)를 종간 교잡하여 만든 AM의 계통이 풍후와 같은 그룹에 속하는 것으로 확인되어 풍후가 매실과 살구의 종간교잡종이라는 것을 뒷받침하였다. 한편 과실이 큰 대매계통의 경우에는 꽃의 색에 따라 두 분류로 세분되었는데, 대매계통의 경우 과실이 큰 특징 때문에 외형적으로 살구와 매실의 교잡종인 행매계통으로 생각하기 쉬우나, 종간교잡종과는 유전적으로 다른 것으로 확인되었다.

표 1-5 • RAPD(분자표지) 방법에 의한 매실 품종 분류

품종군	품종
대만매(臺灣梅)	대만매(臺灣梅)86060 등
소매(小梅)	갑주최소(甲州最小), 용협소매(龍峽小梅), 직희(織姬) 등
중매(中梅)	검선(劍先), 베니사시(紅秧), 남고(南高), 지장매(地藏梅) 등
대매-백색꽃(大梅-白花)	고성(古城), 백가하(白加賀), 옥영(玉英), 풍후(豊後) 등
대매-담홍색꽃(大梅-桃花)	임주(林州), 양로(養老) 등
행매(杏梅)	영목백(鈴木白), 태평(太平), 풍후(豊後) 등
이매(李梅)	고전매(高田梅) 등

※자료: 武彦 등. 1994. 園藝學會雜誌. 63:543-551.

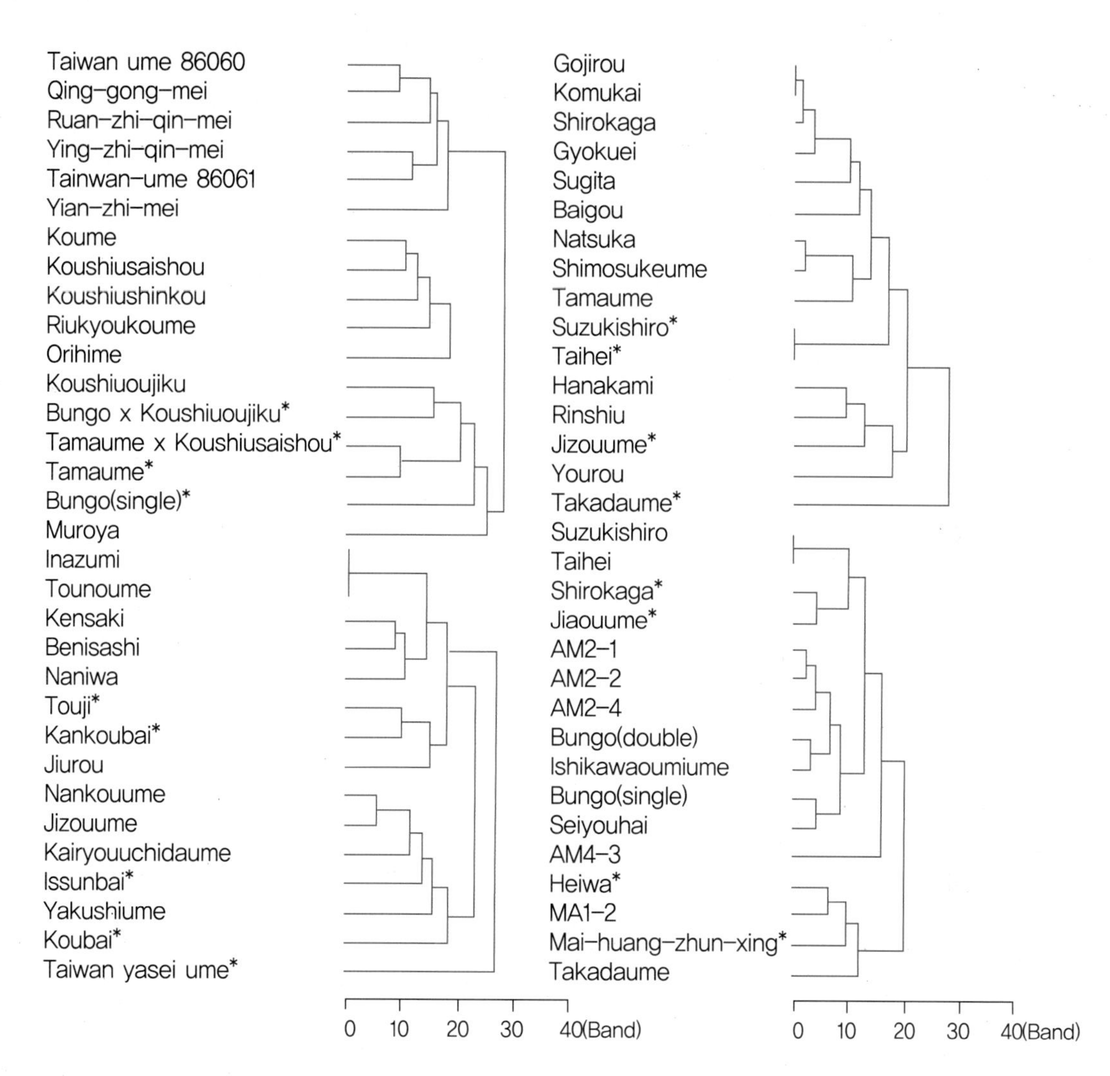

그림 1-6 • RAPD(분자표지) 방법에 의한 매실 품종 분류
(※자료: 武彦 등. 1994. 園藝學會雜誌. 63:543-551.)

(2) 핵 형태특성에 의한 분류

일본 과수시험장에서는 중국과 일본의 매실 품종을 핵의 형태를 이용하여 매실을 분류하는 연구를 수행하였다. 이 연구의 목적은 식품 시장에서 유통되고 있는 매실 절임(우메보시)의 품종을 판별하기 위한 것이었으며, 핵의 모양을 정면, 측면에서 길이, 두께 등을 측정하여 수치적으로 통계를 낸 후 7그룹으로 분류하였다. 이 분류를 통해 중국 품종은 A그룹, 일본 품종은 B~G 그룹으로 분류되었으며, 이를 통해 핵의 모양을 보고 일본 품종과 중국 품종을 구분(표 1-6)할 수 있다.

표 1-6 • 핵 형태에 따른 매실의 품종군 분류

구분	품종
A	백분매(白粉梅), 청죽매(青竹梅)
B	소매(小梅), 갑주최소(甲州最小), 직희(織姫), 용협소매(龍峽小梅)
C	태평(太平)
D	화향실(花香實)
E	매향(花香實), 월세계(月世界), 고성(古城), 옥영(玉英), 앵숙(鶯宿), 백가하(白加賀)
F	팔랑(八郎), 도적(稻積), 지장매(地藏梅), 검선(劍先), 임주(林州)
G	등오랑(藤五郎), 고전매(高田梅)

※자료: 八重 등. 2006. 果樹研報. 5:29-37.

a

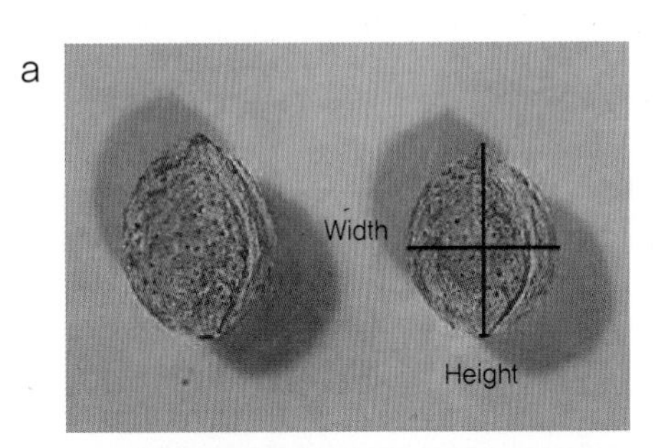

b

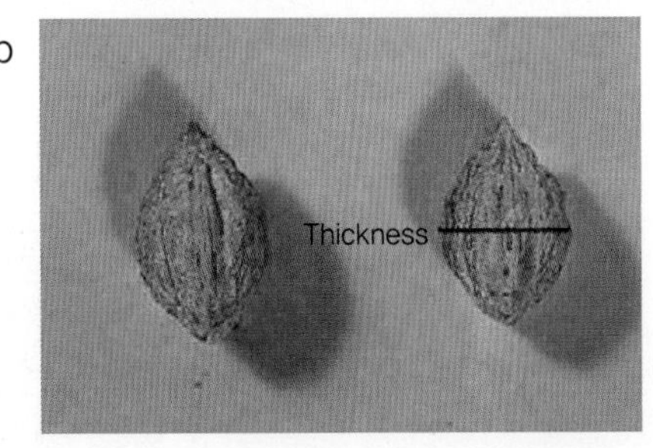

그림 1-7 • 매실 핵의 측면(a), 정면(b) 모양
(※자료: 八重 등. 2006. 果樹研報. 5:29-37)

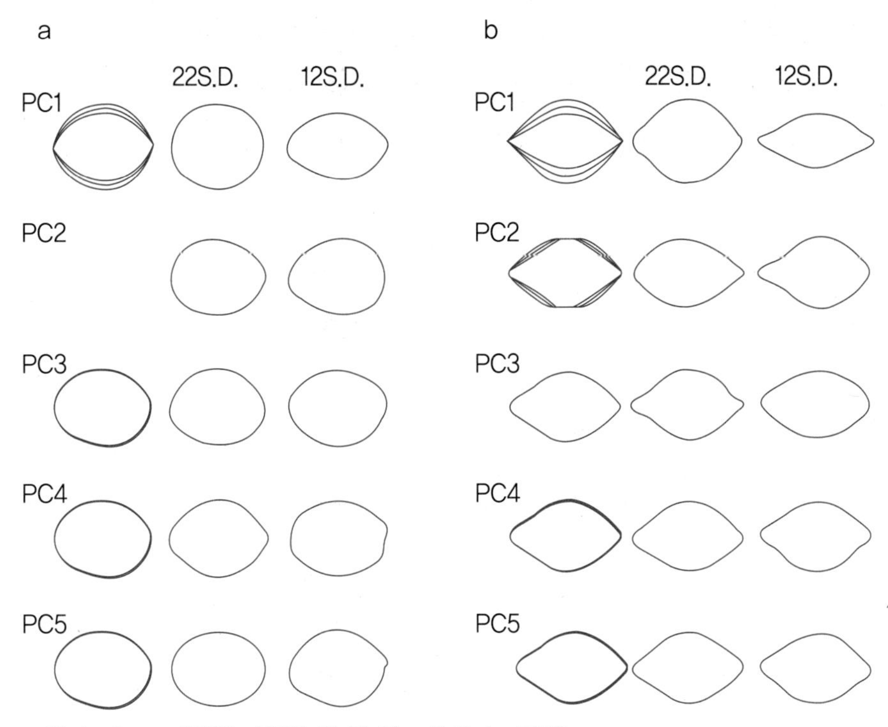

그림 1-8 • 매실의 다양한 핵 형태(a: 측면, b: 정면)
(※자료: 八重 등. 2006. 果樹研報. 5:29-37.)

(3) 다변량분석법에 의한 분류

최(2006)의 연구에서는 20개 매실 품종을 대상으로 12개의 형태적 형질을 기준으로 하여 주 성분분석, 인자분석 등 다변량분석법을 이용하여 매실을 분류하였다(표 1-7). 다변량에 의해 분류된 품종군의 분석 결과, 5개의 품종군으로 분류되었으며, 품종군의 주요 형질 간 차이가 분명히 나타났다. 주 성분분석과 인자분석 결과, 각각의 품종군에는 다소 차이가 있었으나 품종군 간에 소속된 품종들의 순서가 다를 뿐 거의 비슷한 품종군으로 분류되는 경향으로 나타났다. 제IV품종군의 과실이 수확량에 있어서 가장 많은 수확량을 보이는 품종군이었으며, 제V품종군은 자가결실성이 약한 특징을 보였다.

표 1-7 • 다변량분석법에 의한 매실의 품종군 분류

분석방법	군	품종
주성분분석	I	갑주심홍(甲州深紅), 매향(梅鄕), 천매(天梅), 풍후(豊後)
	II	남고(南高), 능수매(垂楊梅), 신단풍후(信州豊後), 옥영(玉英), 청축(靑軸)
	III	갑주최소(甲州最小), 소매(小梅), 앵숙(鶯宿), 팔중소한홍(八重小寒紅)
	IV	동지매(冬至梅), 홍천조(紅天鳥)
	V	임주(林州), 화향실(花香實)
인자분석	I	임주(林州), 화향실(花香實)
	II	갑주최소(甲州最小), 동지매(冬至梅)
	III	남고(南高), 소매(小梅), 신단풍후(信州豊後), 옥영(玉英), 청축(靑軸)
	IV	갑주심홍(甲州深紅), 능수매(垂楊梅), 매향(梅鄕), 천매(天梅), 풍후(豊後)
	V	앵숙(鶯宿), 팔중소한홍(八重小寒紅), 홍천조(紅天鳥)

※자료: 최갑림. 2006. 다변량분석법에 의한 매실의 품종군 분류. 순천대 대학원 학위논문.

(4) 기타방법에 의한 분류

이 외에도 마끼노(牧野)는 실매를 다음과 같이 5개 품종군으로 분류한 바 있다.

야매(野梅, *P. mume var.* typica Maxim.)

소매(小梅, *P. mume var.* microcarpa. Makino)

녹악매(綠萼梅, *P. mume var.* virdicalyx Makino)

좌론매(座論梅, *P. mume var.* pleiocarpa Maxim.)

풍후매(豊後梅, *P. mume var.* bungo Makino)

매실은 다양한 방법으로 그 품종군이 분류될 수 있으나, 야생종에서 비롯된 순수 매실 및 살구와 교잡된 살구성 매실 그룹으로 분류되는 큰 틀에서 벗어나지 않는다고 볼 수 있다.

III. 국가별 생산현황

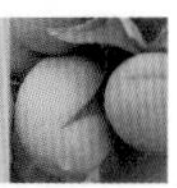

1. 한국

가 생산현황

국내의 매실 재배면적과 생산량은 1982년에는 156ha에서 547톤 정도가 생산될 정도로 미미하였으나, 이후 급격히 증가하여 1997년에는 1,315ha에서 7,115톤이 생산되었고, 그 후 10년 후인 2007년에는 재배면적이 2배 이상 증가하여 3,277ha에서 27,089톤이 생산(표 1-8)되고 있다. 이러한 증가 추세는 최근 들어 건강식품에 대한 관심이 높아지고 주요 과수의 재배면적이 줄어든데 따른 것으로 앞으로 대체 과수로 매실의 재배가 가속화될 것으로 보인다.

표 1-8 • 우리나라의 매실 생산량 변화

연도	농가수(호)	재배면적(ha)	생산량(톤)	생산액(10억)
1982	760	156	547	–
1987	1,271	481	3,169	–
1992	3,475	880	7,289	5.7
1997	3,905	1,315	7,115	1.1
2002	9,148	2,605	18,547	17.1
2007	13,587	3,277	27,089	45.4

※자료: 농림수산통계연보 및 농림부 자료

시군별 재배면적으로는 전남 광양과 순천이 500ha 이상으로 많고, 그 다음이 100~500ha인 하동, 순창, 임실, 진주, 곡성 등(표 1-9)이다. 1995년에는 전남과 경남 지역이 전체 재배면적의 85%를 차지하였으나, 전북, 경북으로 산지가 확산되면서

표 1-9 • 우리나라의 매실 주요 재배지역(2007년)

재배면적(ha)	행정구역
500 이상	광양, 순천
100 이상 150 미만	하동, 순창, 임실, 진주, 곡성
50 이상 100 미만	사천, 해남, 화순, 구례, 대구, 밀양, 양산, 고흥, 여수
25 이상 50 미만	대전, 울진, 합천, 보성, 장흥, 영천 ,서귀포, 경산, 함안, 고성, 당진, 무주, 광주, 의령, 담양, 통영, 산청, 무안

※자료: 과수실태조사

표 1-10 • 우리나라의 시도별 매실 재배면적 및 생산량(2007년)

구분	총농가수(호)	재배면적(ha)	생산량(톤)
경기도	386	60.4	77.9
강원도	236	63.2	68.0
충청북도	221	48.7	32.0
충청남도	443	188.6	325.8
전라북도	1,317	513.0	3,504.0
전라남도	5,411	2,047.7	17,119.8
경상북도	1,694	390.7	961.0
경상남도	3,876	1,057.2	4,958.0
제주도	13	48.6	43.0
전국	13,587	4,418.1	27,089.5

※자료: 과수실태조사 및 농림부 자료

2005년에는 남부지역의 점유율이 66%까지 감소하였다. 이들 주산지들은 연평균 기온이 12~15℃이고, 개화기 중의 기온이 10℃ 이상인 온난한 지역이다.

나 가공현황

우리나라에서 매실은 보통 청매인 상태에서 수확하여 음료, 절임 등 가공용으로 이용된다. 매실 가공 형태는 소비 경향, 매실 가격 등 다양한 요인이 작용하며, 년도에 따라 큰 차이를 보이고 있다. 2005년 국내 가공량은 총 1,673톤으로 생산량의 6.7%이며, 2000년 72.7% 이후 매년 그 비율이 낮아지고 있다. 이는 대규모 가공공장을 이용한 가공량은 줄고, 소비자 및 생산자 중심의 소규모 가공이 활발하게 이루어지고 있음을 나타낸다. 매실 가공 유형은 1990년에서 1993년 사이에는 주스류가 많았으나 이후에는 음료 및 기타가 대부분을 점유하고 있으며, 최근에는 술과 식초 가공이 일부 이루어지고 있다. 2005년 가공유형별 비율은 음료 및 기타가 75%, 술이 18%, 식초가 4%, 잼이 2%를 차지(그림 1-9)하였다.

다 무역현황

우리나라 매실은 1980년대에는 주로 일본으로 수출되었으며, 신선매실로 매년 200~500톤 정도 수출하였지만, 1990년 이후에는 국내 수요 및 가격상승으로 수출이 거의 전무한 상태이다. 가공품 수출은 1992년에 일본에서 과즙 63톤을 주문 받아 9억 달러 정도를 수출하였고, 1993년에는 일본, 미국, 독일, 덴마크 등지에 약 3천 달러 상당의 농축액을 수출하였다. 하지만 최근 10년간 신선매실의 수출입은 교역량이 1톤 미만으로 크게 감소(표 1-11)하였으며 불규칙적이다.

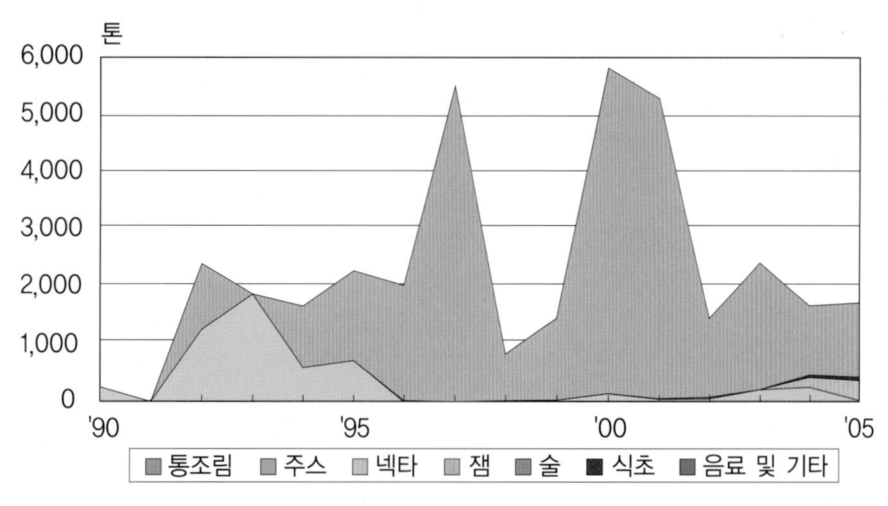

그림 1-9 • 유형별 매실 가공량(※자료: 강진구, 조경래. 2007. 매실 · 유자 경영여건과 대응방안. p.3.)

표 1-11 • 우리나라 매실의 교역 현황

구분	연도	상대국	수출량(kg)	금액(USD)
수출	1985	일본	200,000	-
	1986	일본	18,000	-
	1987	일본	500,000	-
	1988	일본	558,000	-
	1989	일본	109,000	-
	1990	일본	10,000	-
	2001	일본	100	356
	2005	미국	393	4,355
수입	1998	일본	36	781
	2001	일본	67	254

라 수출전망

최근 국내 매실 소비의 증가와 가격 상승으로 수출 물량 확보가 어려운 실정이며, 가격면에서는 중국이나 대만산에 비해 경쟁력이 떨어지는 편이다. 하지만 일본의 소비량 증가와 함께 서양지역에서 동양식품 기호도가 증가하고 있으며, 국내 재배량 또한 증가 추세에 있어 수출 전망은 밝은 편이다. 우리나라 매실의 주요 수출국인 일본의 경우, 주 수입국인 대만 및 중국의 절임매실은 과실 크기가 작고 과육비율이 낮아 품질이 불량한 반면, 우리나라 매실은 과육비율이 높아 절임매실에 적합하고 품질이 우수하여 선호도가 높은 편이다. 또한 농축액, 주스 등의 가공용 원료는 규격, 품질 등의 제약을 받지 않으므로 재배관리, 수확, 선별 등이 용이하여 대규모 생산이 가능하다.

2. 일본

가 생산현황

일본의 매실 재배면적 및 생산량은 1960년에 8,330ha에서 45,600톤이 생산되었던 것이 매년 증가하여 1995년에는 19,300ha를 기록하였으며, 이후 재배면적은 감소 추세를 보이고 있으나, 단수가 증가함에 따라 생산량은 감소하지 않고 있다(표 1-12).

행정구역별로는 와카야마현이 5,080ha로 가장 많으며, 그 다음이 군마현, 나가노현 순(표 1-13)이다. 품종별로는 2003년인 경우 남고가 가장 많으며, 그 다음이 백가하, 용협소매 순으로 많다. 또한 앵숙, 풍후 등의 품종들도 그 재배면적이 500ha 이상을 차지(표 1-14)하고 있다.

표 1-12 • 일본의 매실 재배면적 및 생산량

구분	재배면적(ha)	생산량(톤)	단수(kg/10a)
1960	8,330	45,600	547
1970	15,900	67,600	425
1980	15,900	64,000	402
1990	18,700	97,100	519
1995	19,300	121,000	627
2000	17,400	121,200	697
2005	17,800	123,000	691
2007	17,500	120,600	689

※자료: 농림수산성 농산원예국 과수화훼과.

표 1-13 • 일본의 현별 매실 재배현황(2007년)

행정구역	재배면적(ha)	수확량(톤)	출하량(톤)	단수(kg/10a)
와카야마(和歌山)	5,080	69,600	67,000	1,370
군마(群馬)	1,230	7,760	6,540	631
나가노(長野)	657	2,620	2,010	399
후쿠이(福井)	498	2,270	2,010	455
야마나시(山梨)	488	2,190	1,810	449
아오모리(青森)	297	1,860	1,580	625
나라(奈良)	383	2,190	2,000	571
토쿠시마(德島)	266	1,160	937	435
전국	17,500	120,600	102,800	689

※자료: 농림수산성 농산원예국 과수화훼과.

표 1-14 • 일본의 매실 주요품종의 재배면적 추이

품종명	재배면적(ha)				주산지
	1986년	1992년	1997년	2003년	
남고(南高)	1,574	3048	4,134	5,228	和歌山, 鹿兒島, 福岡
백가하(白加賀)	4,305	3481	3,441	2,745	群馬, 埼玉, 宮城
용협소매(龍峽小梅)	935	1013	926	805	長野, 福島, 宮城
앵숙(鶯宿)	887	881	799	579	德島, 奈良, 大分
풍후(豊後)	487	556	607	568	青森, 長野, 秋田
소매(小梅)	585	879	698	427	和歌山, 宮城, 山梨
고성(古城)	394	604	593	390	和歌山
옥영(玉英)	421	463	416	234	茨城, 廣島, 兵庫
갑주소매(甲州小梅)	–	555	345	318	山梨
베니사시(紅さし)	288	358	337	385	福井
소립남고(小粒南高)	–	64	297	388	和歌山, 愛媛
매향(梅鄕)	145	253	286	280	群馬, 茨城, 千葉
갑주최소(甲州最小)	1,080	308	230		山梨, 群馬, 廣島
옥매(玉梅)	289	106	137	86	岐阜, 愛知, 廣島
개량내전(改良内田)	17	64	112		和歌山
등오랑(藤五郎)	62	51	108	123	新潟, 宮城
월매(越の梅)	26	45	107	112	新潟
석천 1호(石川 1號)	37	48	84		石川, 千葉, 茨城
검선(劍先)	67	91	83		福井
계	14,792	14,831	15,353	18,700	

※자료: 八重垣. 2000. 農耕と園藝 53(9):146-149, 八重垣. 2007. 果實日本 1月:26-29.

나 유통 및 가격현황

일본의 경우 농가에서 수확된 매실은 농협을 통해 청과시장에 출하되며 절임 매실은 농가에서 직접 절임을 하거나 농협 또는 가공업체가 절임하여 전국의 도매상에 판매한다. 가공업체들은 최근 도매가격보다 수익성이 50% 이상 높은 온라인 판매를 확대하고 있다. 신선매실의 가격은 연도별 작황에 따라 큰 폭의 변동을 보이고

표 1-15 • 매실의 도 · 소매가격

(단위: 엔/kg)

과실	유통형태	1988	1989	1990	1991	1992
신선매실	도매	711	658	382	364	640
절임매실	도매	770	837	829	869	1,068
	소매	1,940	2,070	2,070	2,080	2,140

※자료: 동경도 중앙도매시장연보, 소매물가 통계연보

있으며, 최대 생산량을 기록한 1990, 1991년에는 가격대가 낮게 형성되었고, 생산량이 감소된 1992년에는 가격이 상승(표 1-15)하는 경향을 보였다.

다 소비동향

일본의 매실 소비량 자체는 다른 과실에 비해 많지 않으나 수요 대비 공급이 부족하며 매실의 선호도 증가와 함께 매년 소비가 꾸준히 증가(표 1-16)하고 있다. 소비형태로 보았을 때, 소금 절임하여 부식으로 사용하는 것(우메보시)이 30~40%로 가장 많고 그 밖에 차, 음료수 등으로 가공하여 소비된다. 일본 소비자가 선호하는 절임매실은 건조시에 진한 붉은 색이 나며 껍질은 얇고 맛이 강하지 않은 특징이 있다.

표 1-16 • 일본의 절임매실 생산량 및 소비 추이

연도	1975	1980	1985	1990	1991
생산량(톤)	14,645	22,095	22,281	40,817	43,400

※자료: 식품산업센터. 식품산업통계연보. 1992

표 1-17 • 일본의 절임매실 구입 동향

구분	1987	1988	1989	1990	1991	1992
수량(g/가구)	661	709	729	715	698	766
금액(엔/가구)	1,037	1,182	1,367	1,347	1,341	1,636

※자료: 일본총무청. 가계조사연보.

표 1-18 • 일본의 매실 수입 동향(톤, 백만엔)

연도	한국		중국		대만		기타	
	수량	금액	수량	금액	수량	금액	수량	금액
1989	69.6	9.0	231.1	80.1	209.1	66.0	11.5	2.1
1992	2.7	1.8	363.6	79.4	104.6	35.8		
1995	–	–	213.7	41.2	42.2	14.8		
1998	7.0	2.1	813.5	188.9	193.2	70.8		
2001	–	–	3,923.7	1,027.5	185.7	139.3		
2004	–	–	590.5	159.9	14.4	8.4	8.0	3.2
2007	1.7	1.2	8,914.9	3,926.8	47.7	36.1	12.7	10.1

※자료: 일본 재무성 무역통계

표 1-19 • 일본의 연도별 중국, 대만산 매실장아찌, 매실절임 수입량

(단위: 케이스, 12kg)

수입국	1994년	1995년	1996년	1997년	1998년
중국	864,034	878,223	1,933,770	1,885,629	2,559,512
대만	1,338,500	730,710	776,990	524,390	409,888
계	2,202,534	1,608,933	2,710,760	2,410,019	2,969,362

※자료: 과실일본. 55(2):30.

앞으로 매실 상품의 고급화, 다양화, 신제품의 개발 등으로 시장규모가 더욱 확대될 것으로 추측된다.

라 수입현황

한편 일본에서는 최근 생산비의 증가 요인 등으로 인하여 국내 생산량의 30~40%에 달하는 양을 수입에 의존하고 있다. 수입량의 대부분은 대만산이며, 최근에는 중국산의 수입 증가와 함께 대만산은 점유율이 감소하는 추세에 있다. 현재 일본에서 수입하는 우리나라의 신선매실 수량은 극히 미미한 실정이며, 우리나라 매실이 품질은 우수하지만 중국, 대만산에 비해 가격이 2~3배 높은 편이다.

3. 중국

가 원산지와 재배역사

중국의 매실재배 원산지는 四川성과 湖北성의 접경 산악지대, 四川성 大渡河 下游巴縣 해발 1900~2000m의 산지, 金沙江유역 會理현 해발 1900m의 산간지대 및 廣西 興安山구 淘谷 등지가 매실의 원산지로 기록되어 있다. 또한 야생매실의 변종인 "刺梅(*Prunus mume* var. pollescens French)" 및 "曲梗梅(*Prunus mume* var. cellunus French)" 등은 1887년 및 1888년 云南성 大理 大坪子 부근에서 채집된 것으로 기록되어 있다. 그 후 야생매실의 원종은 湖北성 宣昌 해발 300~1000 m 되는 곳과 四川성 汶川현 해발 1300~2500m 되는 곳에서 발현(1907)이 되어 야생 매실은 四川성과 湖北성이 야생매실의 천연분포 중심지로 알려지고 있다.

중국 고서(古書) 《시경(詩經)》, 《산해경(山海經)》 등에 기록된 내용으로 보아 중국의 매실 재배는 4,000년의 역사를 갖고 있다고 볼 수 있다.(中國果樹栽培學 제8장 梅).

나 재배 현황

중국의 매실 재배지대를 살펴보면, 북쪽으로는 黃河流域에서부터 남쪽으로는 廣東성 연해에 이르기까지 총 18개 성에 재배종 또는 야생종이 분포되어 있다. 그 중 廣東성, 浙江성, 江蘇성, 湖南성 등이 재배면적이 가장 넓으며, 다음이 云南성, 福建성, 臺灣 등이다. 四川성, 湖北성, 江西성 등도 매실 재배가 되고 있는 지역(중국과수지, 梅卷)이다. 통계자료에 의하면 1995년 전국 총 매실 재배면적은 101,751ha이고, 총 생산량은 132,450톤으로 기록되어 있다.

중국에서는 그동안 매실재배가 중요시되지 않고 생산성 향상에 관한 연구나 기술재배향상에 역점을 두지 못했으며, 관리가 조잡하고 품종이 잡다하여 고생산성인 품종의 선발 보급이 이루어지지 않았고 가공에 관한 연구도 되지 않아 매실의 생산성도 매우 낮은 형편이었다. 그러나 1980년대 이후 국내외 시장에서 매실의 수요가 급증하고 가격 형성도 좋아져서 각지에서 매실의 생산성 향상에 대한 연구와 우량

품종 선발 보급에 관한 사업이 활발하게 진행되고 토양개량, 시비, 전지 전정, 병충해 방제 등의 보급이 원활해져 매실 재배가 표준화되기 시작하였으며, 매실이 고수량, 고수익 과수로 정착하게 되었다.

이 결과, 浙江성 上盧시 풍혜진 동계촌 한 농가에서 1986년 춘식 한 나무에서 1989년에 ha당 평균 9,734 kg, 1994년에는 ha당 36,585 kg을 생산한 농가가 생겨날 정도로 매실은 고생산 고수익 산업으로 정착하게 되었다.

다 주요 재배 품종

재배상 관상용인 화매(花梅)와 식용인 과매(果梅)로 양분되며, 과매는 과실의 색깔에 의하여 청매(青梅), 홍매(紅梅), 백매(白梅) 등 3가지로 분류한다.

青梅: 미숙과는 청록색이며 숙과가 되면 황색이 된다. 청매절임, 매실주 등의 가공에 많이 사용되며 품질이 우수하다.

紅梅: 미숙과는 청록색이며 양광면(陽光面)은 홍색을 띤다. 숙과가 되면 양광면은 담적갈색 내지 심자홍색이 된다. 절임용 등의 가공품을 만든다.

白梅: 미숙과는 담청색이며 대부분 과육이 엷고 핵이 크다. 떫은맛이 많고 종류에 따라 품질의 차이가 심하다. 재배가 많지 않다.

(1) 청매류(青梅類)

① 장농17(長農17): 1973년 浙江성 長興縣 折山村에서 실생 중에서 우량품종으로 선발되었으며, 1990년 浙江성 중점품종으로 지정되어 재배가 많이 되고 있는 품종이다. 과실은 원형, 평균과중 25.07 g, 과피는 심록색이며 과육이 두껍고 떫은맛이 없다. 고형물 7.0%, 총산 3.72%, 과실가식률 90.5%로 과실이 크고 품질이 좋아 생식 및 각종 가공품에 적합하다. 국내수요 및 수출품으로 유망하다.

② 청풍(青豊): 1987년 浙江성 粛山市 選化鎮 大青梅의 자연변이 우량주에서 선발되었으며, 1996년 浙江성 중점품종으로 지정되어 재배면적이 확대되고 있는 품종이다. 과실은 원형, 평균과중 21.7g, 과피는 심록색이나 양광면은 홍색을 띤다. 과육

은 치밀하고 떫은맛이 없다. 가용성 고형물은 76.8%이고, 총산은 3.72%, 과실가식률은 87.3%이다. 과실퇴록기(果實退綠期)는 5월 17~23일이며 품질이 우수하고 과실도 크다. 생식 및 각종 가공품에 적합한 발전성 있는 품종이다.

③ 동청(東靑): 대청매(大靑梅) 또는 녹매(綠梅)라고도 하며, 浙江성 일부지역에서 많이 재배되고 있는 품종이다. 과실은 원형, 평균과중 23.6g, 과피는 청록색이며 양광면은 홍색을 띤다. 과육은 두껍고 떫은맛이 없다. 가용성 고형물 7.0%, 총산 4.73%, 과실가식률 88.87%로 품질이 우수하다. 단과지에 주로 결실되며 결실력이 높다. 과실퇴록기는 5월 18~20일이다. 수세는 중 정도이며 수자는 개장성이다. 결과기가 빠르고 착과율이 높으며 풍산성이다. 관리만 잘 하면 4년생에서 ha당 9,734 kg, 7년생에서 36,585 kg을 수확할 수 있다. 품질이 좋아 생식 및 각종 가공품에 적합하다. 창가병에 약하여 재배시 유의하여야 한다.

④ 청가(靑佳): 浙江성 奉化지역에서 자연변이종으로 선발되었으며, 浙江성 내외에서 재배가 많이 되고 있는 품종이다. 과실은 원형, 평균과중 29.2g로 대과에 속하며 과피색은 심록색이며 양광면은 연한 홍색을 띤다. 과육은 두껍고 즙이 많다. 가용성 고형물 7.6%, 총산 4.79%, 핵이 적으며 과실가식률이 91.45%로 높다. 과실퇴록기는 5월 22~24일이다. 수세는 강건하고 수자는 반개장성이다. 만숙종으로 품질이 우수하여 재배면적이 확대되고 있는 품종이다.

⑤ 대핵청매(大核靑梅): 廣東성 廣州지역의 주 재배품종으로 과실은 원형, 평균과중 25g, 과피는 청록색이다. 가용성 고형물은 8%, 총산 4.33%, 핵이 비교적 크고 과실가식률은 87%이다. 과실퇴록기는 4월 중 · 하순이다. 수세는 왕성하고 생장이 왕성하다. 숙기가 빠르며 착과율이 높아 풍산성이다. 과다 착과 후 수세가 약해질 염려가 있어 수확 후 비배관리에 유의하여야 한다.

⑥ 홍정(紅頂): 1981년 浙江성 肅山시 選化진에서 대청매의 자연실생 후대로 선발된 품종이며, 과실의 정단부위가 홍색으로 착색되기 때문에 홍정이라는 이름이 붙었다. 과실은 타원형, 평균과중 26g, 과피는 담록색이나 양광면은 홍색을 띤다. 가용

성 고형물은 6.4%, 총산 3.6%, 핵이 비교적 작고 과실가식률은 91.23%이다. 과실퇴록기는 5월 중 · 하순이다. 수세는 왕성하고 수자는 반 개장성이다. 창가병에 강하며 결실 연령이 빠르고 과실이 크고 풍산성이다. 완전화 비율이 86%로 높고 青豊품종의 수분수로 적합하다. 품질도 우수하여 전망이 있는 품종이다.

⑦ 횡핵매(橫核梅): 廣東성 廣州시 및 廣東성 중 · 서부에서 재배되고 있는 주 품종이다. 과실은 단원형이나 횡경이 종경보다 넓다. 평균과중 32.2 g으로 크고, 과피는 청록색이다. 가용성 고형물은 7.8%, 총산 4.62%, 핵이 비교적 작고 과실가식률은 91.3%이다. 과실퇴록기는 4월 하순이다. 수세는 왕성하고 수자는 반 개장성이다. 생장속도가 빠르며 가지가 밀생한다. 이 품종은 과실이 크고 핵이 작아 품질이 우수하지만, 착과율이 낮고 생산량은 보통이다.

⑧ 대만대청매(臺灣大青梅): 臺灣 남부 台南현에서 재배되고 있는 품종이다. 과실은 원형이며 봉합선이 불명확하다. 평균과중 18.5g로 작고, 과피는 등황색이며 과육이 담황색이다. 총산은 5.2.%, 핵이 비교적 작고 과실가식률은 89.4%이다. 과실퇴록기(果實退綠期)는 4월 12일경이며 수세는 중정도이고 수자는 반 개장성이다. 가지 발생력이 강하고 가지 밀도는 중 정도이다. 이 품종은 수세는 중 정도이나 병에 강하고 결실연령이 빠르며 풍산성이다.

⑨ 종육2호(鍾肉2號): 홍의대육매(紅衣大肉梅)라고도 하며 어린잎이 자홍색을 띠어 붙은 이름이다. 廣西자치구 鍾山현 지방 우량 품종으로 1992~1994 廣西 자치구에서 우량품종으로 선발되어 보급된 품종이다. 과실은 단타원형, 평균과중 18.8g, 과피는 담록색이며 과육은 담황색이다. 과실가식률은 90.1%이다. 과실퇴록기는 4월 25일 전후이다. 수세는 중강, 수자는 개장성이다. 이 품종은 과실 알이 비교적 크고 질이 우수한 풍산성으로, 절임용으로 유망한 품종이다. 이 품종 외에 鍾肉11號(별명: 青衣大肉梅) 품종도 이 현의 유망품종으로 발전 가능성이 있는 품종이다.

⑩ 동매1호(東梅1號): 廣西자치구 西浦北현 국영 동방농장 매실군체 중에서 선발되어 1995년 광서 중 · 남부지방의 우량품종으로 지정되어 재배되고 있는 품종이

다. 과실은 장원형, 평균과중 23.88g, 과피는 담록색이며 털이 없다. 가용성 고형물은 8.8%, 총산 4.94%, 핵이 비교적 크고 과실가식률은 89.7%이다. 과실퇴록기는 4월 중 · 하순이다. 수세는 강하고 수자는 개장성이며 수관은 편원형이다. 꽃이 많고 밀생하며 완전화 비율이 74.07%이다. 이 품종은 내한성이 강하고 한발에도 강하여 척박지에서도 재배가 가능하며 과실이 큰 풍산성으로 품질도 우수하다. 창가병에 약하여 방제에 주의하여야 한다.

⑪ 원강청매(沅江青梅): 일명 동록매(銅綠梅)라고도 하며 湖南성 沅江지역의 전통적인 주 재배 품종이다. 과실은 장원형, 평균과중 26g, 과피는 심록색으로 윤택이 나며 외관이 수려하다. 과육은 황록색이며 두껍다. 핵이 크고 과실가식률은 85%이다. 과실퇴록기는 5월 중순이다. 수세는 왕성하고 수자는 개장성이다. 이 품종은 과실이 크고 외관이 수려하며 성숙이 빠른 풍산성이라 지방 품종으로 발전성이 있는 품종이다.

⑫ 운남대청매(云南大青梅): 云南성 鶴慶, 崩江, 維西 등지에서 재배되는 품종으로 재배비중이 그다지 높지 않은 품종이다. 과실은 타원형, 평균과중 20~45g로 크고 , 과피는 녹색 혹은 황녹색이다. 과육은 두껍고 즙이 많으며 핵이 비교적 크고 과실가식률은 88~90%이다. 과실퇴록기는 6월 중순이다. 수세는 왕성하고 수자는 개장성이다. 이 품종은 과실이 크고 풍산성이며 품질이 우수하여 절임용 등 가공에 적합한 품종이다.

⑬ 기타 청매(青梅)품종: 기타 청매로 재배되고 있는 품종은 모청매(毛青梅), 대핵청매(大核青梅), 태호1호(太湖1號), 청피매(青皮梅), 염매(鹽梅) 등이 있다.

(2) 홍매류(紅梅類)

① 연조홍매(軟條紅梅): 浙江성 余杭시 남산촌, 홍매류 품종군에서 자연 변이종으로 선발된 품종으로 1994년 省 지정 품종으로 선정되어 재배되고 있는 품종이다. 과실은 원형, 평균과중 20.55g, 과피는 연한 녹색 바탕에 양광면은 자홍색을 띠며 착색부위는 전체 면적의 1/3에 달한다. 가용성 고형물은 7.0%, 총산 4.48%, 핵이 비교적

크고 과실가식률은 88.6%이다. 완전화 비율이 96.8%에 달하며 과실퇴록기는 5월 24~28일이다. 수세는 강하고 수관은 비교적 개장성이다. 이 품종은 수세가 강하며 결실율이 높고, 만숙종이며 풍산성으로 가공 이용률이 높은 품종이다.

② 승주홍매(嵊州紅梅): 일명 저간매(猪肝梅)라고도 하며, 浙江성 승주지방에서 많이 재배되는 품종이다. 과실은 편원형, 평균과중 22.85g, 과피의 바탕색은 담록색이며 양광면은 자홍색을 띠고 착색 부위는 전체 면적의 2/3에 달한다. 가용성 고형물은 6.6%, 총산 4.76%, 핵은 중간 정도이고 과실가식률은 87%이다. 결실률이 높고 과실퇴록기는 5월 16~18일이다. 수세는 강하고 수자는 반 개장성이며 수관은 자연 반원형이다. 이 품종은 결실성이 좋고 풍산성이나 과실의 품질이 일반 청매와 같지 않아 시장가격이 떨어지는 경우가 있다.

③ 백분매(白粉梅): 廣東성 東普寧시에서 재배되고 있는 품종으로 과실은 원형에 가깝고, 평균과중 18.0g, 과피의 바탕색은 황록색이며 양광면은 자홍색을 띠고 착색 부위는 전체 면적의 1/4에 달한다. 가용성 고형물은 8.8%, 총산 3.94%, 핵은 적고 과실 가식률은 91.97%이다. 과실퇴록기는 4월 초이다. 수세는 강하고 수자는 개장성이며 수관은 圓頭형이다. 이 품종은 생장이 빠르고 결실성이 좋으며 풍산성이다.

④ 연지대홍매(軟枝大紅梅): 廣東성 東普寧시 高浦진 청죽매(青竹梅) 군락에서 선발된 우량 계통으로 이 지역의 70%가 재배합되고 있는 품종이다. 과실은 원형, 평균과중 28 g, 과피의 바탕색은 황록색이며 양광면은 자홍색을 띠고 착색 부위는 전체 면적의 1/2에 달한다. 가용성 고형물은 8.3%, 총산 3.88%, 핵은 작으며 과실 가식률은 92.6%이다. 자가결실률이 높고 과실퇴록기는 4월 초이다. 수세는 강하고 수자는 개장성이다. 이 품종은 내한, 내건성이 강하고 풍산성이며 과실의 품질이 좋아 가공 매실로 유망하다.

⑤ 조안이매(潮安李梅): 廣東성 潮安현의 전통 우량품종으로 이 지역에서 재배가 가장 많은 품종이다. 과실은 난원형이며 평균과중 19.2 g, 과피의 바탕색은 황록색이며 양광면은 자홍색을 띠고 착색 부위는 전체 면적의 1/4에 달한다. 가용성 고형물

은 9.0%, 총산 4.46%, 핵은 작고 과실가식률은 93.11%이다. 과실퇴록기는 4월 초이다. 수세는 중 정도이고 수자는 개장성이며 수관은 반원형이다. 이 품종은 결실율이 높고 풍산성으로 이 지역 농민에게 가장 환영받는 품종이다.

⑥ 남강(南江): 1984년 江蘇성 吳縣시에서 소화매(小花梅) 군체 중에서 선발하여 1994년 성 우량품종으로 지정하였다. 과실은 원형, 평균과중 15.6 g, 과피는 자홍색이다. 가용성 고형물은 7.65%, 총산 3.96%, 핵은 중간 정도이고 과실가식률은 87.7%이며 완전화 비율은 72.31%이다. 과실퇴록기는 6월 초이다. 수세는 강하고 수자는 개장성이다. 이 품종은 개화기가 빠르고 화분량이 많으며 풍산성이다. 이 품종은 경제적인 가치 이외에도 다른 다수 품종의 수분수로 적당하지만 과실이 다소 작은 것이 결점이다.

⑦ 대패매10호(大沛梅10號): 1988년 福建성 武平현에서 실생매실 중에서 선발된 품종이다. 평균과중 19.4g, 가용성 고형물은 9.65%, 총산 7.07%, 핵은 중 정도로 크고 과실가식률은 90.3%이다. 이 품종은 창가병에 강하고 풍산성이며 수량은 성목 기준190kg/주를 생산한다. 산도가 높고 품질이 좋아 가공에 유리한 품종이다.

⑧ 광주홍매(廣州紅梅): 廣州시 蘿崗, 文冲 등지에서 재배되는 지방 우량종이다. 과실은 원형, 평균과중 20g, 외관이 수려하며 유과 때는 과피가 심록색이나 성숙하면 심홍색이 된다. 과실가식률은 90% 이상이 되며 당과 산의 조화가 적당하여 생식용으로도 가능하다. 그러나 이 품종은 최근 재배면적이 감소하는 추세에 있다.

⑨ 기타 홍매(紅梅)품종: 기타 홍매로 재배되고 있는 품종은 태호3호(太湖3號), 대읍매31호(大邑梅31號), 평무풍산(平武豐産 8511-401), 만화황화매(晩花黃花梅) 등이 있다.

(3) 일본 도입 품종

1980년대 이래 江蘇성, 浙江성, 四川성, 福建성, 河南성, 湖南성 등 선진 매실 재배지역에서는 일본에서 도입한 우량 매실이 재배되어 왔다.

그 대표적인 품종은 백가하(白加賀), 앵숙(鶯宿), 남고(南高) 등이다.

(중국매실품종자료: 中國農業技術出版社,中國果樹實用技術大全, 落葉果樹券, 果梅編).

4. 대만

대만의 매실 재배면적 및 생산량은 1997년에 10,338ha에서 94,090톤이 생산되었던 것이 점차 감소하여 2006년에는 8,290 ha에서 48,001톤을 생산하였다. 단수도 1997년에는 997 kg/10a로 최고치를 보였으나, 이후에는 감소와 증가를 반복하여 2006년에는 675 kg/10a 정도를 보이고 있다.

표 1-20 • 대만의 매실 재배면적 생산량

연도	식재면적(ha)	수확면적(ha)	단수(kg/10a)	생산량(톤)
1997	10,388	9,441	997	94,090
1998	10,428	9,354	541	50,549
1999	9,526	8,823	628	55,376
2000	9,442	9,100	696	63,317
2001	9,328	8,845	633	55,956
2002	9,166	8,881	509	45,218
2003	8,828	8,725	618	53,874
2004	8,115	7,957	717	57,009
2005	8,518	7,573	607	45,937
2006	8,290	7,116	675	48,001

제2장 재배기술

I. 재배환경

1. 기상조건

가 기온

매실나무는 따뜻한 기후를 좋아하며, 연평균기온이 12~15°C되는 지역에서 안전하게 재배될 수 있다. 생육기인 4월은 19°C, 10월은 21°C, 개화기는 10°C 이상, 성숙기는 22°C가 알맞다. 개화기의 저온 저항온도는 −8°C이나 개화 후의 어린 과실일 때는 −4°C가 한계온도(限界溫度)이다. 매실은 다른 과수보다 휴면기간이 짧아서 겨울철의 온도 변화에 예민하기 때문에 개화기가 해에 따라 심하게 차이가 난다. 겨울철 기온이 따뜻한 남부지방이나 겨울철 기온이 높았던 해에는 개화기가 너무 빨라져 서리피해를 입기가 쉽고, 불완전화의 발생이 많을 뿐만 아니라 꽃가루를 옮겨주는 꿀벌과 같은 방화곤충(訪花昆蟲)의 활동이 활발하지 못하여 충분한 수분(授粉)이 이루어질 수 없어 결실률이 매우 낮아진다. 그러나 겨울철 기온이 낮은 지방 또는 겨울철 기온이 낮았던 해에는 생육이 더디고 개화기가 늦어져 늦서리의 피해를 피할 수 있고, 대부분의 품종이 거의 같은 시기에 개화해 방화곤충의 활동이 활발하므로 수분과 수정(受精)이 잘 이루어져 풍작을 이루게 된다. 대체로 남부의 따뜻한 지방에서는 개화기가 빠른 해일수록 개화기가 늦은 해 또는 개화기가 늦은 지방보다 결실이 나쁠 때가 많은데, 이는 개화기에 늦서리의 피해를 받기 때문이다. 그러므로 개화기에 늦서리가 내리는 지역이나 저온이 빈번한 지대, 바람이 심하게 부는 지대는 따뜻한 지방일지라도 매실재배의 적지라 할 수 없다. 현재 우리나라의 매실 안전 재배지역은 서산, 대전, 김제, 임실, 남원, 거창, 김천, 울진, 강릉을 잇는 선으로 연평균 기온이 12°C 이상 되는 지역이다. 그러나 지역에 따라서는 국부적인 기상조건이 크게 다른 경우도 있으므로 경제적인 재배가 곤란한 지역도 있을 것으로 보인다.

표 2-1 • 매실 재배지대 구분

구분	기상환경		주요 해당지역
	연평균기온	개화기에 저온(−5℃ 이하)이 찾아오는 횟수(회)	
최적지	13℃ 이상	0	강진, 여천, 고성, 김해, 양산 등
적지	13℃ 이상	0.3	해남, 나주, 영남, 장흥, 광양, 하동, 사천, 진양, 창녕 등
불안전 재배지	12~13℃ 내외	0.5	장성, 화순, 보성, 승주, 곡성, 구례, 산청, 합천, 함안, 고령, 경산, 청도 등

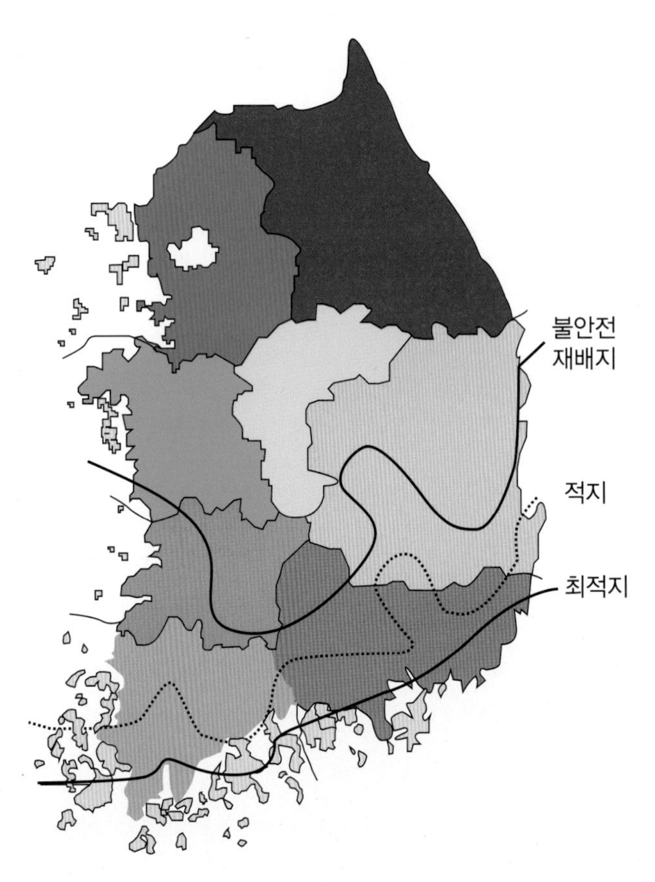

그림 2-1 • 개화기 온도조건에 의한 매실 재배지대 구분(자료: 원예연, 1994)

나 강우량

매실나무는 천근성으로 가뭄에 특히 약하다. 또, 우리나라의 강우 특성상 장마철과 여름철에 연 강수량의 절반 이상이 집중되는 데 비해, 5월부터 장마가 시작되기 전까지와 9월~10월에는 강우량보다 증발량이 많아 가뭄의 피해가 나타나기 쉽다.

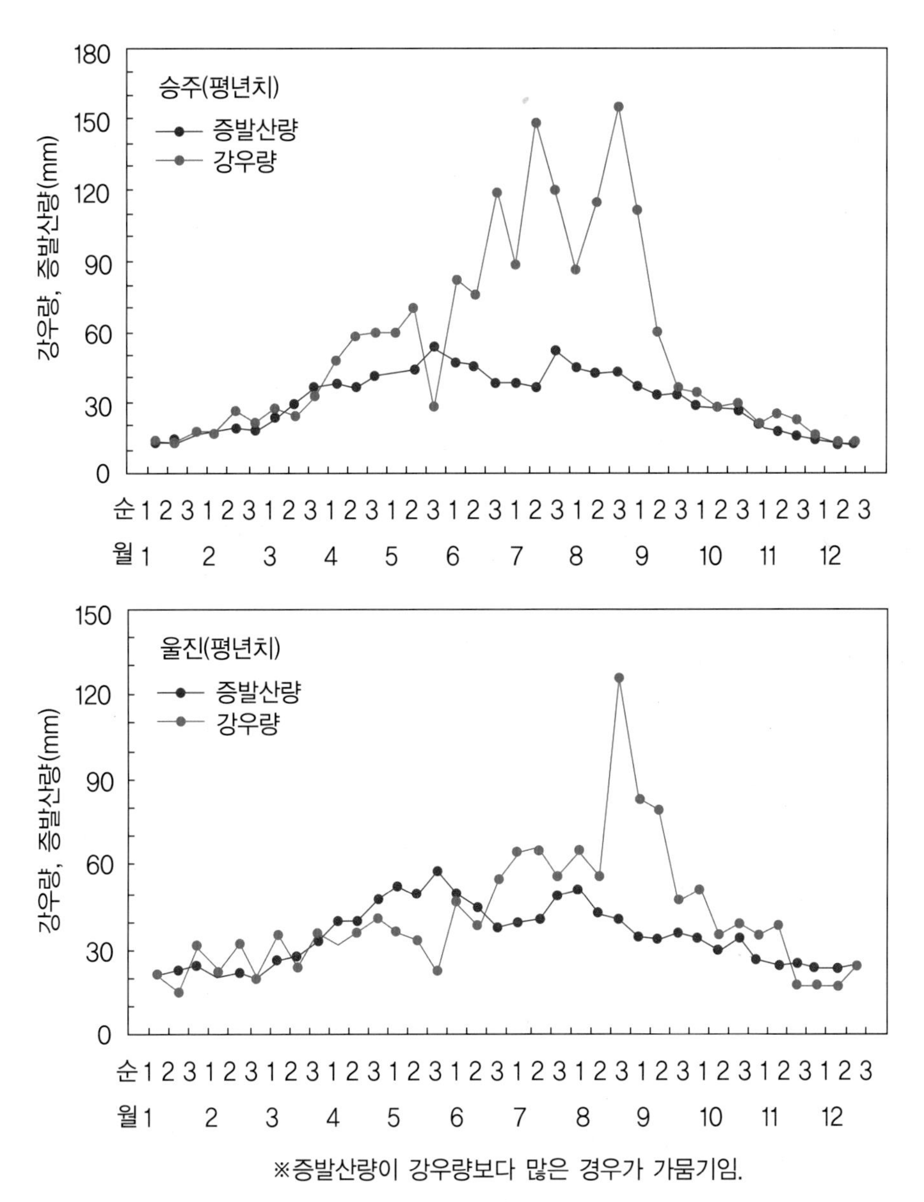

※증발산량이 강우량보다 많은 경우가 가뭄기임.

그림 2-2 ∘ 매실 주산지의 강우량과 증발산량

표 2-2 • 지형에 따른 평균 일조시간

지형	하지	동지	춘(추)분	비고 (조사지점)
	시간: 분	시간: 분	시간: 분	
경사지	10 : 52	6 : 08	9 : 11	20
계곡지	10 : 36	4 : 58	8 : 27	13
평탄지	13 : 03	8 : 23	11 : 23	2

이 때문에 과실이 발육되는 수확 직전에 토양의 수분부족으로 과실 비대가 나빠지거나 수확을 앞둔 과실에 일소 피해가 나타나기 쉽다. 이와는 반대로 수확이 대부분 끝나는 장마기 이후에는 집중 강우로 인하여 토양 습해를 받기 쉽고, 나무가 웃자라 과번무해지기 쉽다. 또, 꽃눈분화 및 저장양분 축적이 활발한 가을철에 강수량이 부족하면 광합성작용이 둔화되어 나무의 생장에 나쁜 영향을 준다. 따라서, 강우량이 적어 가뭄이 계속되는 봄철과 가을철에는 적절한 관수대책을 세우는 것이 바람직하다.

다 일조(日照)

과수원의 일조시간은 방위와 지역에 따라 다르다. 평탄지의 일조시간은 경사지와 골짜기에 비해 하루 2~3시간 정도 길며 그 영향은 여름보다는 개화기에 크다(표 2-2). 개화기에 일조시간이 길어지면 기온이 상승하여 방화곤충의 활동이 활발해지고, 활동시간도 길어져 결실이 좋아진다. 반대로 개화기에 일조시간이 짧아지면 방화곤충의 활동과 꽃을 찾는 회수가 적어져 결실이 나빠진다.

2. 토양 및 지형조건

가 토양

매실나무는 뿌리를 얕게 뻗는 성질이 있어 지표면으로부터 20~30 cm 범위에 85 %의 잔뿌리가 분포(그림 2-3)한다. 그러나 토양에 대한 적응력이 비교적 높아 산지

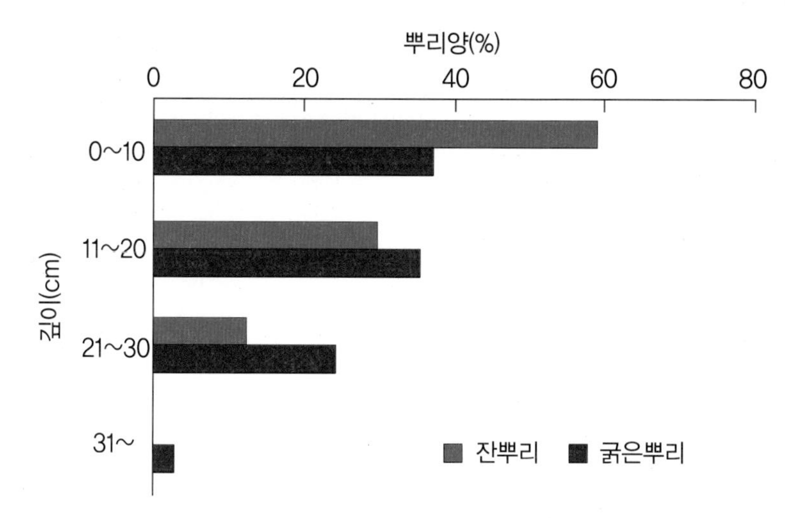

그림 2-3 • 매실나무의 토양 깊이별 뿌리분포

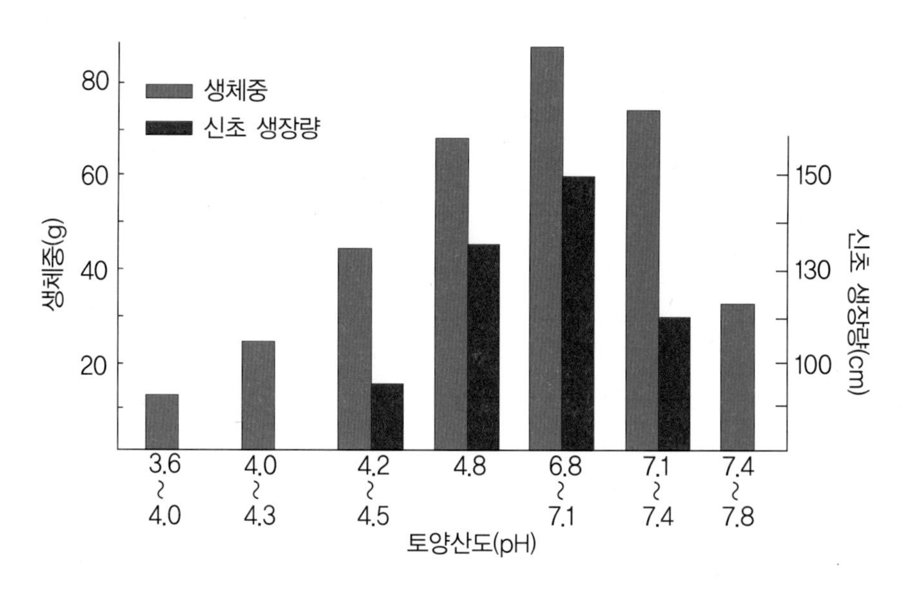

그림 2-4 • 토양산도에 따른 매실나무의 생육 차이

재배(山地栽培)도 가능한 과수이다. 보수력(保水力)이 강하고, 토양 통기성이 나쁜 점질토양이나 지하수위가 높고 물빠짐이 나쁜 저습지에서는 나무의 생육이 나빠 세균성 구멍병이나 날개무늬병(紋羽病) 발생이 많으며, 낙엽이 빠르고 나무의 생육과 결

실도 나쁘다. 또, 토심이 얕고 메마른 땅에서는 가뭄 피해를 쉽게 입을 뿐만 아니라, 개화기가 빨라지고 낙과도 심한 경우가 있으며, 조기낙엽이 일어나기 쉽다. 토양산도(pH)가 4.3 이하의 강산성 또는 7.5 이상의 알칼리성 토양에서는 말라죽는다. 따라서 매실 재배에 알맞는 토양은 토심이 깊고 물빠짐이 좋은 사양토(砂壤土)이며 토양산도(pH)가 6.5~7.1의 미산성(微酸性)~중성인 토양(그림 2-4)이다.

나 지형

지형이 다르면 과수원의 일조시간이 다르게 되는데, 특히 곡간지나 산지의 경사지에 있는 매실원에서는 방위나 지형에 따라 산이나 나무의 그늘 때문에 일조시간이 짧은 경우가 많다. 경사면이 남향인 과원은 일조량이 많지만 토양이 쉽게 건조해지기 쉽고, 겨울철에는 원줄기가 얼었다 녹았다를 반복하는 과정에서 동해 피해를 받기 쉽다. 이와는 반대로 북향지에서는 나무의 생육에 필요한 일조량이 지나치게 부족하므로 적합하지 않다. 따라서 재배지로서 알맞은 지형은 남서향 또는 서향의 경사지라고 할 수 있다.

다 매실 주산지의 재배환경 특성

우리나라 매실 주산지 과원의 지형 및 경사 방향별 분포 실태를 조사한 결과, 늦서리 등 기상재해와 배수불량에 따른 생리장해의 발생빈도가 높을 것으로 예상되는 곡간지와 산간경사지에 분포된 과원이 전체의 약 58%였고, 구릉지에 분포된 과원은 약 37%였는데, 이중 15도 이상의 경사지 과원이 전체 과원의 약 66%였다. 이들 과원의 토양 배수 등급별 면적은 매실나무 생육에 적합한 물빠짐이 좋은 토양이 전체의 약 78%로 대부분을 차지하였지만, 물빠짐이 너무 좋아 가뭄 피해를 쉽게 입을 뿐만 아니라 조기 개화 및 낙과 등과 같은 생리장해가 우려되는 토양도 약 8%나 되었으며, 습해가 우려되는 토양도 약 14%였다. 그리고 토성은 대부분이 사양질이었으나 토양 통기 부족으로 뿌리 뻗음에 어려움이 있을 것으로 예상되는 식질토도 약 10%정도였다.

우리나라 남부지역 매실 과원의 토양산도는 지형에 따라 다소의 차이는 있으나 표토와 심토의 pH값이 각각 평균 5.7, 5.4로 생육 최적조건보다는 낮은 수준이었고, 특히 구릉지에서는 pH값이 5.2로 낮았다. 따라서 이들 과원에서는 산도교정을 위해 석회 등을 시용해야 할 것으로 판단되었다.

II. 형태와 생리생태

1. 나무의 생장과 생장습성

가 매실나무의 특징

(1) 생육특징

① 정부우세성이 강하다.

매실의 신초신장은 정부우세성이 강하다. 가지의 정아(頂芽) 및 거기에 붙은 2~3눈이 특히 강하게 신장하고 나머지 눈은 크게 신장하지 않으며, 단과지(短果枝)가 형성되기 쉽다. 또 가지는 신장 비율의 비대가 이루어지지 않기 때문에 가지 선단이 무거워져 아래로 처지기 쉽다.

따라서 전정은 골격지를 절단하는 경우 어느 정도 강하게 절단하지 않으면 원하는 위치에서 부주지 또는 측지를 형성하기가 곤란한 면도 있으나 순지르기(적심)한 신초로부터 많은 신초가 신장(2차 신장)하지 않아 수형 구성상 큰 어려움은 없다.

② 신초 발생이 많다.

매실은 잎눈이 많은데다 숨은 눈의 발아 능력도 장기간 유지되기 때문에 신초발생이 많고 가지를 절단해도 잘 유합되지만 유목은 물론 성목이 되어도 굵은 가지에서 도장지 발생이 많아 수형은 물론 수관 안쪽이 복잡해지기 쉽다.

③ 개화가 빠르다.

휴면타파가 빨라 개화가 빠르다. 이것이 결실불안정의 원인이 될 수 있다. 과실의 성숙기도 빠르고 화아분화까지 수확이 종료되기 때문에 격년 결과가 발생하기 쉽다.

(2) 수령과 과실생산력

과수원에 따른 수량차이, 해에 따른 수량차이가 크기 때문에 수령과 생산력의 관계를 단적으로 표현하기가 쉽지 않지만, 유목기에서 성목이 될 때까지는 일정한 비율의 수량증가와 성목에서 일정한 수량성을 유지할 수 있도록 해야 한다.

2. 각부의 형태와 특성

가 잎의 형태와 생리

(1) 잎의 형태와 특징

매실은 살구의 잡종이라 하여 살구와 비교하는 경우가 많다. 매실 잎은 선단이 뾰족하고 살구는 원형으로 선단이 약간 둔하다. 엽형지수(엽신폭/엽신장)가 매실은 0.5, 살구는 0.75인 경우가 가장 많고, 0.6~0.7 주변에 잡종이 많다. 즉 순수한 매실일수록 잎이 가늘고 길며, 순수한 살구일수록 원형에 가깝다. 잎의 털(毛茸)은 매실에는 거의 없지만 살구는 대부분 갖고 있다.

(2) 가지 종류와 결과 습성

매실 신초의 길이는 모지(母枝)의 굵기 및 충실도 외에 절단 정도, 시비 등 영양조건에 따라 다르다. 모지가 충실하다면 신초 발생수가 많고 가지도 길게 자라며 가지 절단을 강하게 하면 가지가 길어지기 쉽다.

가지 구분은 일반적으로 단과지는 10 cm이하, 중과지는 10~20 cm, 장과지는 20~30 cm 이상을 말한다. 장과지 중 직립으로 곧게 뻗은 가지를 도장지라 말한다.

매실은 보통 단과지에 결과시키는 데 과실비대도 좋다.

나 화기 발달과 결실

(1) 화아분화

① 분화기

매실의 화아분화기는 재배지역, 기상조건, 가지 종류에 따라서 다른데, 기온이 높은 곳이 빠른 경향이 있다. 또한 가지길이에 따른 차이가 비교적 크며, 단과지가 가장 빠르고 중과지, 장과지 군으로 그 차이는 단과지에 비해 1~2주 늦다.

② 발육경과

분화한 꽃눈은 이후 1주 혹은 10일 정도 간격으로 악편, 화변, 수술을 형성시키고 10월 중순까지 암술을 완성한다. 약(葯)에는 화분(꽃가루)이 생기고 1월 중순에는 거의 꽃의 구조(화기,花器)가 완성된다.

그러나 이것은 어디까지나 모양을 갖추었다는 것이고, 개화까지 크기의 증대, 내용의 충실은 저장양분에 의존하므로 전년의 재배관리가 대단히 중요하다.

(2) 화아분화에 관한 요인

화성유도는 내적으로는 화성호르몬에 가정하여 식물호르몬을 중심으로 한 식물생리학의 눈부신 진보에 따라 그 가설은 부정할 수 없지만 실체는 복잡하다. 지금까지 식물의 영양생장과 생식생장과의 관계를 볼 때 체내의 탄수화물과 질소와의 관계, 즉 C-N율로 설명하는 경우가 많다.

한편 외적으로는 시비, 전정, 적과, 과수 등 재배관리가 영양상태를 좌우하고 화성에 영향을 미친다.

화아분화를 촉진하여 완전한 화기를 형성시키기 위해서는 기본적으로는 탄수화물을 많이 축적할 수 있게 하는 재배관리가 필요하다.

재배관리 요인 중에는 일조조건이 가장 중요한데 햇빛은 영양을 좌우하는 아주 큰 요인이 된다. 따라서 재식거리 정지 · 전정 등이 중요하다. 또한 건전한 잎이 많으면 광합성 작용이 활발하여 꽃눈(화아)분화 및 꽃눈충실도를 높이지만 매실은 다른 과실과 달리 과실 수확 후 꽃눈분화를 맞이하기 때문에 결실의 영향은 비교적 뚜렷하지 않다. 하지만 결실과다는 다음해 착과를 감소시킨다. 꽃눈형성은 환상박피, 염지 등에 의해 촉진되는데 이는 처리부위 위쪽에 탄수화물 축적을 높이기 때문이다. 환상박피는 화아분화에는 좋은 영향을 주지만 뿌리 등에 악영향을 주므로 보통 계속 사용하는 방법은 아니다. 매실은 박피 부위 폭이 넓으면 나무가 고사하는 경우가 많기 때문에 주의해야 한다.

질소는 수세가 약한 상태에서 사용하면 화아분화에 좋은 영향을 주지만 수세가 강한 나무에 과용하면 오히려 화아착생을 나쁘게 한다. 즉 C-N율을 낮게 하기 때문이다. 질소는 엽록소 및 단백질의 성분으로 과용하면 새 가지 신장 및 잎을 확장하는 영양생장에 동화양분을 사용하여 화아형성을 곤란하게 한다.

전정도 화아착생에 영향을 미치는데, 전정 정도, 수세, 수령에 따라 달라진다. 강전정은 어린 나무에 화아착생을 현저히 감소시키지만 성목에서의 적당한 전정은 화아착생을 좋게 하고 완전화를 많게 한다.

전정은 일조량을 늘려주고 잎의 활동을 원활하게 해서 양분 축적을 도모하며, 가지 수를 줄여줌으로써 적과 효과를 보게 한다.

(3) 화기의 발달

분화한 악편, 화변, 암술 순으로 점차 꽃의 각 부위를 형성하는데, 늦어도 1월 중순에는 화기가 거의 완성된다. 화기 완성 후 곧바로 개화하지 않는 것은 화아의 휴면이 완료되지 않았기 때문인데, 이것을 자발휴면이라 한다.

① 꽃의 구조

꽃자루(화경)는 품종에 따라 장단의 차이가 있지만 대개는 짧다. 꽃잎(악)은 5매이고 색은 담홍색부터 홍다색, 청축계는 담록색이다. 살구의 유전적 형질을 많이 받은 풍후계는 악편이 굽었는데 일반 매실은 굽어 있지 않다.

화편은 품종에 따라 홑잎인 것과 중복된 것이 있는데, 홑잎은 5매가 보통이지만 꽃에 따라서는 6~8매인 것도 있다. 꽃잎이 중복된 것은 말하자면 8중인데 실제로 정확히 8중(40매)인 품종은 없고, 많아야 25~30매이며 15매(3중)인 것도 있다. 또 화편의 형태, 중복성 여부는 품종의 특징이다. 화편의 색, 이른바 꽃색은 보통 백색이 많고 담홍색 품종도 일부 있지만 홍매라 칭하는 짙은 홍색 품종은 보이지 않는다.

화경은 품종에 따라 1~3 cm이고 과실이 작은 소매계통은 폭이 작다. 수술은 40~70본으로 품종에 따라 다른데 같은 품종 간에도 차이가 있다.

또 수술의 분포상태, 화사의 길이, 크기, 색, 액의 크기, 모양, 색 등도 품종에 따라 각기 다른 특징이 있다. 꽃가루(花粉; 화분)에는 완전화분과 불임화분이 있는데 품종에 따라서는 거의 불임화분인 것도 있다. 하나의 약(葯; 꽃밥) 속에 들어 있는 화분의 수는 3,000립 정도 된다. 불임의 경우는 발육 및 비대가 충분하지 않고, 화분량도 충분하지 않은 것이 많다.

암술은 하나인데, 어느 것은 2~3개인 것도 있다. 좌논(팔방) 매실품종은 대부분 2~3개이고 8개이상인 것도 있다. 암술은 암술머리(柱頭; 주두), 꽃대(花柱; 화주), 씨방으로 되어 있는데 발달은 품종, 영양조건, 기상조건 등에 따라 다르다. 말하자면 불완전화도 있다. 씨방은 1장의 심피(心皮)로 나와 보통 2개의 배주(胚柱)를 갖는다.

(4) 불완전화와 발생요인

매실은 다른 과수에 비하여 수정능력이 없는 이른바 불완전화의 발생이 많다. 불완전화는 암술이 없는 것, 있어도 아주 짧은 것, 짧고 구부러진 것, 씨방의 발달이 불량한 것 등 여러 가지 경우가 있다. 불완전화의 발생정도는 품종, 수체영양조건, 재배조건, 기상조건 등에 따라 다르다. 불완전화 발생은 품종간 차이가 큰데, 불완전화가 많은 품종은 용협소매(龍峽小梅), 직희(織姬), 화향실(花香實) 등이고, 옥영(玉英), 백가하(白加賀), 양노(養老) 등은 적다. 일반적으로 불완전화는 개화가 빠른 품종 및 겹꽃 품종에서 많고 옥영, 백가하처럼 꽃가루가 거의 없는 품종은 적은 경향이다.

개화가 빠른 품종에 불완전화가 많듯이 같은 품종이라도 개화가 빠른 해일수록 불완전화 발생이 많다. 특히 겨울이 온난하여(이상난동) 개화가 빠른 해는 더욱 많이 발생한다. 동일조건에서는 개화시와 만개기 이후에 많이 나타난다. 또한 영양상태가 불량하면 불완전화율이 높다. 따라서 병해충에 의해 조기낙엽을 방지하고 비배관리를 통해 잎의 기능을 높이며, 정지전정으로 수광상태를 좋게 하여, 과다결실을 피하는 것이 중요하다. 나아가 수분(受粉)조건에 문제가 있을 경우 이를 개선하여 결실안정을 도모하고 결실과 가지생장, 즉 생식생장과 영양생장의 조화를 이루게 하는 것이 완전화율을 높이고 결실안정을 유지하는 데 도움이 된다.

(5) 수정

① 화분관 신장과 수정

암술머리에 붙은 꽃가루는 발아 신장하여 배주(胚珠)에 도달함으로써 수정을 하게 된다. 수정이 정상적으로 이루어지려면 무엇보다 암꽃이 완전해야 하고 꽃가루의 발아능력이 높아야 하는데, 서로가 화합성이 있으며 온도 등 수정에 적합한 환경조건이 필요하다.

하나의 배주를 수정시키려면 화분관이 하나면 된다. 매실은 하나의 암술이 2개의 배주를 갖기 때문에 2개의 화분관이 신장하면 바람직할 것으로 생각되지만 실제로는 많은 화분관 신장이 필요하다. 이는 많은 화분의 존재가 화주 또는 씨방 효소계의 활성 및 호르몬 합성을 촉진하기 때문이다.

화주내에서 화분관의 신장속도는 온도를 중심으로 한 환경의 영향이 크다. 매실의 화분발아와 온도와의 관계는 적온 범위에서는 온도가 높을수록 발아가 빠르고 화분관 신장도 빠르다. 따라서 개화기에 기온이 높으면 방화곤충의 활동은 물론 암술머리에 운반된 꽃가루의 발아가 빠르고 신장도 촉진되기 때문에 수정에 좋은 조건을 제공하게 된다.

② 암술의 수정능력

인공수분을 행하는 경우 개화 후 언제 수분을 행하는 것이 가장 좋은 수정과 결실을 유도하는지, 그리고 수정능력은 얼마나 지속되는지가 문제가 된다. 개화 후 9일까지는 비교적 높은 결실률을 보이며, 개화후 3일째의 수분이 결실률이 가장 높다.

꽃의 상태는 강우나 강한 바람 등이 없다면 개화 후 9일 정도가 되면 꽃잎이 시들기 시작하는데, 암술머리에서 점액(끈적한 물질)이 나오고 있는 상태일 때가 수정능력이 비교적 높다.

③ 화분과 발아

약에는 화분낭이 있고 그 속에서 화분이 나온다. 어린 약에는 포원세포(胞原細胞)가 분화하여 몇 차례 분열하여 화분모세포가 되고 화분모세포는 감수분열을 통하여 화분을 형성한다. 완전히 발육한 화분은 대부분 발아능력을 갖지만 품종과 영양상태에 따라 매실에서는 불완전화분도 많이 발생한다. 또한 같은 품종이라도 해에 따라 그리고 장소에 따라 차이가 크다.

④ 화합성

암술과 수술이 발육하여 배주와 화분이 정상이라 하여도 동일품종 혹은 특정 품종에 따라 결실이 이루어지지 않는 것이 있는데, 전자를 자가불화합성, 후자를 타가불화합성 또는 교배불화합성이라 하며, 이러한 불결실을 자가불결실, 타가불결실이라 한다. 매실은 대부분의 품종이 자가불화합성이나 장속, 화향실, 지장 등 극히 일부 품종은 자가화합성이다.

한편 타가불화합성은 청옥 × 남고, 청옥 × 개량내전 등이 알려져 있다.

다 과실의 발육, 비대 및 성숙

(1) 과실의 형태

매실은 암술의 자방부분이 비대한 진과(眞果; true fruit)이다. 따라서 바깥쪽으로부터 외과피(과피, 표피), 중과피(과육), 내과피(핵층)으로 구분한다. 내과피는 딱딱해져 목화(木化) 이른바 핵이 된다. 핵은 과실의 중앙에 위치하고 그 속에 종자가 있다. 2개의 배주가 모두 발육하면 종자가 2개지만 1개는 퇴화하고 보통 1개만 있다.

품종에 따라 과실모양이 원형 또는 그에 가까운 것이 많고 과정부는 원형인 것이 많지만 돌출된 것과 편평한 것 등이 있다. 봉합선의 구분이 명확한 것과 그렇지 않은 것 그리고 과피에는 털(毛茸)이 있는데 길이와 양에 있어서 품종에 따라 차이가 있다.

(2) 과실의 비대 양상

과실의 비대는 온도에 따라 크기가 좌우되고 2중 S자 곡선을 보이는데 다른 핵과류와 마찬가지로 내과피가 딱딱해지는 경핵기가 있으며, 경핵기 이후 과실비대가 급격히 이루어진다. 개화부터 성숙까지의 일수는 대략 110~130일 정도 된다.

과실크기는 품종특성은 물론 착과량에 따라 차이가 있는데 작은 것은 4~6 g부터 큰 것은 평균 30~40 g 되는 품종도 있다.

(3)과실의 성분변화

① 무기성분의 변화

착과부터 성숙기까지 질소, 인산, 가리의 변화를 보면 질소는 4월 하순까지 계속 증가하다가 이후 감소하며 성숙기에는 최고일 때의 1/2수준이 된다. 즉 과실의 생장곡선 제1기인 발육이 왕성한 시기에 가장 높은 함량을 보이는데, 이 시기는 과실의 세포분열이 가장 왕성한 시기이다.

가리는 질소에 비해 함량이 낮고 질소만큼 눈에 띠는 감소는 없다. 인산은 질소, 가리에 비해 함량이 매우 낮으며, 성숙과까지 큰 함량 변화를 보이지 않는다. 이는 과실 전체에 대한 것이고, 핵과 과육을 나누어 보면 세포분열이 왕성한 시기인 발육기에는 핵과 과육 모두 3요소 함량에 큰 차이가 없고 높은 함량을 보이지만 경핵기에는 핵에서 3요소 모두 급격히 감소하고 과육에서는 질소는 감소하지만 인산, 가리는 큰 변화가 없다.

이상으로 볼 때 질소는 세포분열기(발육기)까지 충분히 흡수되는 것이 중요하고 인산, 가리, 특히 가리는 과실의 발육, 비대, 성숙 등 전 기간에 충분히 흡수되게 하는 것이 중요하다.

② 당, 산의 변화

당, 산 모두 경핵기를 지나는 시기까지는 큰 차이를 보이지 않다가 성숙에 들어서면 급격히 증가한다. 당은 완숙 직전까지 계속 증가하지만 산은 수확 전 급격한 과실비대로 인해 함량이 낮아진다.

(4) 생리낙과

생리낙과 시기는 개화기의 빠르고 늦음과 그 이후 기온의 추이 등에 따라서 과실의 발육과정이 다르기 때문에 지역은 물론 해에 따라서도 차이가 있다. 따라서 낙과파상에 대한 조사결과는 각각 방법상의 차이로 인해 결과 간 비교가 용이하지 않다.

보통 매실의 생리낙과는 크게 두 개의 피크를 보이는데, 첫 번째는 과실크기가 팥알 정도인 4월 중순경에 불완전화, 불수정화가 거의 낙화하고, 두 번째는 경핵기인 5월 중하순경이다. 또 해에 따라서는 두 번째 낙과파상이 수확기까지 계속되고, 붕소가 결핍되면 수확 직전에 이상낙과가 발생되기도 한다.

한편 결실이 지나치게 많으면 양분의 경합이 발생하고 낙과를 촉진하므로 적과는 낙과방지에 유효한 수단이 될 수 있다. 또한 생리낙과는 품종에 따른 차이도 크다.

(5) 발육을 좌우하는 조건

① 착과량

착과량이 많으면 과실 간에도 양분경합이 일어나기 때문에 어느 정도까지는 착과량을 조절할수록 과실발육이 좋은데 적과는 과실발육을 촉진한다고 할 수 있다.

일본 군마현 원예시험장과 후쿠이원예센터의 보고에 의하면 '백가하' 등 대립 품종을 1과당 4잎에서 30잎까지 설정한 시험에서 잎수가 많을수록 과실은 컸으나 수량은 엽과비가 작을수록 많았다고 한다.

한편 적과정도 외에 적과시기가 과실발달에 큰 영향을 미치는데, 과실발육 및 비대는 세포분열이 우선적으로 일어나고 그 후 세포비대가 이루어지면서 과실이 비대하기 때문에 적과시기가 빠를수록 과실비대는 양호해진다. 다시 말해 과실이 콩알만 할 때 적과를 가능한 빨리 마치는 것이 좋다.

② 전정

적당한 전정은 햇빛 투과를 좋게 하고 기본적인 식물 영양에 관계하지만, 과실비대에 대해 직접적으로는 결과지를 제한하여 2차적으로 적과효과가 있다. 또한 쇠약한 측지를 제거하고 측지를 갱신하여 과실비대를 양호하게 한다. 쇠약한 측지상의 결과지에 착과된 과실은 세포수가 적어 적과를 하여도 충실한 결과지에 착과된 과실비대에는 미치지 못한다. 다시 말해 단과지만 있는 오래된 측지보다도 단과지군 선단에 몇 개의 발육지가 신장할 정도의 힘이 있는 측지에 착과된 과실의 비대가 우수하다.

라 뿌리의 형태와 기능

(1) 뿌리의 생장주기

뿌리의 생장주기는 근군의 분포상태, 재배지역의 기온, 대목과 접수의 관계, 착과량, 일조지수, 비배관리 등에 따라서 크게 다르다.

근군의 신장은 2개의 피크를 보이는데, 하나는 4월 중하순에 크게 나타나고 다른 하나는 7월 하순에 약간의 피크를 보인다. 매실은 다른 낙엽과수보다도 근군의 발생과 신장이 빠른데, 12월경에 신장을 시작하여 4월에 피크가 된다. 그 후 6월 중하순까지 감소하다 다시 신장하며 7월 하순에 피크를 이루다 다시 하강하고 9월 중순부터 12월까지는 거의 눈에 띄는 생장을 하지 않는다.

가지와 잎의 생장 및 과실비대와의 관계는 우선 뿌리의 신장이 선행되고, 첫 번째 뿌리생장 피크를 지나서 가지의 생장이 일어나며 가지생장 피크를 지나 과실의 생장 피크를 맞이한다. 그리고 과실 수확 후 재차 뿌리의 생장은 높아지나 7월 하순경 고온건조기에 들어서면 주춤해지고 이 때 화아분화가 시작된다.

뿌리의 질소와 탄수화물 추이는 직경 5 mm 이하의 뿌리에서 질소는 4월까지는 높아지지만 5월에는 급격히 떨어지고 이후 차츰 감소하여 8월에 최저치를 보이다 9월부터 서서히 상승한다. 즉 5월부터는 가지와 잎의 생장, 과실의 비대, 뿌리신장, 눈의 비대 등 동화양분의 소비가 많아 저장할 만한 여유가 없기 때문이다.

(2) 근군의 분포

근군의 분포는 우선적으로 토질 그리고 기타 조건에 따라서 다를 수 있는데, 일반적으로 배수가 양호한 매실재배지에서 굵은 뿌리와 가는 뿌리의 근군 분포는 깊이 30 cm 이내에 대부분 분포되어 있고 수평분포는 성목의 경우 주간부에서 1~1.5 m 정도인 것으로 알려져 있다.

III. 품종

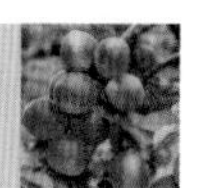

1. 국내 재배가 많은 품종

(1) 고성(古城) Gojirou

일본 와카야마현(和歌山縣)에서 발견된 품종으로 육성내력은 불분명하다. 나무의 자람세는 직립형이고 나무 세력은 강하다. 신초 생장이 왕성하고 발생 수가 많으며 담녹색을 띠지만 햇빛을 받는 부위는 약간 담홍색으로 착색된다. 유목에서는 단과지 형성이 잘 되지 않으나 성과기가 되면 단과지 형성이 잘 되고 중 · 장과지도 많이 발생된다. 개화기는 남고, 양노와 비슷하며 백가하, 풍후보다 빠르다. 꽃의 크기는 중간 정도로 흰색 꽃잎이 홑겹으로 피며 완전화가 많다. 꽃가루가 거의 없기 때문에 수분수의 혼식이 필요하다.

숙기는 6월 상중순경으로 과중은 25 g 정도이다. 과형은 타원형으로 짙은 녹색을 띠며 윤기가 흐른다. 해거리가 적으며 주로 청매로 쓰인다. 양조용이나 농축 과즙용으로는 적합하나 절임용으로는 적합하지 않다. 재배상 유의할 점으로는 단과지보다

표 2-3 • 고성(古城)품종의 특성

숙기	과형	과중 (g)	과피색	나무 자람세	나무 세력	용도	내병성	유의사항
6월 상 · 중	타원형	25	짙은 녹색	직립형	강	양조용: 적합 절임용: 부적합	병해에 강함	꽃가루 없음 수분수 필요

중 · 장과지의 발생이 많으므로 초기에 단과지를 형성시키는 전정이 필요하며 꽃가루가 없기 때문에 반드시 수분수를 혼식해야 한다.

고성 품종(자료: 白鶴酒造株式會社, 日本)

(2) 남고(南高) Nanko

일본 와카야마현(和歌山縣)의 다카다(高田貞楠)씨가 자신의 과수원에 심었던 내전매(內田梅)의 실생에서 선발한 품종으로 1965년에 등록되었으며, 일본에서 가장 많이 재배되는 품종으로 최근 국내에서도 많이 심는 품종이다. 나무자람세는 개장형이며 나무세력은 강하다. 가지 굵기는 중간 정도이나 발생 수가 많으며, 신초의 색은 적갈색이다. 중과지의 결실성이 좋아 단과지와 함께 좋은 열매가지가 된다. 발아와 전엽은 3월 중하순경에 이루어지는데 소매류보다 늦고 백가하보다 빠르다. 꽃의 크기

표 2-4 • 남고(南高)품종의 특성

숙기	과형	과중(g)	과피색	나무 자람세	나무 세력	용도	내병성	유의 사항
6월 중	짧은 타원형	25	바탕: 짙은녹색 양광면: 붉은색	개장형	강	양조: 청매 절임: 완숙과	검은별무늬병, 세균성구멍병에 약	수분수 필요

는 중간 정도로 흰색의 꽃잎이 홑겹으로 피며 불완전화가 적다. 꽃가루는 많으나 자가결실성이 높지 않기 때문에 수분수가 반드시 필요하다.

숙기는 6월 중순경으로 과중은 25 g 정도이며 해거리가 비교적 적은 다수성 품종이다. 과형은 짧은 타원형으로 약간 납작한 경향을 띤다. 과피 바탕색은 약간 짙은 녹황색으로 양광면은 약간 붉은 색으로 착색되며 표면에는 털이 많다. 완숙된 매실은 달면서도 시고 복숭아와 비슷한 향기가 난다. 수확된 과실은 양조용 및 절임용으로 이용되는데, 양조용인 경우에는 청매를, 절임용인 경우에는 완숙과를 이용하므로 용도에 따라 수확시기를 조절한다. 재배상 유의할 점으로는 가지 발생이 많기 때문에 솎음전정 위주로 전정하며 검은별무늬병과 세균성구멍병에 약하므로 바람이 적은 곳에 심고 조기방제를 철저히 해야 한다.

남고 품종(자료: 국립원예특작과학원)

(3) 백가하(白加賀) Shirokaga

일본 에도(江戸)시대부터 재배되어 온 품종으로 살구와 매실이 교잡된 살구성 매실 품종이다. 일본에서는 남고 다음으로 많이 재배되고 있는 품종이며, 우리나라 매실 주산지인 광양, 순천 등에 가장 많이 심겨진 품종이다. 나무자람세는 개장형이며

표 2-5 • 백가하(白加賀)품종의 특성

숙기	과형	과중 (g)	과피색	나무 자람세	나무 세력	용도	내병성	유의사항
6월 중	타원형과 정부 뾰족	30	바탕: 황록색 양광면: 홍색	개장형	매우 강	양조용:적합 절임용:부적	검은별무늬병, 일소에 약	꽃가루 없음 수분수 필요

나무세력은 매우 강하고 가지는 굵고 길다. 신초는 담녹색이지만 햇빛이 닿는 부분은 옅은 갈색을 띤다. 개화기가 늦고 꽃은 큰 편으로 흰색 꽃잎이 홑겹으로 피며 불완전화가 매우 적다. 꽃가루가 거의 없고 자가결실성이 매우 낮은 품종이므로 수분수의 혼식이 필요하다.

숙기는 6월 중순경으로 과중은 30 g 정도이다. 과형은 타원형이고 과정부는 다소 뾰족하다. 과피 바탕색은 황록색이며 양광면은 약간 착색되고 짧은 털이 나 있다. 과육비율이 높아 품질이 우수하며 양조용으로는 알맞으나 절임용으로는 적합하지 않다. 재배상 유의할 점으로는 자름전정을 피하고 웃자람 가지는 유인하여 중 · 단과지를 형성시켜야 한다. 봉소 결핍에 유의해야 하며 검은별무늬병, 일소에 약하므로 주의한다.

백가하 품종(자료: 국립원예특작과학원)

(4) 옥영(玉英) Kyokuei

일본 도쿄도(東京都)에서 발견된 품종으로 1959년 일본에서 최초로 등록된 품종이다. 나무자람세는 개장형이며 나무세력은 초기에는 강하나 후기에는 급격히 떨어진다. 가지는 굵고 길며 단과지 형성이 잘 되고 중과지에도 착과가 잘된다. 신초는 옅은 녹색이며 잎은 큰 편으로 전반적인 수체 특징은 백가하와 비슷하다. 꽃눈은 중·장과지에 잘 형성되며 개화기는 백가하보다 약간 빠르다. 꽃은 큰 편이며 흰색의 꽃잎이 홑겹으로 피며 불완전화의 발생이 적다. 꽃가루는 담황색이나 양이 거의 없기 때문에 수분수의 혼식이 필요하다.

숙기는 6월 상순경으로 과중은 30 g 정도이다. 과형은 타원형이며 과피는 황록색이고 봉합선은 굵고 깊은 편이다. 핵의 크기는 다소 작고 생리적 낙과는 거의 없는

표 2-6 • 옥영(玉英)품종의 특성

숙기	과형	과중(g)	과피색	나무 자람세	나무 세력	용도	내병성	유의사항
6월 상	타원형	30	황녹색	개장형	초기 강 후기 약	양조용: 청매	깍지벌레, 가지 마른병에 약	꽃가루 없음 수분수 혼식

옥영 품종(자료: 국립원예특작과학원)

편이다. 보통 청매로 수확하여 양조용으로 이용되며 늦게 수확한 것은 절임용으로도 이용되지만 품질은 좋지 않다. 재배상 유의할 점으로는 강전정을 피해야 하며, 결실 안정을 위해 수분수를 20% 이상 혼식하여야 한다. 검은별무늬병에는 비교적 강하나 깍지벌레, 가지마름병에는 약하므로 방제를 철저히 해야 한다.

(5) 앵숙(鶯宿) Osuku

일본 토쿠시마현(德島縣)에서 오랫동안 재배된 품종으로 육성 내력은 불분명하다. 청매의 대표적인 품종으로 나무자람세는 반직립형이고 나무의 세력은 보통이다. 단과지의 발생이 많으며 신초는 다른 품종에 비해 녹색이 짙은 편이다. 화아 휴면이 빨리 끝나는 편으로 백가하나 옥영에 비해 개화기가 약간 빠르다. 꽃의 크기는 보통으로 연분홍색 꽃잎이 홑겹으로 핀다. 꽃가루가 많아 백가하, 옥영 등의 수분수로 이용된다.

숙기는 6월 상 · 중순경으로 과중은 25 g 정도이다. 과형은 짧은 타원형이며 과정부는 원형이다. 과피는 털이 적은 편이며 햇빛을 받는 부위는 붉은색을 띠는 청매로 양조용으로 적합하다. 재배상 유의할 점은 나무가 크게 자라므로 충분한 재식거리를 유지하여야 한다. 어린 나무일 때부터 솎음전정 위주로 전정을 실시하여 가지가 웃자라지 않도록 세력을 안정시킬 필요가 있다. 꽃가루가 많지만 안전한 수량 확보를 위해서는 20% 정도의 수분수를 혼식하여야 한다. 풍산성으로 과다결실될 때가 많으므로 열매솎기를 철저히 해야 큰 과실을 얻을 수 있다. 검은별무늬병에는 강하나 복숭아유리나방의 피해가 많고 세균성구멍병에도 약하다. 붕소 결핍증이 나타나기 쉬워 과실에 진이 나오는 수지과가 발생되기도 한다.

표 2-7 • 앵숙(鶯宿)품종의 특성

숙기	과형	과중 (g)	과피색	나무 자람세	나무 세력	용도	내병성	유의사항
6월 상 · 중	짧은 타원형 과정부 원형	25	바탕: 진녹색 양광면: 홍색	직립형	보통	양조용	세균성구멍병, 수지장해에 약	꽃가루 많음 수분수로이용

앵숙 품종(자료: 桝井農場, 日本)

(6) 청축(青軸) Aojiku

청축, 또는 옥매(玉梅)라고도 하며 중국에서 개량된 품종이다. 나무세력은 약한 편이며 가지는 가늘고 발생 가지수도 적어 백가하와 대조적이다. 꽃은 백색 홑꽃으로 크기는 보통이다. 엽병과 꽃받침 모두 녹색이다. 과실 무게는 20 g 정도이며 과실 모양은 원형에 가깝고 과정부는 조금 오목하게 들어가고 봉합선은 뚜렷하다. 과실 껍질은 담황녹색으로 약간 주황색으로 착색된다. 숙기는 6월 상중순이며 과육의 비율이 높다. 결과기가 비교적 빠르고 단과지에 결실을 잘 하지만 나무세력이 약하기 때문에 비옥한 토지를 골라 토양관리에 중점을 두어 나무를 강건하게 키울 필요가 있다. 이 품종은 불완전화의 발생은 낮고 꽃가루량은 많지만 자가결실성이 없기 때문에 수분수를

표 2-8 • 청축(青軸)품종의 특성

숙기	과형	과중(g)	과피색	나무세력	용도	내병성	유의사항
6월 상 · 중	원형 과정부 오목	20	담황록 양광면 주황색	약함		세균성구멍병, 약	자가불결실성 높음 수분수재식 필요

청축 품종(자료: 桝井農場, 日本)

섞어 심어야 한다. 특히 풍작인 해에는 과다결실이 나무세력을 떨어지게 하는 원인이 되기 쉬우므로 주의해야 한다. 검은별무늬병에는 강하지만 세균성구멍병에 약하다.

(7) 풍후(豊後) Bungo

일본에서 오래 전부터 재배되어 온 품종으로 육성 내력은 불분명하나 살구와의 교잡종으로 알려져 있는 품종이다. 나무자람세는 직립형이고 나무세력은 강하다. 가지는 굵고 길며 초기에는 웃자람 가지나 장과지의 발생이 많으나 후기에는 단과지가 많이 발생되어 성과기 이후의 수량이 높다. 잎은 매실과 살구의 중간형이며 색이 진하고 표면에는 광택이 없으며 유엽시기에는 잎 뒷면에 털이 밀생한다. 개화기는 다소 늦은 편이나 풍후 계통 중에서는 다소 빠른 편이다. 꽃잎은 분홍색 홑겹이며

표 2-9 • 풍후(豊後)품종의 특성

숙기	과형	과중(g)	과피색	나무자람세	나무세력	용도	내병성	유의사항
6월 중	짧은 타원형 과정부 평평	40	바탕: 엷은황록 봉합선 뚜렷	직립성	강	잼, 주스, 농축액	검은별무늬병, 약	꽃가루 없음 수분수 재식

가장자리에 물결모양이 있다. 꽃받침은 적자색이며 뒤로 뒤집혀지는 유형이다. 꽃가루색은 백색으로 양이 적고 임성이 낮기 때문에 수분수로서는 부적합한 품종이다.

숙기는 6월 중순경으로 과중은 약 40 g 정도이다. 과형은 짧은 타원형으로 과정부는 평평하며 중심부는 안쪽으로 들어가 있다. 과피 바탕색은 옅은 황록색이며 봉합신이 뚜렷하고 점핵성이 매우 강하다. 절임용으로는 적합하지 않으나 과육 비율이 높아 잼, 주스, 농축 과즙용으로 쓰인다. 내한성이 강하기 때문에 일본의 추운 고위도 지역에서 많이 재배되고 있으며, 재배상 유의할 점으로는 나무의 세력이 왕성하고 결과기가 늦기 때문에 초기부터 세력을 안정시켜야 한다. 검은별무늬병에 약하므로 철저한 방제가 필요하다.

풍후 품종(자료: 국립원예특작과학원)

(8) 화향실(花香實) Hanakami

일본 재래품종의 하나로 내력은 불분명하다. 나무자람세는 개장형이며 나무세력은 보통이다. 열매가지의 형성이 잘 되는데 특히 중 · 단과지가 잘 발생된다. 신초는 녹색이나 햇빛을 받는 면이 약간 붉은 색으로 착색된다. 개화기가 늦고 꽃잎은 옅은 분홍색으로 21매 이상이다. 꽃가루는 매우 많아 다른 품종의 수분수로 많이 이용된다.

표 2-10 • 화향실(花香實)품종의 특성

숙기	과형	과중 (g)	과피색	나무 자람세	나무 세력	용도	내병성	유의사항
6월 중 · 하	짧은 타원형	25	바탕: 연록색 양광면: 착색	개장형	보통	절임용 농축과즙용	내병성 강	꽃가루 많음 수분수로 이용

숙기는 6월 중하순경으로 과중은 25 g 정도이다. 과형은 짧은 타원형으로 연녹색을 띠나 양광면이 붉게 착색되어 청매로서는 상품가치가 다소 떨어진다. 해거리가 적은 편이며 내병성이 강하다. 절임용과 농축 과즙용으로 이용되지만 과실 품질이 좋지 않으므로 주품종보다는 수분수용 품종으로 혼식하는 것이 바람직하다.

화향실 품종(자료: 有限會社 小町園, 日本)

2. 국내육성 품종

(1) 단아(端雅) Dana

1993년 원예연구소에서 옥영(玉英)에 금사척을 교배하여 얻은 실생 중에서 육성된 품종으로 2006년 최종 선발되었다. 나무자람세는 개장성으로 나무세력은 보통이

표 2-11 • 단아(端雅)품종의 특성

숙기	과형	과중(g)	과피색	나무 자람세	나무 세력	용도	내병성	유의사항
6월 중	원형 정단부 돌출	20	녹색 착색되지않음	개장성	보통	양조용 절임용	내병성 강	꽃가루 부족 수분수 필요

며 신초의 선단 모양은 뾰족하고 녹색을 띤다. 개화기는 3월 중하순경으로 꽃 크기는 중간 정도이며, 백색의 꽃잎이 홑겹으로 핀다. 꽃가루가 거의 없기 때문에 수분수가 필요하다.

숙기는 6월 중순경으로 과중은 20 g 정도이다. 과형은 원형이며 과피는 녹색이고 거의 착색되지 않는다. 정단부 모양은 돌출되어 있고 봉합선의 깊이는 얕은 편이다. 과육비율이 높은 편이며 검은별무늬병 및 세균성구멍병에 강한 편이다. 양조용 및 절임용으로 쓰인다.

단아 품종(자료: 국립원예특작과학원)

(2) 옥보석(玉寶石) Okboseok

1993년 원예연구소에서 남고(南高)에 양청매(養青梅)를 교배하여 얻은 실생 중에서 육성된 품종으로 2006년 최종 선발되었다. 나무자람세는 개장성으로 나무세력은 보통이며 신초는 선단 모양이 뾰족하고 적갈색으로 착색된다. 꽃눈은 단과지에 형성되며, 개화기는 3월 중하순경이다. 꽃의 크기는 작은 편이며 분홍색의 꽃잎이 홑겹으로 피고 화분이 풍부하다.

숙기는 6월 상순으로 과중은 15 g 정도이며 과형은 원형이고 과피는 연록색으로 양광면이 약간 적색으로 착색된다. 정단부 모양은 돌출되어 있고 봉합선의 깊이는 얕은 편이다. 과육은 연녹색으로 육질이 부드러운 편이다. 핵의 크기 비율은 남고와 비슷하며 양조용 및 절임용으로 쓰인다.

표 2-12 • 옥보석(玉寶石)품종의 특성

숙기	과형	과중 (g)	과피색	나무 자람세	나무 세력	용도	내병성	유의사항
6월 상	원형 정단부 돌출	15	연록색 양광면 적색	개장성	보통	양조용 절임용	내병성 강	–

옥보석 품종(자료: 국립원예특작과학원)

(3) 옥주(玉珠) Okjoo

1993년 원예연구소에서 옥영(玉英)에 임주(林州)를 교배하여 얻은 실생 중에서 육성된 품종으로 2006년 최종 선발되었다. 나무자람세는 개장성으로 나무세력은 보통이며 신초는 선단 모양이 뾰족하고 양광면이 적갈색으로 착색된다. 개화기는 3월 중하순경으로 꽃 크기는 보통이며, 연분홍색의 꽃잎이 홑겹으로 핀다.

숙기는 6월 상순경으로 과중은 20 g 정도이다. 과형은 원형이며 과피는 녹색이고 양광면이 약간 적색으로 착색되고 정단부 모양은 돌출되어 있으며 봉합선의 깊이는 얕은 편이다. 과육비율이 높은 편이며 검은별무늬병 및 세균성구멍병에 강한 편이다. 양조용 및 절임용으로 쓰인다.

표 2-13 • 옥주(玉珠)품종의 특성

숙기	과형	과중(g)	과피색	나무 자람세	나무 세력	용도	내병성	유의사항
6월 상	원형 정단부 돌출	20	연록색 양광면 적색	개장성	보통	양조용 절임용	내병성 강	–

옥주 품종(자료: 국립원예특작과학원)

3. 소매(小梅)류

(1) 갑주소매(甲州小梅) Koshu Koume

일본 야마나시현(山梨縣)에서 재배되어온 품종으로 나무자람세는 반직립형이며 나무세력은 보통이고 꽃가루가 많아 수분수로 이용하기 적합하다. 과실 숙기는 5월 하순에서 6월 상순경이며 과중은 5 g 정도이다. 과형은 짧은 타원형으로 과형이 잘 갖추어진다. 과피는 담녹색 바탕에 양광면이 적색으로 다소 착색된다. 과육 비율이 높으며 연한 편이다. 장아찌나 절임용으로 쓰인다.

갑주소매(자료: 국립원예특작과학원)

(2) 갑주최소(甲州最小) Koushu Saishou

소매의 대표적인 품종으로 일본에서 1925년 발표되었다. 나무세력은 강하지 않으나 나무자람세는 직립성이고 가지는 가늘고 길며 드물게 발생한다. 신초의 양광면은 담갈색으로 착색된다. 과실 모양은 단타원형이고 봉합선은 얕다. 과실색은 담녹색이나 양광면은 홍색이 된다. 과실 크기는 5 g 정도이나 핵이 작은 편이어서 과육의 비율이 높다. 수확기는 5월 하순경이며 수확이 늦어지면 자연낙과가 많다. 수령이 어릴 때 생육이 좋으므로 비옥지에서 8 m, 보통 토양에서는 6 m 전후의 재식거리가 필요하다. 재식 후 3~4년째부터 결실하며, 재식 1~2년에는 거름주기를 약간 많게 하여 나무세력이 약해지지 않도록 주의한다. 개화기는 빠른 편이며 개화기간이 길어 수분수로 좋다. 그러나 백가하 등 개화기가 늦은 품종인 경우에는 개화기가 어긋나므로 수분수로 사용할 수 없다.

수확기가 빠른 편이므로 다른 대립종과 수확기가 경합되지 않고 수확 노력이 분산되는 장점이 있다. 다른 품종과 다르게 중단과지나 웃자람가지에도 결실하므로 이 점을 고려하여 전정을 하면 수량을 많이 확보할 수 있다. 하지만 과다결실하게 되면 나무세력이 약해지며, 세균성구멍병에 약한 결점이 있다.

표 2-14 • 갑주최소(甲州最小)품종의 특성

숙기	과형	과중(g)	과피색	나무 자람세	나무 세력	용도	내병성	유의사항
5월 하	단 타원형	5	담녹색 양광면 홍색	개장성	보통	양조용 절임용	세균성구멍병에 약	수분수로 활용

갑주최소(자료: 日本 綠産株式會社)

(3) 길촌소매(吉村小梅) Yoshimura Koume

일본 나가노현(長野縣) 요시무라(吉村定一)씨의 과원에서 발견된 품종이다. 나무자람세는 직립형이며 나무세력은 강하다. 꽃가루가 많고 자가결실성이 강하며 풍산성이다.

숙기는 5월 하순에서 6월 상순경으로 과중은 6 g 정도이며 과형이 잘 갖추어진다. 과형은 구형이며 과피 바탕색은 담녹색으로 양광면에 다소 착색된다. 핵의 크기는 용협소매보다 다소 크며 과육의 비율이 높고 품질이 우량하여 절임용으로 적합하다. 생리적 낙과는 적은 편이다.

길촌소매(자료: 有限會社 小町園, 日本)

(4) 용협소매(龍峽小梅) Ryukyo Koume

일본 나가노현(長野縣) 오구리(大栗重壽)씨의 과원에서 발견된 품종으로 1962년에 등록되었다. 나무자람세는 직립형이고 나무세력은 다소 강한 편으로 양광면 가지에는 착색된다. 개화기가 다소 빠른 편으로 백가하 등의 수분수로 쓰인다. 꽃의 크기는 작은 편이며 꽃잎은 백색이고 불완전화의 비율이 낮다. 꽃가루가 많고 자가결실성이 강하며 풍산성이다.

숙기는 5월 하순에서 6월 상순경이며 과중은 4 g 정도이다. 과형은 구형으로 편원과 발생이 거의 없이 과형이 잘 갖추어진다. 과피는 담녹색 바탕으로 양광면 착색은 약한 편이다. 핵이 매우 작고 과육 비율이 높아 품질이 좋은 편이며 절임용으로 적합하다. 추운지방에서도 잘 결실되는 편이다.

용협소매(자료: 日本 綠産株式會社)

(5) 전택소매(前澤小梅) Maezawa Koume

소매계(小梅係) 실생에서 유래된 품종으로 일본 나가노현(長野縣)에서 선발되어 1987년 등록되었다. 나무자람세는 반직립형이며 나무세력은 강하고 나무의 크기는 큰 편이다. 가지 끝의 모양은 가늘고 절간 길이는 짧다. 엽신 모양은 타원형이며 선단은 뾰족하고 잎의 크기는 작은 편이다. 개화기는 4월 상순으로 흰색의 꽃잎이 5매로 나며 홑겹이다. 꽃가루는 많은 편이며 자가결실성이 강한 풍산성이다.

숙기는 5월 하순 정도로 조생종이며 과중은 6 g 정도로 소매계통 중에서는 큰 편에 속한다. 과형은 타원형이며 과피는 담녹색 바탕에 황색이나 적색으로 거의 착색되지 않는다. 과육의 비율이 높은 편이며 핵은 반점핵으로 크기는 작은 편이다.

전택소매(자료: 일본 과수연구소)

(6) 퍼플퀸(パープルクィーン) Purple Queen

갑주최소(甲州最小)의 선발계통인 백왕(白王)의 가지변이로 육성지는 일본 와카야마현(和歌山縣)이며 1996년 등록되었다. 나무자람세는 반직립형이고 나무세력은 보통이며 가지 끝의 모양은 가늘고 적색이며 절간 길이는 길다. 엽신 형태는 타원형이며 잎의 크기는 다소 작은 편이고 신초는 옅은 홍녹색이다. 꽃잎은 흰색으로 홑겹

퍼플퀸(자료: 일본 과수연구소)

이며 꽃의 크기는 작다. 꽃가루는 다소 많은 편이며 자가결실성이 다소 있으며 결실량은 많은 편이다.

숙기는 6월 상중순경으로 조생종이며 과중은 6 g 정도이다. 과형은 타원형이며 편육과 발생이 거의 없고 과정부는 편평하다. 과피는 녹색바탕에 적색으로 매우 진하게 전면 착색되며 봉합선 깊이는 얕은 편이다. 핵의 모양은 짧은 타원형이며 크기는 작고 담갈색이며 점핵성이다.

4. 기타품종

(1) 가하지장(加賀地藏) Kagajizou

일본과수연구소에서 백가하(白加賀)에 지장매(地藏梅)를 교배하여 육성한 품종으로 2000년 등록되었다. 나무자람세는 개장형이며 나무세력은 보통으로 신초발생이 비교적 적은 편이다. 개화기는 남고보다 1주일 정도 늦으며 꽃가루 양이 적고 자가결실성이 약하기 때문에 수분수를 혼식하여야 한다.

숙기는 6월 상중순경이며 과중은 30 g 정도로 수량은 백가하보다 많다. 과형은 원

가하지장 품종(자료: 일본 과수연구소)

형으로 모양이 잘 갖추어지며 과피는 담녹색 바탕에 양광면에 적색으로 착색된다. 수지과 발생이 적고 청매 중에 품질이 우수하여 가공용으로 많이 쓰이며 절임용이나 양조용으로 적합하다.

(2) 개량내전매(改良內田梅) Kairyou Uchidaume

일본 와카야마현(和歌山縣)에서 유래된 품종으로 내전매실(內田梅實) 실생에서 선발한 품종이다. 이 품종은 6월 상순에서 중순에 걸쳐 수확이 가능하기 때문에 모내기 전에 수확을 끝낼 수 있다. 나무 모양은 반원형으로 약간 개장성이다. 잎은 크고 마름모꼴을 나타낸다. 꽃은 크고 백색의 홑꽃이다. 과실 무게는 25 g 정도로 모양은 원형이며 과피 색은 진한 녹색으로 양광면은 약간 주홍색으로 착색된다. 과실 표면에 털은 거의 없으며 매끄럽다. 과실 특징으로 청매와 담금 매실의 겸용종 취급이 가능해 그 이용이 다양하다. 이 품종은 완숙기에 가까워지면 생리적 낙과가 많으므로 수확기를 놓치지 않도록 주의한다.

개량내전 품종(자료: 日本 綠産株式會社)

(3) 고전매(高田梅) Takadaume

일본 후쿠시마현(福島縣)에서 오랫동안 재배해온 품종으로 무로마치(室町)시대에 도입된 풍후(豊後)의 우연실생 중에서 선발된 살구성 매실이다. 나무자람세는 반직립성이며 나무세력은 강하고 꽃가루는 적은 편으로 자가결실성이 약하기 때문에 수분수를 혼식하여야 한다. 숙기는 6월 상순경으로 풍후와 비슷하며 과중은 60 g 정도이다. 과형은 구형에 가까운 편원형이며 과육은 딱딱하고 두꺼운 편으로 이핵성이다. 양조용이나 절임용으로 적합하다. 동고병에 약하다.

고전매 품종(자료: 福島天香園, 日本))

(4) 곡택매(谷澤梅) Yasawaume

일본 야마가타현(山形縣)에서 오랫동안 재배되어온 품종으로 자가결실성이 강한 풍산성이다. 숙기는 6월 중하순경이며 크기는 보통이다. 과형은 원형이고 과피는 녹황색으로 착색된다. 핵이 작은 편이고 산미가 강하며 떫은맛이 없어 품질이 좋다.

곡택매 품종(자료: 福島天香園, 日本)

(5) 나쯔미도리(夏みどり) Natsumidori

일본 야마가타현(山形縣)의 다케다(武田繁彌)씨 자택 정원에 있던 백가하(白加賀) 나무 아래서 발견된 우연실생으로 2000년 등록되었다. 나무자람세는 반직립형이며 나무세력은 보통이다. 가지 끝의 모양은 다소 가는 편이며 절간 길이는 보통으로 색

나쯔미도리 품종(자료: 일본 과수연구소)

은 황록색이다. 엽신 모양은 타원형으로 선단은 뾰족하고 잎의 크기는 큰 편이며 신초는 옅은 홍록색이다. 꽃은 흰색 꽃잎 6~10매 정도가 겹꽃으로 피며 크기는 보통이다. 꽃받침은 적색이며 꽃가루가 거의 없는 편으로 착과량은 보통이다.

숙기는 6월 중순경이며 과중은 15 g 정도이다. 과형은 타원형으로 과정부가 돌출되어 있다. 과피색은 옅은 황록색이며 양광면에 연하게 착색되고 봉합선의 깊이는 얕은 편이다. 과육은 밝은 녹황색이며 핵은 타원형으로 점핵성이다. 생리적 낙과가 다소 있다.

(6) 노천(露茜) Thuyuakane

일본 과수연구소에서 육성한 자두와 매실의 종간잡종으로 1993년에 자두 세원파단행(笠原巴旦杏)과 매실 양청매(養青梅)를 교배하여 얻은 품종이다. 나무자람세는 개장성으로 나무세력은 다소 약하다. 개화기는 3월 하순경으로 꽃가루가 거의 없고 발아력이 매우 낮아 안전한 결실을 위해서는 수분수가 필요하며 개화기가 늦은 편이므로 개화기가 늦은 매실이나 살구의 혼식이 필요하다. 결실량은 남고보다는 적으며 이매보다는 많은 편이다.

노천 품종(자료: 일본 과수연구소)

수확기는 6월 하순에서 7월 상순경으로 만생종이다. 과중은 약 60 g 정도이며 과형은 원형이고 과피 전면에 선홍색으로 착색된다. 과피는 과모가 짧게 나 있으며 광택이 있다. 과육이 성숙함에 따라 선홍색으로 착색되고 매실주로 가공한 후에도 붉은색이 남는다. 핵은 작고 점핵성이며 장아찌용으로는 남고보다 품질이 떨어진다.

(7) 녹광(綠光) Ryokukou

녹보(綠寶)와 용협소매(龍峽小梅)의 교배실생 중에서 선발된 품종으로 육성지는 일본 나가노현(長野縣)이며 1998년 등록되었다. 나무자람세는 개장성 직립형이며 나무세력은 보통이다. 가지 끝은 가늘고 홍록색이며 절간 길이는 보통이다. 엽신 모양은 타원형이며 크기는 작고 신초는 녹색이다. 꽃의 크기는 큰 편으로 흰색의 꽃잎이 홑겹으로 핀다. 꽃가루는 다소 많은 편으로 풍산성이다.

숙기는 6월 하순에서 7월 상순이며 과중은 10 g 정도이다. 과형은 짧은 타원형으로 과정부는 평평하다. 과피 바탕색은 담녹색이며 적색으로 착색되지 않고 봉합선의 깊이는 얕은 편이다. 과육은 녹색으로 두꺼운 편이고 점핵성이다. 생리적 낙과가 다소 있다.

(8) 도적(稻積) Inazumi

일본 도야마현(富山縣)에서 발견된 우연실생으로 본래 명칭은 '도적1호' 이다. 나무세력이 강하여 유목기에는 곧게 자라지만 점차 옆으로 퍼진다. 가지는 굵고 길며 발생수가 많고 단과지 발생이 잘 된다. 결실은 단과지와 중과지에 잘 이루어진다. 잎은 다소 작은 편이며 얇고 옅은 녹색이다. 개화기는 3월 하순경으로 백가하나 옥영에 비해 다소 빠르다. 꽃은 큰 편으로 흰색의 꽃잎이 홑겹으로 피며 불완전화의 발생이 적다. 꽃가루가 많고 자가결실성이 높은 풍산성이며 백가하, 옥영, 매향 등의 수분수로 쓰인다.

숙기는 6월 중순경이며 과중은 20 g 정도이다. 과형은 짧은 타원형으로 과정부는 뾰족하다. 과피는 담녹색이며 털이 많은 편이다. 결과기가 비교적 빠르며 수확이 늦어지면 쉽게 황화 또는 연화하므로 일찍 수확하여 청매로 이용하는 것이 바람직하며 절임용과 양조용으로 이용된다. 재배상 유의할 점으로는 진딧물의 피해가 있을 수 있으므로 주의한다.

(9) 등오랑매(藤五郎梅) Togoroume

일본 니카타현(新潟縣)에서 유래된 품종으로 살구와 혼합된 품종으로 추측된다. 나무자람세는 개장형이고 나무세력은 보통이며, 신초는 담녹색이다. 개화기는 다소 늦은 편이며 꽃은 홑꽃으로 크기는 중간정도이다. 꽃가루가 많고 자가결실성이 강한 풍산성이며 수분수로 적합하다. 숙기는 6월 중순경으로 과중은 25 g 정도이며 과형은 원형이고 과피는 녹색 바탕에 양광면은 적색으로 약간 착색된다. 과육은 섬유질이 적어 품질이 좋은 편이다. 절임용이나 양조용에 가장 적합한 품종 중의 하나이다. 재배상 유의할 점은 이 품종은 특히 직립성이 강하기 때문에 정지할 때 충분한 여유를 주어 결과 면적을 확대하는 것이 수량확보에 도움이 된다. 검은별무늬병에는 강하지만 일소병에 약하기 때문에 주의를 요한다.

등오랑매 품종(자료: 福島天香園, 日本)

(10) 등지매 (藤之梅) Fujinoume

일본 이시카와현(石川縣)이 원산으로 실생 중에서 선발한 품종이다. 나무세력은 강하고 가지 발생이 매우 많다. 꽃은 백색 홑꽃으로 약간 작은 편이며 개화기가 늦다. 과실 무게는 25 g 정도로 과실 모양은 원형에 가까우며 과정부는 약간 뾰족하다. 과실 껍질은 담녹색으로 양광면이 약간 착색된다. 과실 모양은 좋은 편이며 수확량도 많다. 검은별무늬병에 대한 저항성은 보통 정도이다.

(11) 매향(梅鄕) Baigo

일본 도쿄도(東京都)에서 선발된 품종으로 1969년에 등록된 품종이다. 나무자람세는 개장형이고 나무세력은 강하다. 가지는 가늘고 길며 열매가지의 발생이 많으며 단과지보다는 중 · 장과지의 발생이 많다. 개화기는 백가하, 옥영보다 빠르며 겨울 날씨가 따뜻하면 개화기가 빨라지는 경향이 있다. 꽃은 중간 크기로 흰색의 꽃잎이 홑겹으로 피며 완전화가 많다. 꽃가루는 많지만 자가결실성이 낮다.

숙기는 6월 상중순경이며 과중은 25 g 정도이지만 과다 결실로 인해 작아지기 쉽다. 과형은 짧은 타원형 또는 난형으로 과정부는 약간 뾰족하다. 청매로서의 품질이

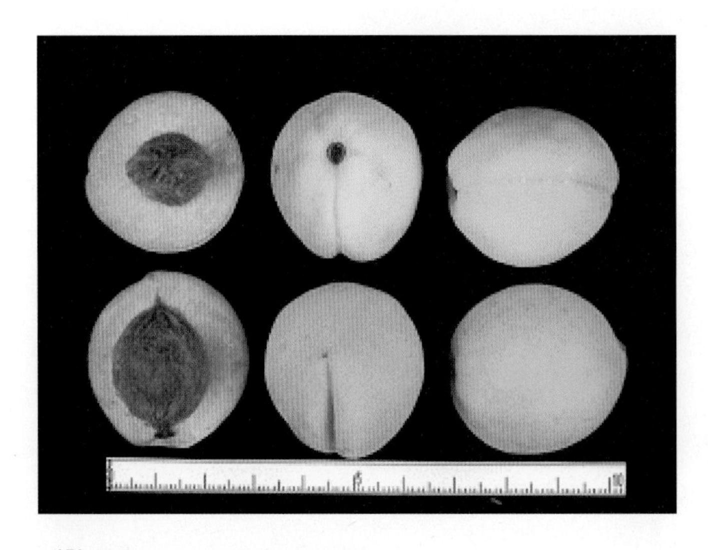

매향 품종(자료: 국립원예특작과학원)

우수하므로 양조용으로 적합하다. 재배상 유의할 점으로는 중과지의 발생이 많으므로 수량 확보를 위해서는 단과지를 발생시키는 전정이 필요하다. 개화기가 해에 따라 일정하지 않고 자가결실성도 낮으므로 수분수를 혼식하여야 한다. 수확기간이 길고 과숙되어도 빨리 황색으로 착색되지 않기 때문에 청매로서의 이용성이 높다.

(12) 봉춘(峰春) Housyun

일본 나가노현(長野縣)에서 1980년 자연교잡된 백가하(白加賀)의 실생 중에서 선발되어 2005년 등록된 민간육성 품종이다. 나무자람세는 개장형이며 나무세력은 보통이고 나무의 크기는 크다. 가지 끝 굵기와 절간 길이는 보통이며 색은 녹색이다. 엽신 모양은 광도란형이며 선단은 뾰족하고 잎의 크기는 작은 편이며 신초는 담녹색이다. 흰색의 꽃잎이 홑겹으로 피고 꽃받침은 담홍색이다. 꽃가루는 거의 없는 편이다.

숙기는 6월 중순경으로 과실 크기는 백가하보다 다소 작은 편이며 과실은 원형이고 과정부는 편평하며 편육과의 발생이 적은 편이다. 과피 바탕색은 녹황색으로 양광면에 매우 약하게 착색되고 봉합선의 깊이는 얕은 편이다. 핵은 타원형으로 작은 편이며 결실량과 생리적 낙과는 보통 정도이다.

봉춘 품종(자료: 일본 과수연구소)

(13) 서(曙) Akebono

일본 가나가와현(神奈川縣)에서 유래된 품종으로 나무 자람세는 왕성하며 가지의 굵기는 중간 정도이고 발생 가지수는 많다. 가지의 색은 담갈색으로 광택이 있다. 꽃은 백색 홑꽃으로 크기는 중간 정도이지만 꽃받침은 선단부가 담홍색을 띤다. 과실 무게는 20g 정도이며 과실 모양은 긴 원형으로 과정부는 조금 들어가 있다. 과실 껍질은 담녹황색이지만 양광면은 연한 홍갈색으로 착색된다. 과실 모양은 좋은 편이고 과육 비율이 약간 낮다. 이 품종은 수확기가 다소 빠르고 풍산성이며, 개화기간이 길고 불완전화의 발생은 적으며 꽃가루의 양이 적고 자가화합성이 없기 때문에 수분수를 꼭 심어주어야 한다. 또한 복숭아 유리나방의 피해가 크고 이로 인해 나무 성장이 쇠약하기 쉬우므로 주의를 요한다.

(14) 시즈까우메 Shizukaume

일본 야마가타현(山形縣)의 이마다(今田興一郎)씨가 백가하(白加賀) 실생 중에 선발한 것이다. 과실 숙기는 7월 상순 정도로 만생종이며 과중은 30 g 정도이다. 과형은 짧은 타원형으로 과피는 녹황색 바탕에 적색이 거의 착색되지 않는다.

시즈까우메(자료: 福島天香園, 日本)

(15) 신주풍후(信州豊後) Shinshu Bungo

일본에서 오랫동안 관상용 및 과실용으로 재배된 품종으로 개화가 가장 늦어 동해 피해가 적다. 꽃은 담홍색으로 크기는 큰 편이다. 과실 숙기는 6월 중하순이며 과형은 원형으로 매우 큰 편에 속한다. 절임용 또는 양조용으로 쓰인다.

(16) 신평태부(新平太夫) Shinheidayu

일본 후쿠이현(福井縣)에서 1962년 발견된 남고의 돌연변이로 동일지역에서 기원된 평태부매(平太夫梅)의 이름을 따서 명명되었다. 나무자람세는 개장형이며 나무세력은 강하다. 개화기는 3월 중하순경이며 꽃은 작은 편으로 흰색이다. 불완전화의 발생이 거의 없고 자가결실성 및 타가결실성이 높은 풍산성이다.

숙기는 6월 중하순경이며 과중은 25 g 정도이다. 과형은 짧은 타원형으로 과피 바탕색은 담녹색이며 봉합선 깊이는 얕은 편이다. 과육비율이 92% 정도로 매우 높은 편이다.

신평태부 품종(자료: 일본 과수연구소)

(17) 양노(養老) Yourou

나무세력은 보통 정도이며 나무는 원형을 이루며 가지가 약간 길게 자란다. 잎자루와 잎의 뒤쪽 엽맥은 암적색을 띤다. 홑꽃으로 담홍색이며 개화기가 늦은 편이다. 자가결실성이 조금 있으며 과실 모양은 원형으로 30 g 정도이다. 봉합선이 얕고 과실 껍질은 두꺼우며 담황록색으로 일부 담갈색을 띤다. 과육의 섬유질은 다소 많은 편이며 품질은 중간 정도이다. 숙기는 6월 하순에서 7월 상순경이다.

(18) 양청매(養青梅) Youseiume

일본 와카야마현(和歌山縣)에서 우량계통 중에 선발한 품종이다. 나무세력은 강하고 가지 발생은 직립성이다. 그러나 수령이 증가함에 따라 개장성으로 변한다. 신초 및 엽병은 모두 담녹색이며 잎은 비교적 크다. 꽃은 담홍색으로 살구계통을 이어받았다. 꽃가루 양은 많은 편이지만 결실을 안정적으로 하기 위해서는 수분수를 섞어 심어야 한다. 과중은 25 g 정도로 과실 모양은 약간 긴 편원형이다. 과피색은 녹색으로 양광면이 착색되지 않아 청매로 좋다. 숙기는 6월 중순경이다.

(19) 여태랑(與太郎) Yotaro

일본 이와테현(岩手縣)에 있는 백가하(白加賀)와 양로(養老)의 혼식원에서 발견된 우연실생으로 1995년 등록된 품종이다. 나무자람세는 반직립형이며 나무세력은 약하고 나무의 크기는 보통이다. 가지 끝의 모양은 가늘고 절간 길이는 짧다. 엽신 모양은 타원형이며 잎의 크기는 작고 신초는 옅은 홍녹색이다. 흰색 꽃잎이 홑겹으로 피며 꽃이 큰 편으로 꽃가루의 양은 보통이나 자가결실성이 강하여 결실이 잘 되는 편이다.

숙기는 6월 중순경이며 과중은 15 g 정도이다. 과형은 짧은 타원형으로 과정부는 편평하다. 과피 착색이 잘 되지 않는 편이고 봉합선의 깊이는 얕은 편이다. 과육 두께는 얇고 핵의 크기는 작은 편으로 점핵성이다.

여태랑 품종(자료: 일본 과수연구소)

(20) 옥직희(玉織姫) Tamaorihime

일본 군마현(群馬縣) 농업기술센터에서 1975년 교잡된 직희(織姫)의 자연교잡실생 중에서 선발된 품종으로 1989년 등록되었다. 나무자람세는 직립형이며 나무세력은 보통이다. 개화기는 3월 상순으로 갑주최소와 같은 시기이며 흰색 꽃잎이 홑겹으로 핀다. 꽃가루가 많고 자가결실성이 있는 풍산성이다.

옥직희 품종(자료: 국립원예특작과학원)

숙기는 5월 하순에서 6월 상순 정도이며 과중은 10 g 정도이다. 과형은 원형으로 과피와 과육색 모두 담녹색이다. 성숙 후기에는 생리적 낙과가 다소 많으므로 완숙 직전에 수확하여 장아찌로 가공한다.

(21) 장속(長束) Natsuka

일본 아이치현(愛知縣)에서 선발한 품종이다. 나무자람세는 개장성이며 나무세력은 약간 강하다. 가지는 약간 길고 크며 밀생한다. 신초는 담녹색이고 양광면이 암적색으로 착색된다. 꽃잎은 백색의 홑잎으로 약간 크다. 개화기는 빠른 편이며 개화기간이 길다.

숙기는 6월 중순경으로 자가결실성이 비교적 높지만 생산의 안정을 기하기 위해 수분수를 섞어 심으면 해거리가 거의 없다. 과실 모양은 장원형으로 봉합선은 얕고 뚜렷하다. 과실색은 담녹색으로 양광면의 과실면은 선홍색이 된다. 과실의 크기는 25g 정도이다. 열매가지는 단과지에 잘 결실하므로 강한 가지 다듬기를 하지 말고 솎음 가지 다듬기로 혼잡한 작은가지를 솎아내는 정도로 해 주는 편이 좋다. 검은별무늬병에 약하기 때문에 개화기 때부터 과실이 어느 정도 성숙할 때까지 중점적으로 방제하여야 한다.

(21) 절전(節田) Setsuda

일본 야마가타현(山形縣)에서 오랫동안 재배되어온 대표적인 품종이다. 나무자람세는 다소 개장형이며 나무세력은 왕성하고 가지가 적색으로 착색된다. 개화기가 늦기 때문에 서리피해가 적고 꽃은 담홍색이며 큰 편이다.

숙기는 6월 상중순경으로 과중은 30 g 정도이다. 과형은 구형으로 과피가 적색으로 착색되며 봉합선이 뚜렷하다. 핵은 다소 큰 편으로 과육은 절임용이나 양조용으로 쓰인다. 해거리가 거의 없는 풍산성이며 동해에 강한 편이다.

절전 품종(자료: 野村園藝農場, 日本)

(23) 코시노우메(越の梅) Koshinoume

일본 니카타현(新潟縣)에서 선발된 품종으로 나무자람세는 개장형이며 나무세력이 다소 강한 편이다. 꽃가루는 다소 적은 편이고 자가결실성은 보통이지만 안정적

코시노우메 품종(자료: 福島天香園, 日本)

인 결실을 위해서는 수분수를 심어주어야 한다. 과실 숙기는 6월 중순경으로 과중은 15 g 정도이다. 과형은 원형이며 과피 바탕색은 담녹색으로 양광면이 아주 약하게 착색되며 절임용으로 쓰인다.

(24) 팔랑(八郎) Hachiro

일본 과수연구소에서 지장매(地藏梅)의 자연교잡실생 중에서 선발된 품종으로 2000년 등록되었다. 나무자람세는 개장형이며 나무세력은 보통이고 가지는 담녹색 바탕에 적색으로 착색되며 신초발생 및 화아형성이 많은 편이다. 꽃잎은 흰색이며 꽃가루가 많고 자가결실성이 강해 결실이 안정적이다.

숙기는 6월 중순경이며 과중은 15 g 정도로 과실 크기가 남고보다 작은 편이나 수량성은 남고보다 다소 높다. 과형은 원형으로 과형이 잘 갖추어지는 편이다. 과피는 담녹색 바탕에 황색으로 연하게 착색된다. 수지과 발생이 적어 완숙과 수확 비율이 높다. 가공제품의 품질이 우수하여 절임용으로 가장 좋다.

팔랑 품종(자료: 일본 과수연구소)

표 2-15 • 매실 주요 품종의 특성

품종명	나무자람세	나무세력	숙기	과중(g)	용도
가하지장	개장성	중	6상중	30	양조용, 절임용
갑주소매	반직립성	중	5하~6상	5	장아찌, 절임용
고성	직립성	강	6상중	25	양조용, 농축 과즙용
고전매	반직립성	강	6상중	60	양조용, 절임용
길촌소매	직립성	강	5하~6상	6	절임용
남고	개장성	강	6중	25	양조용, 절임용
노천	개장성	약	6하~7상	40	양조용
도적	반직립성	강	6중	20	양조용, 절임용
등오랑	개장성	중	6중	25	양조용, 절임용
매향	개장성	강	6상중	25	양조용
백가하	개장성	강	6중	30	양조용
앵숙	반직립성	중	6상중	25	양조용
옥영	개장성	중	6상중	30	양조용
옥직희	직립성	중	5하~6상	10	장아찌
용협소매	직립성	강	5하~6상	4	절임용
절전	개장성	강	6상중	30	양조용
코시노우메	개장성	강	6중	15	절임용
팔랑	개장성	중	6중	15	절임용
풍후	직립성	강	6중	40	농축 과즙용
화향실	개장성	중	6중하	25	절임용, 농축 과즙용

표 2-16 • 소매 품종의 주요특성

품종	꽃잎			잎		과실			꽃가루 발아율(%)		
	모양	색	수	엽폭(cm)	엽신장(cm)	봉합선	모양	과중(g)	10℃	15℃	20℃
소매	원형	백	5.1	2.81	5.98	얕음	원형	5.0	44.0	48.0	43.3
갑주최소	난원형	백	5.1	3.71	6.02	얕음	원형	4.5	27.1	40.0	25.9
갑주황숙	원형	백	5.0	3.43	6.43	얕음	원형	4.5	-	-	-
갑주심홍	난원형	백	5.0	3.25	6.43	얕음	원형	5.0	76.0	72.9	50.9
용협소매	-	-	-	3.40	3.50	-	-	-	-	-	-
신농소매	-	-	-	3.30	5.21	-	-	-	-	-	-

표 2-17 • 품종별 매실 꽃 특징

품종명	개화기	꽃크기	꽃잎색	꽃형태	불완전화	화분량	자가결실성
고성	3하	중대	흰색	홑겹	소	극소	무
길촌소매	3하	중대	백	홑겹	중	다	고
남고	3중하	대	흰색	홑겹	소	다	저
도적	3하	대	흰색	홑겹	소	다	고
매향	3하	중대	흰색	홑겹	소	다	저
백가하	4상	대	백	홑겹	소	극소	무
신평태부	3중하	소	흰색	홑겹	소	중	고
앵숙	3하	대	연분홍	홑겹	중	다	중
옥영	4상	대	백	홑겹	소	극소	무
옥직희	3상	중대	백	홑겹	소	다	고
용협소매	3하	소	백	홑겹	소	다	고
전택소매	4상	중대	흰색	홑겹	소	다	고
팔랑	4상	중대	백	홑겹	소	다	고
풍후	4상	극대	담홍	홑겹	소	극소	극저
화향실	4상	소	담홍	겹꽃	다	다	고

표 2-18 • 매실 품종별 숙기

품종명	5월 20~1	6월 1~10	6월 10~20	6월 20~1	7월 1~
전택소매	■				
대율소매	■	▌			
신농소매	■	▌			
용협소매	■	▌			
옥직희	■	▌			
갑주소매	▐	▌			
갑주최소	▐	▌			
봉춘		▐	▌		
양노		▐	▌		
가하지장		▐	■		
고성		▐	■		
고전매		▐	■		
매향		▐	■		
앵숙		▐	■		
옥영		▐	■		
절전		▐	■		
팔랑		▐	■		
나쯔미도리			■		
남고			■		
등오랑매			■		
백가하			■		
여태랑			■		
청축			■		
코시노우메			■		
풍후			■		
곡택매			■	▌	
화향실			■	▌	
금전매				■	
노천				▐	▌
녹광				▐	▌
시즈까우메					■

IV. 개원 및 재식

1. 묘목의 육성

가 대목의 종류와 양성

(1) 대목의 종류

매실의 접목에 사용하는 대목은 매실 또는 근연종의 실생묘 또는 삽목묘이며, 매실의 근연종은 살구, 자두, 복숭아, 앵두 순이다. 종자로 번식하여 실생묘를 대목으로 쓰는 것을 공대(共台)라고 하는데, 우리나라와 중국에서는 매실의 대목으로 살구와 복숭아 공대를 사용하고 있으며, 중국의 경우 산도(山桃, *Prunus persica*) 또는 중국 양앵두를 대목으로 쓰기도 한다. 일본의 경우에는 복숭아 공대도 이용되지만 매실양이 충분하여 종자 확보가 용이하기 때문에 매실 공대도 널리 쓰이고 있다.

대목 종류별 생육 상태를 살펴보면, 복숭아 대목의 경우 활착 정도가 매실 대목보다 양호하며, 활착 후 생육은 매실 대목보다는 떨어지지만 비교적 양호한 편이다. 하지만 병충해에 취약하고 쉽게 노화되는 단점이 있다. 살구 대목을 사용했을 경우, 접목친화성은 좋지만, 성목이 되었을 때 수세가 약화되고 성장이 감소되는 것으로 알려져 있으며, 꽃이 담홍색으로 더 진해졌다는 실험결과도 있다. 한편 매실 대목으로 자두를 사용하는 예는 쉽게 찾아볼 수 없으며, 접목 후의 활착 및 이후의 생육이 모두 불량한 편이다. 하지만 미로바란 대목에 매실을 접목했을 경우, 내습성이 증가하는 효과가 있다고 보고된 바는 있다. 이렇게 대목으로 매실 이외에 살구, 자두, 복숭아, 양앵두 등을 사용하고 있지만, 접목친화성, 활착, 생육, 수명 등을 고려하면 매실 공대가 가장 알맞다.

(2) 대목의 양성

대목은 일반적으로 종자 번식한 공대를 이용한다. 종자 번식 이외에 녹지삽, 숙지

표 2-19 • 매실 대목의 접목친화성

대목의 종류	조사자				
	안본(岸本)	석기(石崎)	조사(鳥瀉)	진(陳)	서(徐)
매실	◎	◎	◎	◎	◎
살구	○	○	◎	◎	◎
복숭아	△	△	×	△	−
자두	△	×	×	−	○
산도	−	−	−	△	−
중국앵두	−	−	−	−	○

◎: 활착 및 생육 양호, ○: 활착 양호 및 생육 대체로 양호, △: 활착 양호 및 조기노쇠, ×: 불친화성
※ 자료: 농업기술대계. 과수편 6.

삽 또는 휘문이도 가능하며 이와 같이 영양번식을 하면 동일한 유전성을 가진 대목들을 얻을 수 있는 장점이 있으나 실제로는 종자번식이 주로 이용된다.

나 종자 채취 및 저장

매실 대목용 종자로 알맞은 품종을 선택할 때에는 배의 발육이 건전하여 발아력이 좋은 것을 선택한다. 조생종의 경우는 배의 발육이 미숙하여 발아력이 불량하기 때문에 중만생종 품종의 종자를 채취하는 것이 바람직하다. 한편 소매계통은 생육이 좋지 못하므로 대립종 매실의 종자를 사용하는 것이 좋다. 종자용 과실은 완숙되어 과피가 노랗게 착색되었을 때 채취하며, 수확 후, 그늘지고 선선한 창고 바닥 등에 과육을 2주일 정도 얇게 널어 완전히 썩힌 후 물로 씻어 핵 채로 채취하고, 핵의 물기가 마를 정도로 그늘에 2~3일 말린다. 매실 종자는 다른 핵과류와 마찬가지로 단단한 껍질에 싸여 있기 때문에 내구력은 있지만, 여름 건조에는 약하고 직사광선을 장시간 쪼이면 발아력이 떨어지므로 건조하지 않게 보관한다. 이후 젖은 모래와 교대로 섞어 층적저장하되, 모래에 습기가 너무 많으면 도리어 종자를 부패시키므로 손으로 움켜잡았다가 손을 폈을 때 자연적으로 허물어질 정도의 습기가 좋다. 발아 생

리적인 면에서 보면 저온 저장해야 발아율이 높고 생육도 좋다. 저장장소는 습윤지를 피하고 배수가 잘 되는 곳을 골라 초겨울에 노천매장하거나 냉장고에 보관한다.

다 종자 파종

매실의 뿌리는 땅 온도가 4~5°C가 되면 자라기 시작하므로 파종은 2월 하순이나 3월 상순 정도에는 해야 하며, 뿌리가 1~2 mm 정도 내렸을 때가 적당하다. 만약 핵이 벌어지지 않은 상태일 경우에는 그 다음해가 되어야 발아하게 되므로 망치로 핵을 조심스럽게 깨뜨린 후 파종한다. 뿌리가 너무 길면 파종할 때 상처가 나거나 부러지기 쉬우므로 너무 늦지 않게 해빙 즉시 파내어 파종해야 한다. 60 × 10 cm 간격으로 직파를 하거나 온실 내 포트에 파종하여 묘가 20 cm 정도 자란 4월 중하순경에 본밭에 옮겨 심는다. 묘를 고르게 세우기 위해서는 포트파종 방법이 유리하다. 묘포에 심을 때는 잡초방제를 위해 흑색비닐 등을 멀칭한 후 이식하는 것이 좋다.

2. 번식

매실의 번식에는 접목과 삽목 방법이 있는데 주로 접목에 의해 번식된다. 삽목은 다른 과수에 비해 비교적 잘 되는 편이지만, 뿌리가 약하고 나무의 노쇠가 빨라지는 등의 실용성 문제 때문에 대부분 접목번식으로 생산되고 있다. 접목은 눈접과 깎기접을 주로 하는데 눈접은 8월 중하순경에 실시하며, 깎기접은 2월 하순~3월 초순경에 실시한다.

가 눈접(芽接, Budding)

눈접에는 여러 가지 방법이 있으나, 실용적으로 이용되고 있는 방법은 T자형 눈접과 깎기눈접이다.

(1) T자형 눈접(T字型芽接, T-budding)

T자형 눈접을 위한 접수용 신초는 잎눈의 잎자루만 남기고 자른 후 이것을 물통

에 담은 상태로 접눈을 채취해야지만 접수가 건조해져 활착률이 떨어지는 것을 방지할 수 있다. 접눈은 눈의 위쪽 1 cm 되는 곳에 껍질만 칼금을 긋고, 눈의 아래쪽 1.5cm 정도 되는 곳에서 목질부가 약간 붙을 정도로 칼을 넣어 떼어낸다.

대목의 경우에는 지면으로부터 5~6 cm되는 곳에 길이 2.5 cm 정도로 T자형으로 칼금을 긋고, 대목껍질을 벌려 접눈을 끼워 넣은 다음 비닐테이프로 묶어준다(그림 2-5). 접눈이 완전히 활착되기까지는 1개월 정도가 걸리지만, 접목 7~10일 후 접눈에 붙여둔 잎자루를 손으로 만졌을 때 쉽게 떨어져 나가면 접목이 된 것으로 판정할 수 있다. 접목한 대목은 이듬해 봄 신초 생장이 어느 정도 이루어진 후 접눈 위 1.0~1.5 cm 부위에서 잘라버리고 비닐테이프를 풀어준 다음 지주 등을 세워 접목부위가 부러지는 것을 방지해 준다.

이와 같은 T자형 눈접은 잎눈이 형성된 7월 중하순부터 실시할 수 있지만, 이 시기에는 수액 유동이 너무 많아 진이 발생되기 때문에 접목활착이 방해되고, 접목 활착이 되었다고 하여도 잎눈으로부터 신초가 신장되면 겨울 동안 동해 피해를 받을 위험이 있다. 따라서 눈접은 수액 유동이 줄어들고, 활착된 눈이 발아되지 않고 바로 휴면에 들어갈 수 있는 8월 중하순이 바람직하다.

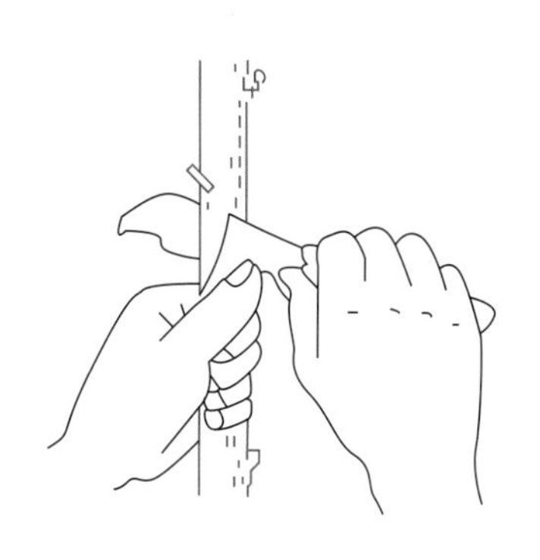

접눈따기

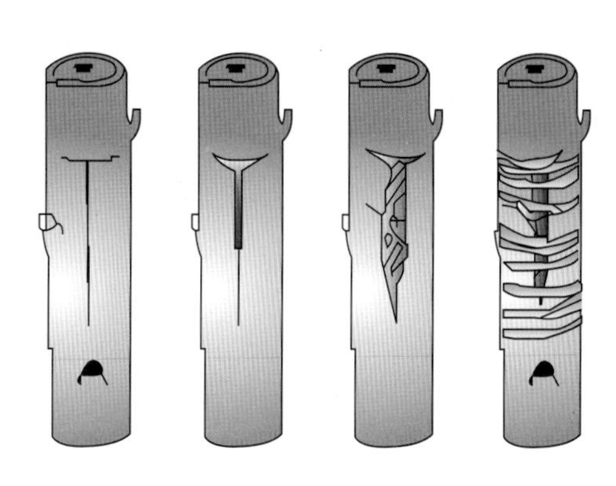

눈접순서(좌에서 우로)

그림 2-5 • T자 눈접 방법

(2) 깎기눈접(削芽接, Chip budding)

접목시기에 건조가 심하거나, 접목시기가 늦어지고 수액의 이동이 좋지 않아 대목과 접수의 수피가 목질부로부터 잘 벗겨지지 않을 때에는 깎기눈접을 실시하면 활착률이 높다. 접눈은 눈의 위쪽 1.5 cm 정도 되는 곳에서 접눈 아래 1.5 cm 정도까지 목질부가 약간 붙을 정도로 깎은 다음 칼을 다시 접눈 아래쪽 1 cm 정도 되는 곳에서 눈의 기부를 향하여 비스듬히 칼을 넣어 접눈을 떼어낸다.

대목은 목질부가 약간 붙을 정도로 깎아 내리고, 다시 아래쪽을 향하여 비스듬히 칼을 넣어 접눈의 길이보다 약간 짧은 2.2 cm 정도로 잘라낸다. 여기에 접눈과 대목의 한쪽 부름켜(형성층)가 맞도록 접눈을 끼우고 눈이 나오도록 묶어준다. 이듬해 활착된 묘목의 관리는 T자형 눈접에 준하여 실시(그림 2-6)한다.

나 깎기접(切接, Veneer grafting)

깎기접에 사용할 접수는 겨울전정을 할 때에 충실한 1년생 가지를 골라 물이 잘 빠지고 그늘진 땅속에 묻어두거나 비닐로 밀봉하여 냉장고 내에서 보관하였다가 사용한다. 접수가 건조되는 경우에는 접목 활착률이 크게 떨어지므로 접수보관에 주의하여야 한다. 또한 접수를 너무 일찍 채취하게 되면, 보관 과정동안 눈 주위에 곰팡이가 발생되어 눈 충실도를 떨어뜨릴 수 있으므로 2월 초에 채취하는 것이 바람직하다.

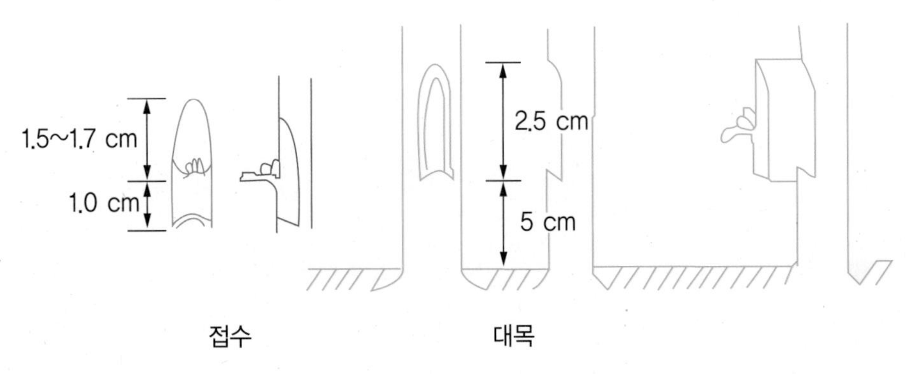

그림 2-6 • 깎기눈접 방법

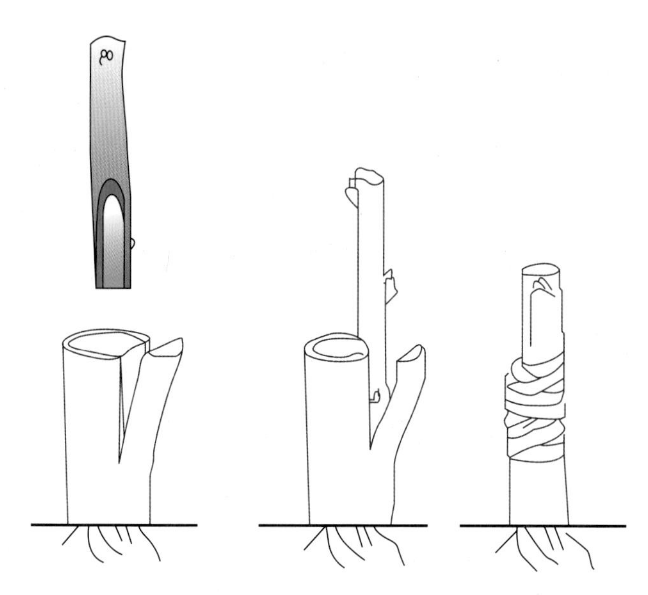

그림 2-7 • 깎기접 방법

접목 시기는 대목이 이미 움직이고 접수는 휴면상태로 있는 3월 중하순이 적당하다. 대목을 지표면으로부터 5~6 cm 정도 되는 곳에서 자른 다음 접을 붙이고자 하는 쪽의 끝을 45도 방향으로 깎는다. 그런 다음 접붙일 면을 다시 2.5 cm 정도 수직으로 목질부가 얇게 깎일 정도로 깎아내린다. 대목의 깎은 자리에 대목과 접수의 부름켜가 최소한 한 쪽이 서로 맞닿도록 접수를 끼워 넣고 비닐 테이프로 묶어준다. 접수의 수분증발을 방지하기 위하여 접수 절단면을 발코트 등으로 발라준다.

접목 후 대목에서는 부정아가 계속 발생되므로 몇 차례에 걸쳐 제거해 주어야 하며, 6월 중하순경에는 비닐로 감은 자리가 잘록해지지 않도록 비닐을 풀어 준다. 또 연약한 접목 부위가 바람 등에 의해 부러지지 않도록 지주를 세워 보호해 준다.

다 높이접(高接, Top grafting)

높이접을 하는 경우에는 대목의 절단부위 회복이 되도록 빠르고 안전하게 될 수 있도록 해 주는 것이 중요하다. 매실은 목질이 단단해 절단부위의 회복이 나쁘므로 높이접을 할 때에는 깎기접을 피하고 껍질접을 해 주는 것이 좋다. 접목의 장소도 한쪽 편에 치우치지 않고 가지의 굵기에 따라 배치하고 절단부위가 똑같이 아물도록 하는 것이 중요하다. 이 경우 활착 후에는 가장 양호한 가지 하나를 남기고 다른 가지는 짧게 잘랐다가 절단면이 아물고 나면 최후에는 제거한다.

깎기접이 보통 행해지는 방법이며 높이접에는 껍질접이 간단하며 활착도 좋다. 껍질접은 대목의 나무껍질이 쉽게 벗겨지느냐가 중요하다. 껍질접은 수액의 유동이 많이 진행된 시기에 한다.

3. 개원

가 과수원의 입지 조건

매실은 자발 휴면이 타파되는 시기가 빨라 이른 봄의 기온 상승에 따라 다른 과수보다 빨리 활동하는 성질이 있다. 따라서 개화시기도 빨라지며, 일반적으로 겨울에서 봄으로 계절이 바뀔 때에는 기후가 불안정하기 때문에 개화시기의 기상 변화 상태가 그 해의 풍 · 흉작의 중요 원인이 된다. 특히 겨울과 초봄 사이에 기온이 높으면 꽃피는 시기가 빨라지므로 불시에 내습한 저온으로 인해 생각지 못한 흉작이 되는 경우도 있다.

따라서 개원할 때에는 이 같은 특성을 충분히 알고 그 지방의 기상 조건을 잘 검토하는 동시에, 품종의 적응력을 조사해서 예상되는 위험에 대비하는 것이 중요하다. 특히 산간 경사지에 있어서는 지세와 방향, 평탄지에서는 기류의 정체 유무 및 지하수위의 고저 등 주로 토지의 이용 방법에 관한 설계를 면밀히 해야 한다. 또한 관리 작업을 능률적으로 잘 진행하기 위한 개원양식을 생각해서 어떠한 바람피해나 추위 피해에 대해서도 대비를 해야 한다.

매실재배지를 살펴보면 경사지, 평탄지를 포함해서 대부분은 산재수로 되어 있으며 관리가 불편하고 곳에 심겨져 있는 것이 대부분이다. 여러 가지 원인이 있겠지만, 매실은 강건하고 재배하기 쉬운 특징이 있어 다른 과수가 자라기 어려운 곳에서도 비교적 잘 자란다는 것이 큰 원인 중의 하나일 것이다. 또한 과실의 성숙기가 빨라서 착과기간이 짧고 생과로 소비하기에는 적합하지 않기 때문에 도난의 염려가 적다는 것과 비교적 주의가 미치지 않는 곳에서도 시기만 잃지 않는다면 상당한 수확을 얻을 수 있다는 것도 그 원인 중의 하나이다.

매실은 조방관리에 견디는 성질이 강하고 집약재배를 했을 경우 경영수익상승 효과가 높아서 개원할 때 그 규모와 집약도에 관한 목표를 세워보는 것도 바람직하다.

나 입지선택

재배지는 연평균기온이 7°C 이상으로 저온 및 서리피해가 없는 지역이어야 하며, 조방적재배가 가능하므로 심한 모래땅이나 자갈땅이 아니면 경사진 산지를 개간하여 조성하기도 한다.

과원의 위치는 바람이 잘 통하는 개활지가 좋으며, 3면이 막힌 정남향 지역이나 분지 및 계곡지 등은 차가운 공기가 더운 공기를 밀어 올리고 머물러 있기 때문에 늦서리 피해 및 겨울철 동해를 받기 쉬우므로 피하는 것이 좋다(그림 2-8). 또한 서향 경사지는 복사열이 강하기 때문에 일소 피해 및 건조 피해를 받을 수 있으며, 건조 피해를 받았을 경우 수지병이 걸리기 쉽고 낙과 및 낙엽이 심하다.

재배 토양은 복숭아, 살구와 마찬가지로 배수가 양호하며 토심이 깊은 양토 또는

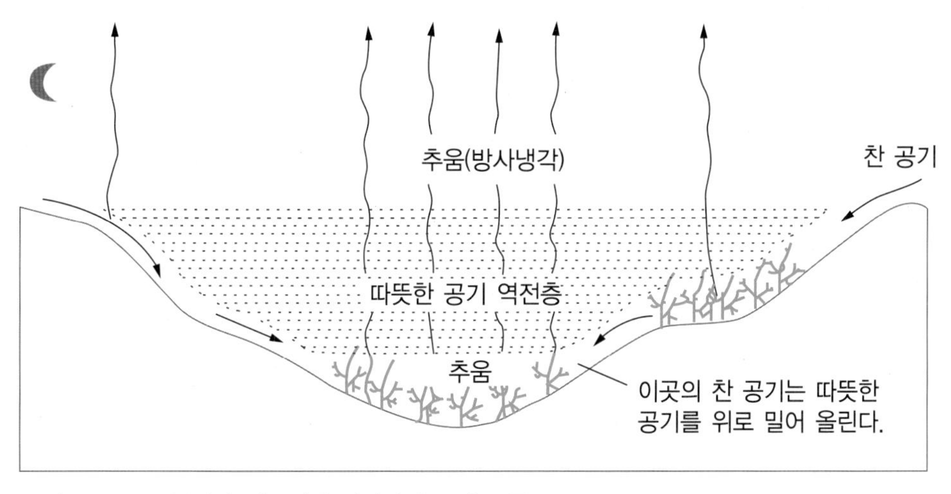

그림 2-8 • 분지와 계곡지에 있어서의 공기 흐름

사질양토가 알맞다. 매실은 천근성이며 뿌리 활동에 산소요구량이 많아 침수 및 습해에 약하기 때문에 지하수위가 낮고 배수가 좋아야 한다. 배수가 불량한 토양에 재식할 경우에는 3~4년생의 나무가 고사하고, 이듬해 낙엽과 개화가 빨라진다.

다 개원지의 정비 및 기반조성

(1) 평지

평지는 토양이 비옥하고 작업하기 편리한 장점이 있지만 땅값이 비싸고 배수가 불량하며, 지역에 따라서는 서리피해를 받을 수 있다는 단점이 있다. 지하수위가 높으면 물 빠짐 또한 나빠져서 나무의 생육이 매우 나빠지게 된다(그림 2-9). 따라서 평지에서 개원할 때에는 가장 유의해야 할 점이 배수상태이며, 배수가 잘 되는 곳이면 경사지보다 재배가 손쉽다. 배수가 불량한 중점토양에서는 그림 2-10과 같이 여러 형태의 배수시설을 할 수 있으며 그에 따른 지하수위의 변화와 살구나무의 수체 생장 상태를 조사한 것을 그림 2-11에서 보면 아무런 배수처리를 하지 않은 곳에서는 지하수위가 가장 높고, 겉도랑(명거)을 깊게 판 곳으로 속도랑(암거)을 판 곳은 지하수위가 낮은 것을 볼 수 있다. 그러나 생장량 및 수량은 배수처리를 한 곳이 하지 않은 곳보다 훨씬 많았다.

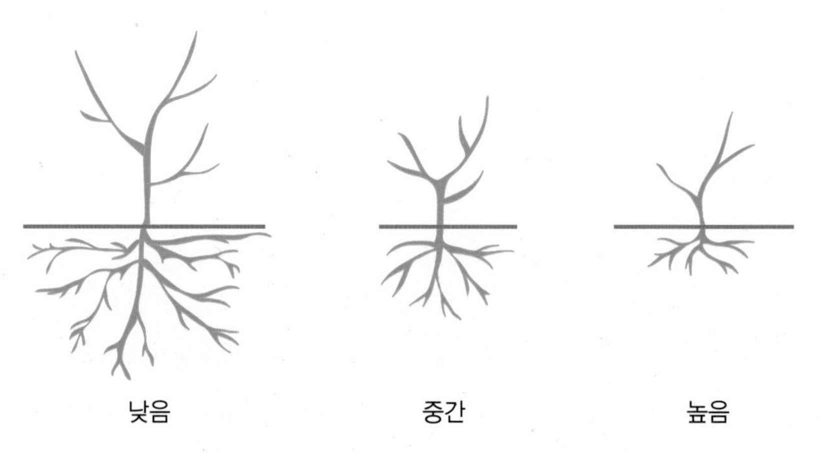

그림 2-9 • 지하수위의 높낮이와 나무의 생육

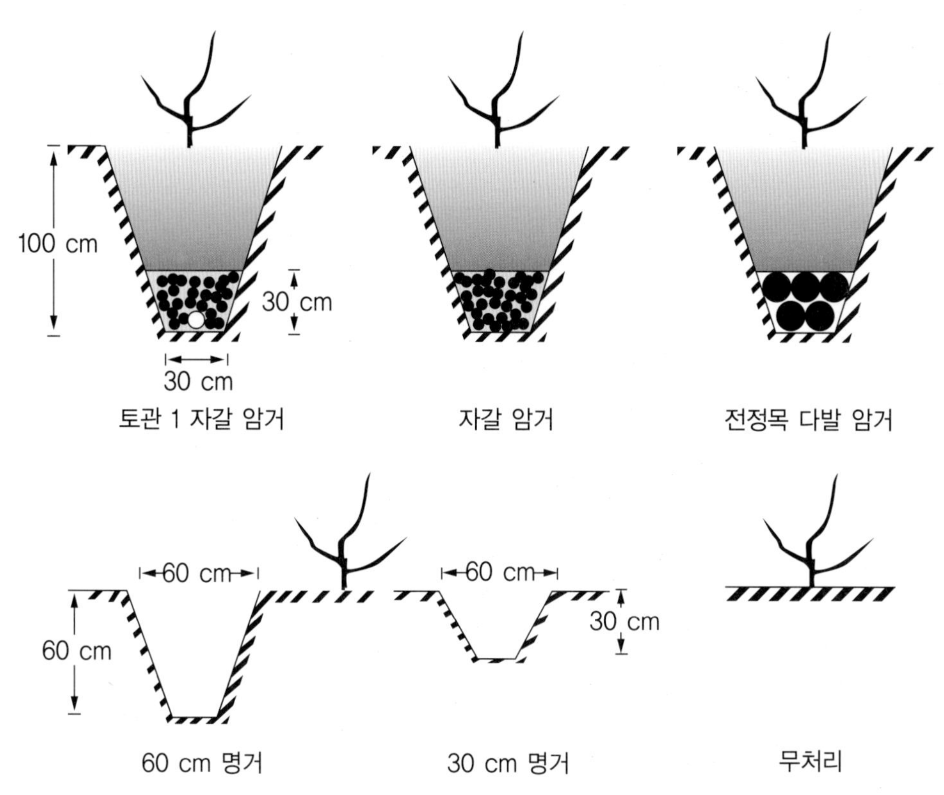

그림 2-10 • 중점토 살구원의 물 빠짐 시설 단면도(자료: 원시, 1980)

(2) 경사지

경사지는 땅이 비옥하지는 않지만 대개 배수가 잘 되고 서리피해를 받을 염려가 적으며 땅값이 싼 편이다. 그러나 작업이 불편하여 힘이 많이 들고 토양침식이 심해 토심이 얕으므로 영양부족, 건조피해, 일소 등을 받기 쉽다. 특히 경사면의 방향이 서향 또는 남서향일 때는 나무의 줄기 쪽이 일소 피해를 받아 줄기마름병에 걸리는 경우가 많다. 이와 같은 경사지에서는 2월의 기온이 5°C일 경우 경사면의 남쪽 가지의 온도가 25°C까지 올라가며, 여름철 오후 나무의 수분 소모가 많아질 때에는 증산작용이 충분히 이루어지지 못한 상태에서 굵은 가지가 직사광선을 받게 되면 국부적으로 나무의 온도가 40°C 이상 되는 경우도 발생된다. 따라서 경사지에서 개원할 때에는 땅심을 높이고, 표토의 유실과 수분 부족 등을 방지하기 위해서 깊이갈이와

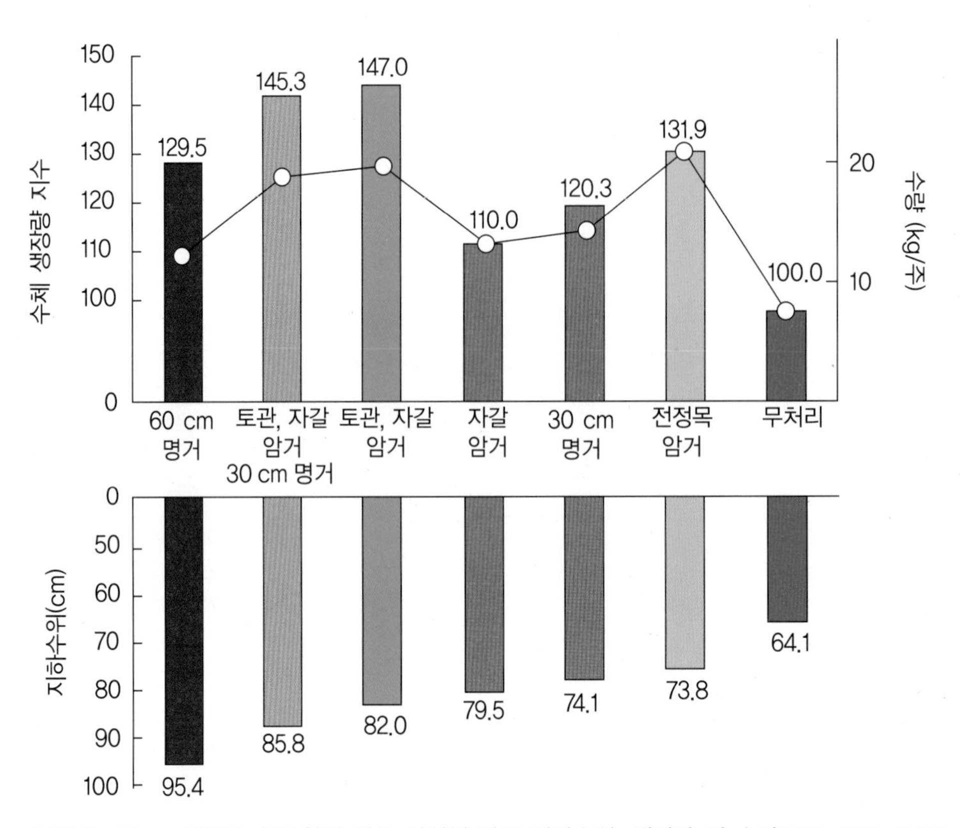

그림 2-11 • 중점토 살구원의 배수 시설에 따른 지하수위, 생장량 및 수량(자료: 원시, 1980)

유기물의 공급에 힘쓰고, 피복작물을 재배하여 그것을 자주 깎아 나무 밑에 깔아줌으로써 땅심을 높여 주어야 한다. 경사가 12~15도 이하인 경사지는 토양 보존과 경비 절감을 위해 등고선 개간이나 약간의 지면정리를 실시하고 재식을 한다. 그러나 경사가 17도 이상으로 가파르고, 관리 작업의 능률이 떨어질 것으로 예상되는 곳에서는 개량계단식으로 개간하는 것이 알맞다. 이 경우에는 경사면에 반드시 풀을 심어 토양 유실을 방지하고, 농로 안쪽에 폭 50 cm, 깊이 30~50 cm의 배수로를 등고선과 평행으로 설치하여 여름 장마 시에 유거수를 모아 배수가 잘 되도록 해주어야 한다(그림 2-12).

그림 2-13은 지형과 재식지 환경에 따른 겨울철 찬 공기의 정체 상황을 보여 주는 것으로, 둑이나 울타리가 쳐진 곳 또는 움푹 팬 저지대에서는 찬 공기가 머무르게 되

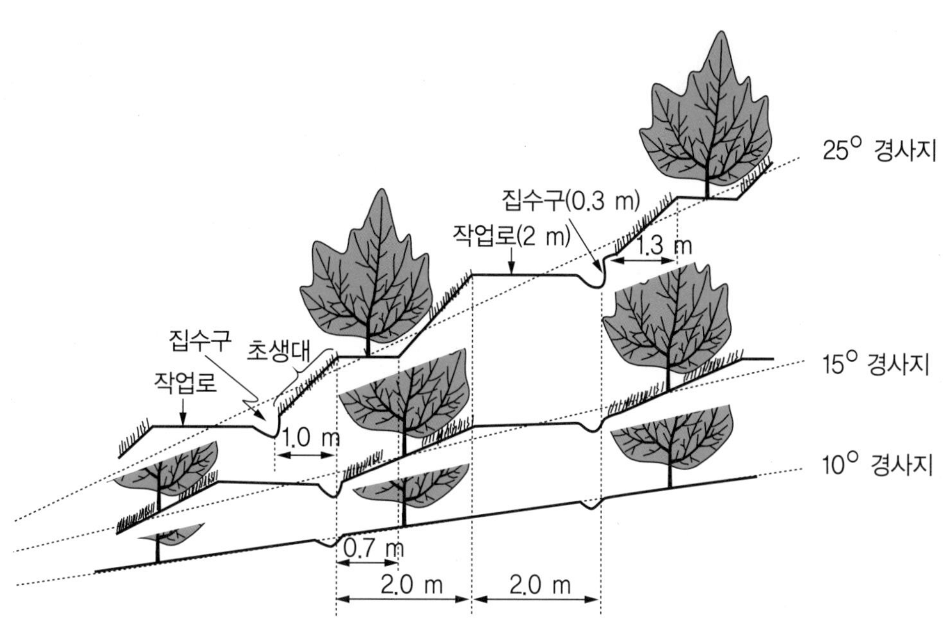

그림 2-12 • 경사지 개원 모형(자료: 赤沼, 1971)

그림 2-13 • 찬 공기가 모이는 서리 피해지

므로 이런 곳에는 나무를 심지 않도록 한다. 그러나 찬 공기가 위쪽으로부터 들어오지 못하도록 경사진 곳의 위쪽에 서리를 막아줄 수 있는 방상림을 조성하고, 찬 공기가 빠져나갈 수 있는 서릿길(그림 2-14)을 만들어 주면 동상해를 막을 수 있다.

라 관개시설

매실은 수확이 끝나고 나면 그 후에는 방임 상태로 두기 쉬워 그 때문에 수세의 회복이 불완전하게 되며, 이는 꽃눈 분화에 영향을 미친다. 수확기에 이어 바로 여름 건조기에 들기 때문에 일반적으로 가뭄에 의한 피해가 매년같이 나타난다고 할 수 있다. 특히 매실은 여름 건조기에 화아분화가 진행되므로 이 시기의 물주기 효과는

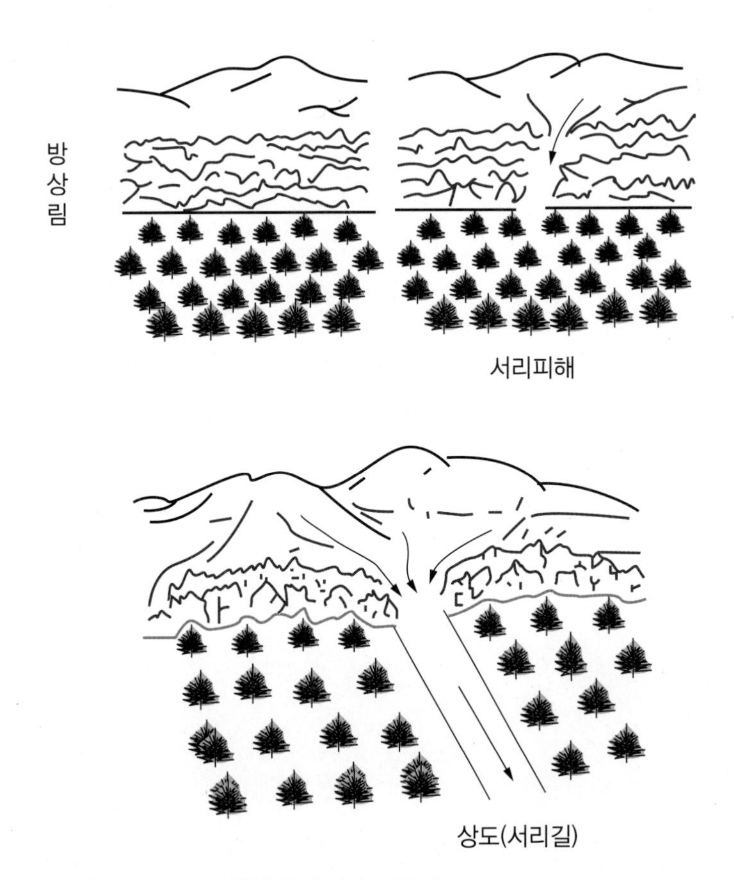

그림 2-14 • 방상림과 서리길 만들기

크다. 매실과 비슷한 복숭아가 비교적 내한성이 강하므로 매실도 내한성이 강하다고 판단해서는 안 된다. 실제로 토양수분이 부족하면 복숭아보다 매실이 빨리 잎이 아래로 쳐지기 때문에 여름 건조기에 물을 주는 것이 바람직하다. 이와 같이 매실 재배에는 관개시설을 적극적으로 해야 한다.

(1) 관수방법

관수 방법은 물 공급 사정에 따라 다르므로 획일적으로 정할 수는 없지만 물이 풍부한 지대에서는 스프링클러에 의한 물주기 방법을 택하는 것이 이상적이다. 이 방법은 과수원 전체에 인공비를 내리게 하는 구도로 되어 있기 때문에 물주기의 효율이 높고 노력이 적게 드는 방법이라고 할 수 있다.

그러나 1회의 물주기에 필요한 물의 양(30 mm 상당의 물을 주기 위해서는 10 a 당 30톤의 물 소요)이 많고, 과수원 전체에 균일하게 뿌리기 위해서는 분수구의 배치방법과 압력을 어느 정도 해야 하는지 등 전문기술이 필요하다. 수자원이 부족한 지대에서는 국부적인 관수 방법, 즉 점적관수 등에 의해 뿌리가 많이 분포되어 있는 부분에 집중적으로 관수하는 방법도 시행하고 있다. 최근에는 관수시 액비를 함께 첨가해서 시비 노력을 절감함과 동시에 건조시의 시비효과를 높이는 방법이 시행되고 있다.

(2) 수자원의 확보

관수를 하기 위해서는 수자원을 확보하는 것이 가장 큰 문제이다. 못이나 강물을 이용하는 것이 가장 좋지만 어려울 때는 빗물을 과수원 내 물탱크에 저장하였다가 사용하는 것이 필요하다. 강우량을 조사하여 과수원 내의 배수로를 합리적으로 이용하면 많은 수량을 확보할 수 있다. 또는 지하수를 개발하여 농업용수로 활용하는 경우도 많이 볼 수 있다.

마 방풍림의 조성

매실은 태풍이 오기 전에 수확을 마치므로 수확 과실에는 직접적인 피해가 없지만 바람이 많은 과수원은 세균성구멍병이 많이 발생하며, 이로 인해 다음해에 과실의 상품성을 떨어뜨리는 경우가 많다. 강풍으로 가지가 부러지거나 나무가 쓰러지기도 하는데, 이 같은 위험에 대비하는 방풍림의 역할은 중요하다. 방풍림은 특히 여름의 일상적인 바람을 막을 수 있는 방향에 배치한다. 여름철 바람의 방향은 감나무 가지가 휘어진 방향을 보고 판단할 수 있으며, 지형, 지세를 고려해 배치하는 것이 매우 중요하다.

방풍림은 너무 밀폐상태로 할 필요는 없으며 방풍용 나무를 심는 거리는 바람을 약하게 할 수 있을 정도의 범위로 하면 좋지만 나무 종류에 따라서는 심는 거리의 간격에 따라 뿌리가 과수원 내로 뻗어 오는 일이 있으므로 주의해야 한다.

산지를 개간하여 개원할 때에는 경사지의 위쪽에 자연림이 있다면 그대로 보수림을 겸하여 방풍림으로 이용하는 것이 좋다. 방풍림의 나무 종류는 측백, 아왜나무(산호수), 녹나무 등이 있으며 방풍림을 조성할 때는 생장이 빠르면서 뿌리가 강하고 가지의 재생력이 왕성한 수종을 선택하여야 한다. 방풍림의 유효효과 범위는 일반적으로 풍상측은 나무 높이의 약 5~6배, 풍하측은 10~15배의 거리까지라고 하나 실제로 풍하측에서는 나무 높이의 6~8배 거리에서 풍속은 1/2이 되며, 나무 높이는 약 8~10배 거리까지 풍속의 감속효과가 있다.

방풍림의 밀도(파풍면적)는 70% 정도로 하는 것이 이상적이다. 개원시나 유목기에 방풍림이 충분히 생장하기 전까지는 간이 방풍 울타리나 방풍망을 설치하는 것이 좋다. 생장이 빠른 수수나 옥수수, 들깨 등을 4월경 파종하여 7~8월의 태풍 전까지 충분히 생육시켜 지주를 세워주면 어린나무 대는 방풍 울타리로 이용이 가능하다.

4. 재식

가 재식양식

(1) 재식방법

매실 재식시, 심는 구덩이는 깊이 90~100 cm, 넓이 90~100 cm로 파고 각 구덩이마다 거친 퇴비 30~50 kg, 용성인비 1 kg을 파놓은 흙과 잘 섞어 2/3 가량 묻는다.

그리고 겉흙을 원래의 표면까지 채워 넣은 다음 잘 썩은 퇴비와 겉흙을 섞어 나머지를 채운 후, 재식할 곳을 다시 파고 나무의 뿌리를 펼쳐 놓은 다음 물을 주면서 나머지 흙을 묻는다. 묘목의 높이(그림 2-15)는 지면으로부터 20 cm가량 높게 심도록 한다. 그러나 최근에는 농촌인력 부족으로 인력으로 구덩이를 파는 것보다는 포크레인을 이용하여 구덩이를 파고 심는 경우가 많은데, 이 경우 배수가 나쁜 곳에서는 경사 방향으로 길게 재식열을 파고, 유공 파이프 등을 묻어 암거배수를 한 다음 같은 방법으로 나무를 심는다.

나무를 심은 다음에는 반드시 주당 30~50 L 정도의 물을 충분히 준다. 또한 나무가 바람에 흔들려 새로 발생된 잔뿌리가 끊어지지 않도록 지주를 세워 묶어주고 60 cm 높이에서 가지를 잘라낸다. 또한 검은 비닐로 멀칭하여 뿌리 활착을 촉진시키고 흙이 건조해지는 것을 막으며, 잡초 발생을 억제함으로서 김매기의 노력을 절감(그림 2-16)할 수 있다.

재식 당시에는 화학비료를 시용하지 않으며, 이듬해 신초가 나와 20 cm 정도 자라면 주도록 한다. 묘목은 1년생보다 2년생 묘목이 활착이 양호하고 말라 죽는 일이 적다.

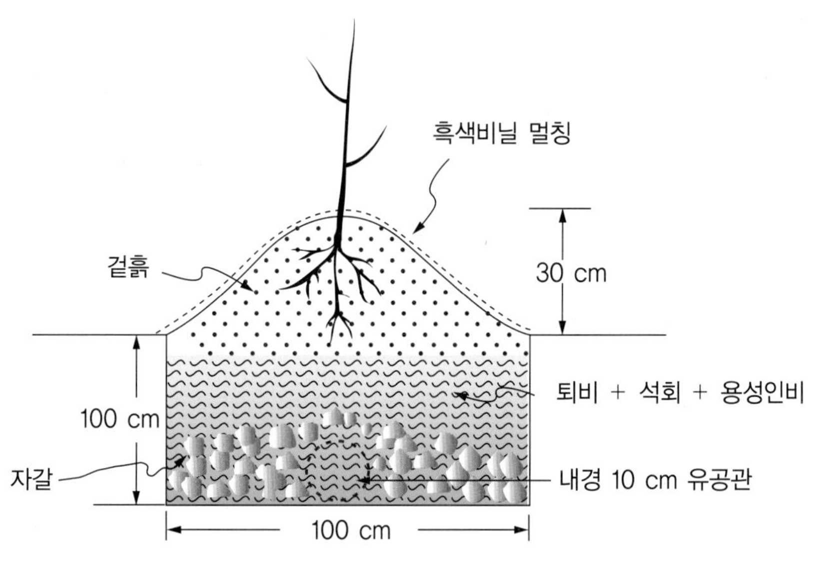

그림 2-15 • 나무를 심는 구덩이와 심는 방법

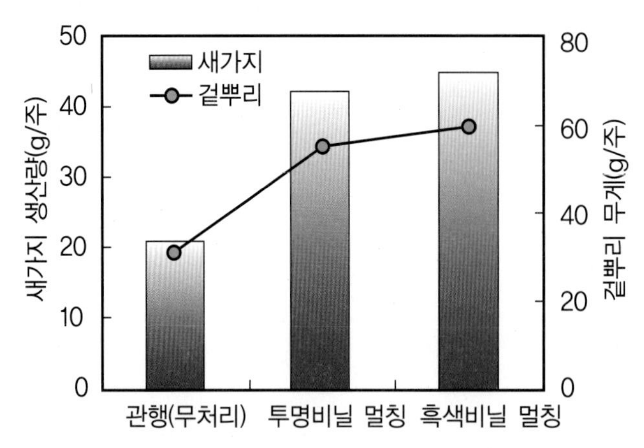

그림 2-16 • 단감나무 재식 후의 비닐멀칭 효과(자료: 원시 나주지장, 1982)

(2) 재식거리

매실나무는 심은 후 9년째가 되면 대체로 성목이 된다. 이후 재식거리가 충분하지 않으면 수관이 겹치게 되어 수광 상태가 불량해지고 이로 인해 잔가지가 말라죽으며, 화아가 생기지 않고, 결실이 바깥 부분에만 치우치게 되어 수량이 감소하므로 충분한 거리를 유지하는 것이 중요하다.

일반적으로 비옥지에서는 5 × 6 m(33주/10 a) 또는 6 × 6 m(28주/10 a), 척박지에서는 5 × 5 m(40주/10 a), 6 × 3 m(56주/10 a)로 재식한다. 그러나 초기수량 증대와 자본회수 기간 단축을 위한 계획밀식재배의 경우, 비옥지에서는 6 × 3 m(56주/10 a), 척박지에서는 5 × 2.5 m(80주/10 a)로 심어 약전정, 유인 등을 통해 조기결실을 유도하여 수세를 초기에 안정시키는 방법(표 2-20)을 쓰고 있다.

평지인 경우 재식열은 동서 방향보다는 남북 방향으로 만드는 것이 좋다. 그것은 남북 방향으로 재식열(그림 2-17)을 만들 경우에는 나무의 모든 곳에 햇빛이 골고루 들어오지만 동서열에서는 나무의 위쪽과 아래쪽의 햇빛 받는 시간이 달라 신초 생장, 꽃눈분화, 과실 착색 등이 불균일해지기 때문이다.

표 2-20 • 매실나무의 심는 거리

구분	비옥지		척박지	
	심는 거리	주수	심는 거리	주수
관행	5 × 6 m 6 × 6 m	33 23	5 × 5 m 6 × 3 m	40 56
계획밀식	6 × 3 m	56	5 × 2.5 m	80

※ 계획밀식 7~12년 후 50% 간벌.

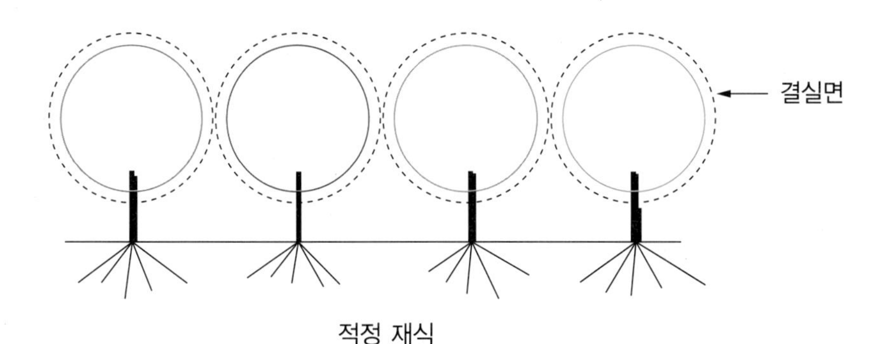

적정 재식

- 수량이 많고, 품질도 좋다.
- 작업하기 쉽고, 병충해 발생이 적다.
- 근군의 발육이 좋고, 수령이 길다.

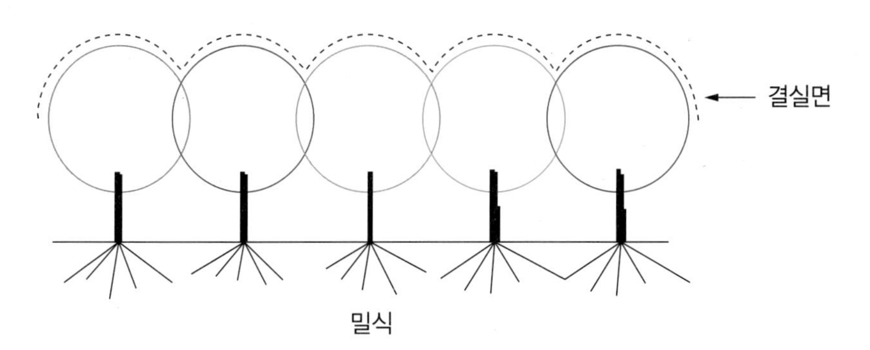

밀식

- 초기수량은 많지만 성목화되면 아래 부위의 가지는 고사하여 결실면은 수관 상부로 국한된다.
- 통풍성이 나빠져 병충해 발생이 많아진다.

그림 2-17 • 심는 거리가 나무의 성장 및 결실에 미치는 영향(자료: 야마나시현 과수원예회. 1974.)

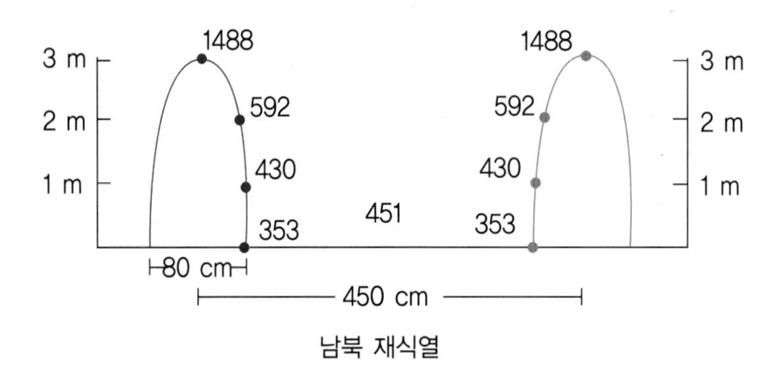

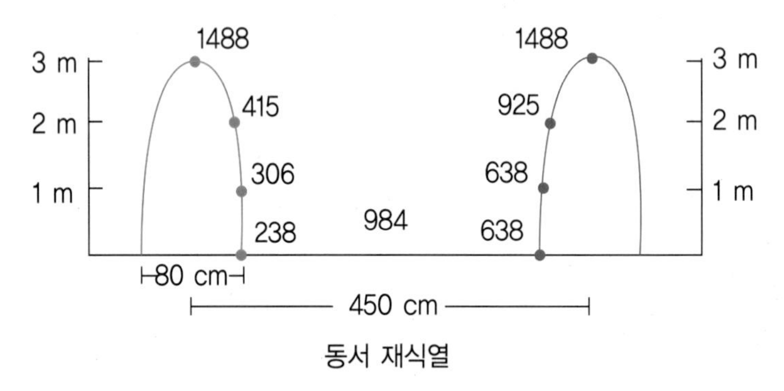

그림 2-18 • 병목식 사과원에서의 재식 방향에 따른 수관 부위별 일조지수(자료: Gyuro. 1974.)

나 심는 시기

낙엽과수는 봄과 가을에 심는다. 봄 심기는 땅의 해빙과 함께 시작하여 늦어도 3월 중순까지이고, 가을 심기는 낙엽 후부터 땅이 얼기 전까지로 대략 11월 중순으로부터 12월 상순까지는 심어야 한다.

가을 심기는 봄 심기보다 활착이 빠르고 심은 후의 생육이 좋으나 겨울철 동해나 건조 피해를 받지 않도록 주의해야 한다. 또, 봄에 묘목을 구입하여 심고자 할 때에는 너무 늦지 않도록 해야 하며 봄철의 건조에 특히 주의해야 한다.

매실나무는 12월 하순의 기온이 4~5°C 낮은 때에도 새 뿌리가 활동하기 시작하므로 봄에 심는 것보다 낙엽 직후에 심는 것이 뿌리의 활착과 생육이 양호하다. 봄에 심을 경우에는 해빙과 동시에 하며 될 수 있는 한 일찍 심도록 한다.

또한 재식작업은 뿌리가 건조하지 않도록 흐린 날이나 비바람이 없는 날에 하는 것이 이상적이지만 흙이 건조해 있으면 활착도 나빠지므로 비가 온 후에 흙의 축축한 상태를 보고 적당한 날을 택하는 것이 바람직하다.

다 수분수의 혼식

매실나무는 수분수 선택이 까다로운 과수 중 하나로 품종에 따라 자신의 꽃가루로 결실이 되는 자가결실성 품종이 있는 반면, 꽃가루가 전혀 없는 품종도 있다. 또한 서로 다른 품종 간에 교배불친화성을 나타내거나 개화 시기가 서로 상이하여 수분수로 적당하지 않은 경우도 있다. 게다가 개화시기가 다른 과수에 비해 매우 빨라 방화곤충의 활동도 활발하지 않은 시기에 개화하므로 품종과 수분수 배치에 있어 꼼꼼히 살펴보아야 한다.

기존에는 주품종의 20～30% 비율로 수분수를 혼식하여 왔으나 안정된 매실의 결실과 수확을 위해서는 주품종을 비롯해 3～4가지 품종을 같은 비율로 흩어 심는 것이 이상적이며 다수확을 가져오는 길이다. 수분수로서 갖추어야 할 조건은 꽃가루가 많고 주품종과 꽃피는 시기가 같으며 교배친화성이 높고 수분수 자체가 자가결실성

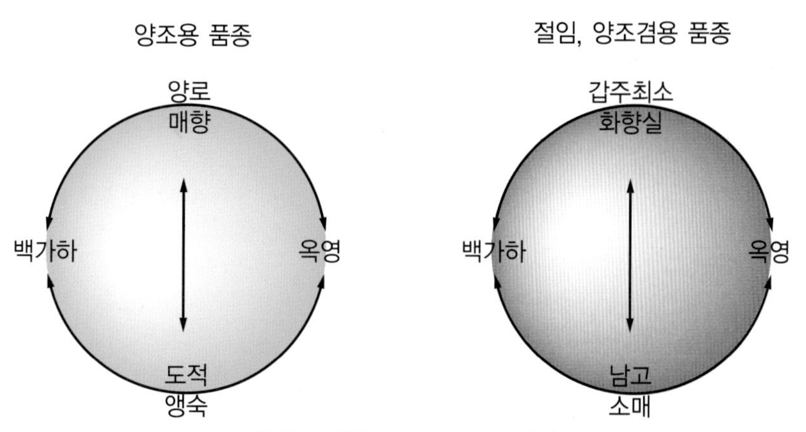

그림 2-19 • 매실 주요 재배품종에 대한 수분수 품종

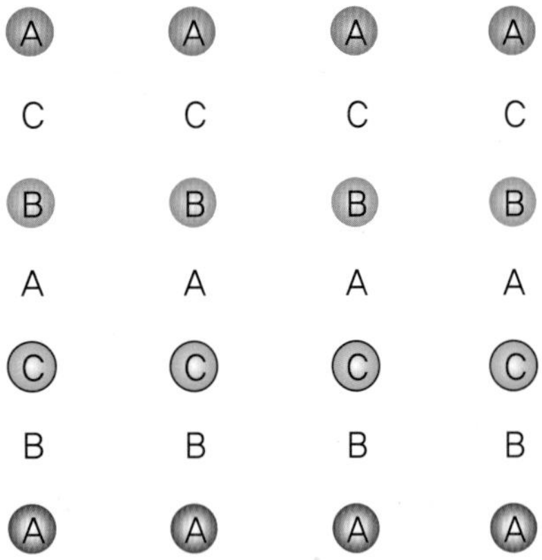

Ⓐ	Ⓐ	Ⓐ	Ⓐ
C	C	C	C
Ⓑ	Ⓑ	Ⓑ	Ⓑ
A	A	A	A
Ⓒ	Ⓒ	Ⓒ	Ⓒ
B	B	B	B
Ⓐ	Ⓐ	Ⓐ	Ⓐ

A: 주품종, B, C: 수분수 품종
○: 영구수, 나머지는 간벌수

그림 2-20 • 수분수 배치 예

이 높은 것이 바람직하다. 수분수 품종과 주품종과의 거리가 멀수록 결실률이 낮아지며 바람이 많거나 날씨가 차가울 때는 더욱 낮아진다. 그러므로 서로 다른 품종을 4가지 정도로 심어 서로 꽃가루가 이동될 수 있도록 심는 것이 좋다. 특히 백가하와 옥영(玉英)같이 꽃가루가 없는 품종은 꽃가루가 많은 양노(養老), 매향(梅鄕) 도적(稻積), 앵숙(鶯宿) 등과 심어 교배가 잘 이루어지도록 한다.

표 2-21에서 보는 바와 같이 도적과 남고(南高), 화향실(花香實), 갑주소매(甲州小梅) 등은 자가결실성이 높고 꽃가루가 많으므로 수분수로서도 좋은 품종이다. 다만 갑주최소는 과일이 작고 꽃피는 시기가 빠르다. 또한 최근에는 매실의 품종별 S1 유전자형을 밝혀내어 수분수의 적합성 여부를 판단하기도 한다. 표 2-22에서 보는 바와 같이, S_f 유전자형을 갖는 매실 품종은 자가화합성을 나타내며, 자가불화합성 품종의 경우, 같은 그룹 내의 품종끼리 심으면 결실되지 않는다.

라 정식 전 묘목 관리

묘목은 수송 중에 크고 작은 상처가 생기는 일이 있으므로 취급 방법에 따라 활착에 큰 영향을 미친다. 특히 매실은 휴면에 드는 시기와 휴면이 끝나 새 뿌리가 발생

표 2-21 • 주요품종의 자가결실률과 백가하에 대한 친화성

품종	자가결실률(%)	백가하의 결실률(%)	화분량의 다소
백가하	0	0	○
옥영	0	0	○
도적	82.0	75.0	다
양노	2.0	52.4	다
남고	51.5	68.3	다
매향	7.5	82.1	다
화향실	55.8	66.7	다
앵숙	1.4	68.0	다
태평	7.6	59.5	다
갑주최소	50.9	61.5	다

표 2-22 • 주요품종의 자가결실성과 자가불화합성(SI; self-incompatibility) 유전자형

자가결실성	SI 유전자형	품종
자가불화합성	S_1S_5	앵숙(鶯宿)
	S_1S_7	남고(南高)
	S_2S_3	절전(節田)
	S_2S_5	청축(青軸), 풍후(豊後)
	S_2S_6	고성(古城), 백가하(白加賀), 옥영(玉英)
	S_6S_{10}	가하지장(加賀地藏), 매향(梅鄕)
자가화합성	S_2S_f	태평(太平)
	S_3S_f	등오랑매(藤五郎梅) 코시노우메(越の梅)
	S_4S_f	갑주최소(甲州最小)
	S_6S_f	전택소매(前沢小梅)
	S_7S_f	베니사시(紅秧)
	S_8S_f	용협소매(龍峽小梅), 팔랑(八郎)
	S_9S_f	임주(林州)
	$S_{10}S_f$	신평태부(新平太夫), 지장(地藏)
	$S_{11}S_f$	신농소매(信農小梅), 직희(織姬)
	S_fS_f	검선(劍先), 도적(稻積)

하는 시기가 빠르므로 묘목의 굴취와 수송은 낙엽이 시작되면 빨리 행하는 것이 필요하다. 굴취된 묘목은 배수가 양호한 토지를 골라 품종별로 구분하여 가식한다. 묘목을 운반할 때에는 뿌리가 마르지 않도록 축축한 거적 또는 비닐, 시트를 이용해 주로 뿌리부분을 덮은 상태로 정식지까지 운반되도록 한다.

(1) 병해충 방제

묘목의 취급에 있어 주의해야 할 점은 뿌리를 침해하는 토양 전염병이다. 묘목의 지상부를 보아서는 정상으로 보여도 뿌리에 혹이 있기도 하고 뿌리 곳곳에 뻗어 있는 엷은 막처럼 되어 있는 흰 균사를 볼 수 있게 되면 일단 위험한 묘이기 때문에 정식을 피하는 것이 좋다. 특히 주의해야 할 해충은 깍지벌레류이며, 생육기에는 깍지벌레류의 구제가 곤란하므로 묘목에 부착된 상태로 정식하는 것은 반드시 피해야 한다.

(2) 뿌리의 손질

묘목을 굴취하였을 때 뿌리 손상이 심한 것은 활착도 나쁘고 그 후의 생장도 떨어지는 것이 보통이다. 따라서 묘목은 뿌리가 다치지 않도록 파내는 것이 이상적이다. 그러나 매실의 새 뿌리 발생 상태를 보면 가는 뿌리보다도 중간 뿌리에서의 새 뿌리 발생이 빠르고 또한 중간 뿌리에서 발생한 새로운 뿌리는 굵고 곧게 뻗는 경향이 있으므로 뿌리의 전정은 중간 뿌리를 남기고 부러진 부분을 다시 자르는 정도로 해서 가지런히 될 정도로 한다. 곧은 뿌리의 경우 이 부분을 제거하면 이식 후유증이 나타나므로 곧은 뿌리는 그대로 두고 단지 손상을 입은 부분만을 전정가위로 잘라내는 정도로 하는 편이 좋다.

(3) 가지의 전정

가지 전정정도는 뿌리와의 균형을 고려해 결정하는 것이 원칙이지만 잎눈의 분포를 잘 파악하여 잎눈이 너무 많은 부분의 가지를 골라 제거해 주는 것이 중요하다. 매실은 잎눈처럼 보여도 실제로는 잠아가 발아하지 않는 것도 있으므로 주의할 필요가 있다. 정식 후의 주간 높이는 지상 70 cm 부근의 건전한 잎눈을 확인해 그 바로 위를 자른다.

마 재식 후의 관리

재식 후에는 특히 동해와 건조에 주의하고 추운지방에서는 풀이나 비닐을 덮어주어 보온 효과를 높이고 따뜻한 지방에서는 건조 방지에 유의한다.

또 새로 재식한 당시는 산짐승에 의한 피해가 있을 수 있으므로 기피제를 도포해 주는 것도 중요하다. 산짐승은 냄새에 민감하므로 나무젓가락에 콜타르 등을 묻혀 묘목 주위라든가 전 과수원에 드문드문 뿌려두면 저녁때부터 아침까지 효과가 있다.

새로 재식한 그 해에는 일반적으로 자람이 늦어지는 경향으로 인해 진딧물의 피해를 많이 볼 수 있으므로, 이에 주의해야 한다. 진딧물이 잎에 기생하면 잎이 오그라들어 말리고 방제도 곤란해지므로 보는 즉시 조기에 적용약제로 방제를 해야 한다. 그러나 발아가 늦은 잎은 약해를 입을 수도 있으므로 약제 선택을 신중히 해야 한다.

정식된 묘목의 신초는 5월에 접어들면 많이 자라며 가지도 서서히 고정되므로 원가지를 정해 지주를 세워주며 불필요한 발육가지는 제거한다. 매실은 정식 당초에 많은 비료를 주면 도리어 뿌리에 손상을 입어 5월경 가지 밑 부분의 잎이 떨어지는 일이 있으므로 여러 번 나누어 액비로 주는 것이 더 효과적이다.

5. 품종선택시 유의할 점

가 개화시기

주품종과 수분수 간에 개화기가 일치하지 않으면 수분이 잘 되지 않아 결실이 잘 되지 않고 낙과가 일어나는 경우가 있다. 따라서 품종 선택시 자가결실성의 유무 및 발아력이 우수한 화분 생산능력 등을 검토하여 주품종과 수분수 품종을 골라야 한다.

나 과실용도

담금 매실 또는 매실장아찌 등의 가공용으로는 남고와 같은 착색종이라도 지장이 없다. 하지만 매실주용으로는 착색종의 경우 품질이 나빠 부적당하므로 녹색종을 선택(표 2-23)하는 것이 좋다.

다 과실의 크기

매실은 품종별로 5 g 정도 되는 소매부터 30 g 정도 되는 풍후계까지 그 크기가 다양하다. 용도에 따라 매실장아찌는 20 g 이하의 중립종~소립종이 좋고 그 밖의 가공원료로는 과육비율이 높은 대립종이 유리하다.

라 과실의 성숙기

매실의 수확기는 일반농가에서 바쁜 계절이기 때문에 시간 분배를 잘 해야 한다. 매실은 수확이 늦어지면 과숙되어 낙과가 많아지기 때문에 적기에 단시간 동안 수확해야 한다. 매실은 생식하지 않고 가공원료로서 거래되기 때문에 가공적기에 출하가 가능한 품종을 준비하는 일도 중요하다.

마 수분수

매실은 대부분 자가결실성이 없기 때문에 한 품종만의 재배로는 수분이 되지 않아 결실이 불안정하게 된다. 수분수 품종은 매년 꽃이 잘 피고 꽃가루 생산이 많이 되는 종류를 선택하며, 주품종의 개화기와 일치하는 것이 좋다. 동시에 과실의 품종도 우수한 경제적인 품종이면 더욱 바람직하다.

표 2-23 • 매실의 용도와 품종

양조용(청매실)	겸용	담금매실용
옥영, 앵숙, 고성, 양청, 성주백, 등지매, 월세계, 서, 검선	백가하, 임주, 남고, 양노, 등오랑, 도적, 개량내전, 장속	갑주최소, 용협소매, 신농소매, 백옥, 화향실

바 불완전화 발현율

매실의 경영적인 안정성은 초봄 기상조건의 좋고 나쁨에 따른 결실 양상에 달려 있다. 불완전화의 출현율이 높은 품종은 수정이 되지 않기 때문에 결실률이 현저하게 떨어지게 된다. 결실 안정을 기하기 위해서는 꽃이 추위에 잘 견디고 자가결실성이 높으며, 불완전화의 발현율이 낮은 품종을 심어야 한다.

사 내병성 및 내충성

검은점무늬병, 세균성구멍병, 깍지벌레류 등에 내성이 강한 품종이 바람직하다. 병충해에 대한 내성 및 약제에 대한 내성도 검토하는 것이 좋다. 특히 재래종 중에는 약제 내성이 약하기 때문에 적절한 약제방제를 할 수 없는 것이 있어서 석회유황합제, PCP, 기계유유제 등에 의한 약해의 유무를 충분히 검토해 보는 것이 좋다.

6. 개식

가 기지의 증상

기지현상이란 한 가지 작물을 오랫동안 재배하였던 땅에 다시 동일 작물을 재식했을 경우, 생육이 불량해지고 과실의 생산력이 떨어지며 심하면 나무가 말라죽는 현상이다. 매실과 복숭아를 비롯한 핵과류가 다른 과수보다 개식에 의한 기지현상에서 특히 문제가 되고 있다.

나 기지의 원인

기지현상의 발생은 토양 내에 독성 물질의 축적, 유해 미생물의 증가, 영양결핍 토양의 물리성 불량 등 여러 가지 요인에 기인하는 것으로 알려져 있는데, 독성 물질설에 의하면 식물체내에 존재하는 청산배당체가 토양 내에서 가수분해될 때 생성되는 중간생성물인 시안화수소(HCN)가 뿌리에 장해를 주어 생육이 나빠지는 것이라고 한다. 토양내 선충의 밀도도 기지현상과 밀접한 관계가 있는데, 선충이 뿌리에 침입하면 뿌리에 기생해서 식해를 할 뿐만 아니라 청산배당체의 분해효소인 에멀신을 가지고 있어 청산배당체를 분해하여 중간생성물인 시안화수소 등의 독성 물질을 발생시키고 이로 인하여 뿌리의 기능이 저하되는 것으로 알려져 있다.

핵과류는 뿌리의 산소요구도가 높아 내습성이 약한데, 만일 배수가 불량하여 뿌리의 호흡이 억제되면 뿌리에서 시안화수소가 발생될 수 있다. 복숭아나무의 경우, 새로 재식된 나무의 뿌리는 먼저 복숭아나무가 있던 자리에 남은 잔존물에서 나온 독극물에 의하여 호흡 저해를 받을 수도 있으나 토양조건이 혐기적인 상태인 경우 새로 심은 나무뿌리 자체에서도 유독물질을 발생시킬 수 있는 것으로 알려져 있다. 이 밖에 오랜 기간 재배로 인해 토양내의 영양분이 결핍되어 있는 것도 기지현상의 원인 중 하나이다.

다 기지의 방지

개식을 할 때에 기지현상을 방지하기 위해서는 우선 청산배당체가 함유되어 있는 종자, 뿌리, 가지 등 먼저 심겨져 있던 나무의 잔존물을 철저히 제거해야 하며, 토양내 선충을 제거하기 위해서는 토양 훈증제(메틸브로마이드, 콜로로피크린 등)를 재식 2~3주 전에 재식할 구덩이를 중심으로 하여 사방 30 cm 부위에 3~4 mL씩 관주기로 주입하여 주면 효과적이다. 또한 배수를 양호하게 해서 뿌리가 호흡하는데 지장이 없도록 해주며, 개식시에는 유기물과 석회를 시용하여 충분히 토양을 중화시켜 토양내 무기성분의 유효도를 증진시킨다.

이와 같이 기지현상은 복합적인 요인에 의한 것이기 때문에 실제로 나무를 새로 심을 때에는 어느 한 요인만을 제거할 것이 아니라 모든 발병의 요인을 제거해야 한다.

V. 생육특성과 재배관리

1. 재배와 경영의 특징

가 농가간 경영성과 비교

매실의 경영 특성은 표 2-24와 같은데 매실의 2005년 소득은 1,281천 원/10 a으로 타과종에 비해 낮은 것으로 나타났다. 10 a당 소득수준 상·하위 농가의 소득 차는 4.9배인데 상위 농가는 하위 농가에 비해 경영비가 58% 더 소요되지만, 조수입의 차이가 더욱 커서 소득의 차이가 크게 나타났다. 특히 상·하위 농가의 조수입 차이는 단수보다 가격의 영향이 더 큰 것으로 나타났는데 상위 농가의 단수는 하위 농가에 비해 20% 높고, 가격은 157% 더 받고 있었으며 상위 농가의 수취가격이 높은 이유는 유기질비료 중심의 시비를 하면서 무농약재배 등 친환경재배를 하는 농가가 많았기 때문이다.

표 2-24 • 매실 소득수준별 경영성과 비교(2005년)

(단위: 천 원, 시간/10 a)

구분		평균	하(A)	중	상(B)	대비(B/A)
수익성	조수입	1,905	960	1,734	3,020	3.15
	수량(kg)	882	787	915	946	1.20
	단가(원/kg)	2,135	1,220	1,889	3,132	2.57
	경영비	623	501	580	789	1.58
	소득	1,281	459	1,153	2,231	4.86
경영 특성	재배면적(평)	4,311	2,333	3,800	6,800	2.91
	노동시간	112	126	98	113	0.89
	자가	75	83	62	81	0.97
	고용	37	43	36	32	0.74

주) 소득수준 상, 중, 하의 구분은 조사농가의 소득수준 분포에 따라 각각 1/3로 나눔

따라서 매실 전문경영농가는 매실의 건강식품으로서의 상품특성을 고려하여 친환경재배 기술을 도입하는 등의 차별화된 판매전략(판로, 포장 등)이 필요하다.

재배규모에 따른 경영성과를 살펴보면 표 2-25와 같은데 매실은 1.0 ha 이상의 대규모 농가가 1.0 ha 미만의 소규모 농가에 비해 10 a당 소득은 20% 높고, 노동시간은 51%가 절감되었는데 대규모 재배가 수량은 다소 낮더라도 가격이 높아 조수입이 많고, 생력재배로 경영비가 적게 소요되어 경영성과가 높은데, 특히 선별 · 포장을 기계화하는 등 작업의 생력화와 규모화에 의한 효과 등으로 노동시간이 절감되며 다소 조방적인 경영을 하여도 수익성이 있는 작목으로 경영규모를 확대하고 전문화 하는 것이 바람직할 것으로 생각된다.

나 매실경영의 집약화와 규모적정화

(1) 단수제고를 통한 경영개선

매실은 가격 변동 폭이 크고, 단수가 증가되는 추세에 있어 이러한 경영여건 변화에 따른 수익성에 대한 검토가 필요한데, 단수 · 가격에 대한 수익성 민감도 분석은

표 2-25 • 매실 경영규모별 경영성과 비교(2005년)

(단위: 천 원, 시간/10 a)

구분		평균	1.0 ha 미만(A)	1.0 ha 이상(B)	대비(B/A)
수익성	조수입	1,905	1,823	1,970	1.08
	수량(kg)	882	918	854	0.93
	단가(원/kg)	2,135	1,938	2,303	1.19
	경영비	623	668	587	0.88
	소득	1,281	1,154	1,383	1.20
경영 특성	재배면적(평)	4,311	1,600	6,480	4.05
	노동시간	102	143	70	0.49
	자가	65	99	38	0.38
	고용	37	44	32	0.73

표 2-26 • 매실 소득 민감도 분석

(단위: 천 원/10 a)

구분		단수(kg/10 a)						
		800	900	1,000	1,100	1,200	1,300	1,400
가격 (원/kg)	1,500	653	733	812	892	972	1,051	1,131
	1,750	853	958	1,062	1,167	1,272	1,376	1,481
	2,000	1,053	1,183	1,312	1,442	1,572	1,701	1,831
	2,250	1,253	1,408	1,562	1,717	1,872	2,026	2,181
	2,500	1,453	1,633	1,812	1,992	2,172	2,351	2,531
	2,750	1,653	1,858	2,062	2,267	2,472	2,676	2,881
	3,000	1,853	2,083	2,312	2,542	2,772	3,001	3,231
	3,250	2,053	2,308	2,562	2,817	3,072	3,326	3,581
	3,500	2,253	2,533	2,812	3,092	3,372	3,651	3,931

2005년 매실 소득분석 자료를 기준으로 단수증가에 따라 포장자재비와 수확, 선별, 포장 노력비 등이 변동하는 것으로 가정하면 추가 및 감소 비용은 경영비로 평가할 때 kg당 변동비는 704원(포장자재비 122.5원, 노력비 581.6원)이다. 단수 · 가격의 변동에 따른 예상소득 분석결과, 2,000천원/10 a 이상의 소득을 실현하기 위한 조건은 단수가 900 kg인 경우는 판매가격이 3,000원일 때 가능하고, 판매가격이 2,250원인 경우는 단수가 1,300 kg, 판매가격이 1,500원으로 하락할 경우에 1,000천원/10 a 이상의 소득을 실현하기 위해서는 단수를 1,300 kg 이상으로 높여야 하는 것(표 2-26)으로 나타났다.

(2) 규모적정화를 통한 경영개선

주업전문농가(2006년)의 평균 농가순소득 30,350천원을 근거로 매실 경영을 통하여 이 이상 소득을 달성할 수 있는 규모는 2005년 평균 소득을 적용하면 2.4 ha를 경영할 경우 목표소득의 실현이 가능하며, 경영성과 상위수준의 소득을 적용할 경우에는 1.4 ha의 규모에서도 가능한 것으로 판단된다. 그러나 부부 2인의 가족노동력 중심(고용노동의존 50% 미만)의 한계규모와 규모확대의 제약요인인 수확 · 선별 · 포장 작업을 중심으로 노동제약과 용도에 따른 수확기의 차이 및 규모화 효과 등을 고려할 때, 용도별 수확적기는 엑기스용은 6월 상중순, 매실주용은 6월 중순, 장아찌는 6월 하순이며, 적정 수확기간을 7일로 가정할 때 수확작업의 노동제약으로 용도를 다양화하여 수확기간을 늘려도 가족노동 중심 경영의 규모한계는 1.21 ha인 것으로 분석되므로 매실은 수확작업의 노동제약으로 인해 가족노동 중심의 경영으로는 목표 소득 달성에 한계가 있어 다음과 같은 대책이 필요하다. 첫째, 수확시기에 노동경합이 발생하지 않는 다른 작목과의 복합경영, 둘째, 수확작업의 생력화 또는 수확시기의 고용노동력 확보, 셋째, 수확체험 관광농원운영 등 기타 노동력 활용과 같은 대책이 강구되어야 할 것으로 판단된다.

다 최근의 여건

최근까지는 매실수요가 급격히 증가하여 왔으나, 소비자의 기능성 건강식품 선호도의 다양성에 따른 수요침체가 우려되므로 매실의 기능성에 대한 계속적인 홍보와 다양한 관련 상품 개발 및 조리가공법의 개발 보급으로 수요를 지속, 확대하는 노력이 필요할 것으로 생각된다.

더욱이 매실은 최대 수입국(일본)과 최대 수출국(중국)이 인접해 있어 기회와 위험요소가 함께 공존하고 있는 상황이므로 저비용기술체계를 확립하여 내수시장에서의 가격경쟁력을 제고하는 한편, 품질향상을 통한 대일수출 방안 모색 등 적극적인 소비시장 개척이 필요하다.

그러기 위해서는 기술정보 교류와 공동브랜드 및 가공상품 개발, 시장개척 등 경제활동이 가능한 생산자 단체의 체계적인 육성이 필요하고, 적정면적 및 기술 조기정착을 고려한 단지 육성과 시설화 등 보다 체계화된 기반정비를 통해 종합적이고 체계적인 기술개발이 뒷받침되어야 한다.

2. 연간 생육과정

가 나무의 연간 생장

남부지방을 기준으로 하면 잎의 생장은 3월 하순에 시작하여 5월 하순에 최고조에 달하며 6월 중순에 끝난다. 그러나 유목 또는 성목이라도 지나치게 수세가 강하면 7월 이후에도 신장이 계속되며 8~9월까지 신장하는 경우도 있다.

뿌리 생장은 2월 하순 경부터 시작되고 4월, 5월이 되면 가장 왕성해지며 6월 중순경이 되면 피크가 되고 서서히 떨어진다. 그와 반대로 과실의 비대는 서서히 피크를 맞이하게 된다. 이와 같이 우선 영양상 가장 중요한 잎의 생장이 이루어지고 뿌리 생장, 과실발육 및 비대로 이어진다. 또 뿌리 생장은 10월 말에는 발근이 정지된다.

나 수체내 영양주기

동화양분은 잎이 완전히 발생한 6월 상순부터 7월 하순까지 최고가 되고 이후에는 하향곡선을 나타낸다.

저장양분의 축적은 7월에 들어서면 왕성해지고 9월 중순 최고조에 달한 이후에는 그만큼의 양분 소비가 없기 때문에 2월까지는 높은 상태를 유지한다. 그리고 개화, 발아, 신장을 하면서 양분이 소비되기 때문에 점점 줄어들어 잎 생장이 피크가 되는 5월 하순경에는 수체내 양분이 최저치가 된다.

3. 결실관리

가 수분(授粉)과 품종간 친화성

결실을 좌우하는 요인으로 수분(꽃가루받이)과 꽃기관의 불완전, 개화기 기상 조건 등이 있다. 매실나무는 다른 과수에 비해 꽃기관(花器)이 불완전한 것이 많고 같은 품종끼리는 수정(受精)이 잘 이루어지지 않거나 수분이 되어도 결실률이 매우 낮은 품종이 많다. 남고, 앵숙, 양노, 태평, 백가하, 옥영과 같은 품종들은 자기의 꽃가

표 2-27 ∘ 매실 주요 품종의 자가결실률과 백가하에 대한 친화성(君馬園試)

품종	자가결실률(%)	백가하의 결실률(%)	꽃가루 양
백 가 하	0	0	무
옥영	0	0	무
도적	82.0	75.0	다
양노	2.0	52.4	다
남고	51.5	68.3	다
매향	7.5	82.1	다
화향실	55.8	66.7	다
앵숙	1.4	38.0	다
태평	7.6	59.5	다
갑주최소	50.9	61.5	다
등지매	75.0	-	다
섬희	84.0	-	다

루로는 정상적인 수정이 이루어지지 않는 자가불화합성이 강한 품종들이다. 그러나 도적(稻積), 화향실(化香實), 등지매(藤支梅), 갑주최소(甲州最少). 섬희(纖姫) 등은 자가화합성(자가결실성)이 비교적 높은 품종이다.

그러나 자가화합성이 높은 품종일지라도 나무의 영양 상태와 재배지의 환경 특히 기온에 따라 개화기가 다르고 결실률도 일정하지 않은 경우가 많으며, 꽃가루의 양이 많아도 꽃가루 발아율이 낮아 수분수로 활용하기 어려운 품종도 있다. 또한 남고, 양청매, 청옥 등은 어떤 품종으로 수분되면 높은 결실률을 보이지만 또 다른 어떤 품종과는 수정이 되지 않는 타가불화합성을 보이기도 한다.

따라서, 주품종에 대한 수분수는 꽃가루가 많은 3~4개 품종을 20~30% 섞어 심는 것이 안전하다. 또, 한 가지 품종 또는 꽃가루가 많은 품종을 섞어 심지 못하여 결실이 잘 되지 않는 경우에는 꽃가루가 많고 타가화합성이 있는 다른 품종을 3열에 1열 정도씩 섞어 심거나, 수분수를 심지 못했을 때에는 4~5주마다 원가지 1~2개 정도를 수분수 품종으로 고접해 주는 것이 바람직하다. 그리고 임시방편으로 개화기에 꽃가루가

표 2-28 • 매실 주요 품종의 꽃가루 양과 발아율

품종	꽃가루 양	꽃가루 발아율 (%)	
		후구이원시(福井園試(1982))	군마원시(群馬園試(1978))
도적	다	57	83
남고	다	63	69
앵숙	다	63	33
베니사시	다	65	-
검선	다	76	-
개량내전	다	42	-
지장	중	51	-
임주	중	42	-
양노	다	-	43
화향실	다	-	53
태평	다	-	50
갑주최소	다	-	58
용협소매	다	-	55
백가하	무~극소	-	-
옥영	무~극소	-	-
고성	무~극소	-	-

많은 품종의 가지를 꺾어 물병에 꽂아 수분시킬 수도 있다. 그러나 수분수를 섞어 심었다 하더라도 개화기에 일기가 불순하여 수분이 원활하지 못할 때에는 인공수분을 실시하는데, 꽃봉오리가 피기 직전인 꽃가루가 많은 품종의 꽃을 채취하여 20~25℃로 유지되는 꽃가루 배양기나 따뜻한 방바닥에 백지를 깔고 꽃을 12~24시간 말린 다음 꽃가루를 백지 위에 털어 긁어모아 사용한다. 매실나무는 특히 다른 과수보다 꽃가루 양이 적기 때문에 꽃가루 무게 10배 정도의 석송자(石松子)나 탈지분유를 섞어 면봉으로 암술머리에 발라주는 것이 효과적이다. 인공수분기를 이용하는 경우에는 면봉을 사용하는 경우보다 꽃가루 양이 3~4배 많이 드는데, 10 a당 인공수분에 필요한 꽃가루 양을 확보하기 위해서는 50,000~60,000개의 꽃이 필요하다.

표 2-29 • 매실 품종의 타가화합성(和歌山果試)

꽃가루를 주는 품종(♂)	연도	꽃가루를 받는 품종(♀)						
		남고	양청	개량내전	지장	약사	청옥	백가하
남고	'64	0	4.5	3.4	–	41.8	–	–
	'63	0	28.0	50.0	37.5	–	0	56.3
양청매	'64	100	19.5	9.1	69.2	–	16.6	–
	'63	22.2	19.4	–	–	–	–	–
개량내전	'64	66.6	30.0	0	–	18.8	–	77.3
	'63	26.8	7.7	0	33.3	–	0	–
지장	'64	30.7	27.3	12.1	52.5	–	–	–
	'63	86.7	23.5	–	61.1	–	–	–
약사	'64	47.8	21.0	14.2	–	–	45.5	–
	'63	3.3	28.6	18.8	41.7	0	–	–
청옥	'64	–	11.7	–	–	–	41.7	–
	'63	47.1	33.3	–	–	–	19.6	42.9
백가하	'64	11.1	4.5	29.6	–	–	–	14.3
	'63	41.7	–	–	–	–	–	2.9

나 꽃기관의 불완전 원인과 방지 대책

매실나무에서는 다른 과수에 비해 불완전화(不完全花)의 발생이 많다. 불완전화에는 암술이 없는 것, 암술이 있어도 짧거나 구부러진 것, 씨방의 발달이 불량한 것 등이 있다. 이러한 불완전화의 발생 정도는 품종의 유전적 특성에 의한 경우도 있으나 재배조건, 나무의 영양 상태, 기상 조건에 따라 다르다. 특히, 매실나무는 기상조건이 불안정한 봄에 일찍 개화하기 때문에 저온 또는 늦서리 피해로 인한 불완전화의 발생이 많다. 일조 부족(표 2-31)과 조기낙엽(표 2-32)은 저장양분의 부족을 초래하여 꽃이 충실하게 발달되지 못하게 하며 조기 불시개화를 일으킨다. 특히 개화기가 빠를수록 불완전화의 발생이 많아 결실률이 떨어지고 수량성이 낮아진다.

이와 같은 불완전화 발생률은 소매류, 화향실, 앵숙 등에서는 많고 백가하, 양로,

표 2-30 • 매실 품종별 불완전화 발생정도와 유형(渡邊, 1975)

품종	불완전화 발생률(%)	불완전화 발생유형(%)			
		암술 퇴화	암술 짧고 구부러짐	씨방 발육 불량	암술 고사
백가하	24.3	9.7	6.0	18.3	65.9
옥영	14.7	7.9	2.5	1.8	87.8
앵숙	41.2	2.0	4.8	10.5	82.3
양노	24.3	4.1	7.9	0.8	87.3
화향실	48.1	2.3	7.1	18.0	72.6
태평	30.5	0.4	1.1	0.7	97.8
갑주최소	40.8	1.8	0.6	15.4	82
섬희	44.9	3.9	3.5	3.6	89.1
용협소매	55.9	6.8	4.6	3.7	85.0
신농소매	40.2	5.8	1.7	1.4	91.1

표 2-31 • 차광정도가 매실 수량에 미치는 영향(福井園試)

차광 처리 기간	수광량(%)	결실률(%)	1주당 수량(kg)
7월 1일~10월 30일	51.8	24.6	5.5
7월 1일~10월 30일	40.2	20.6	3.8
8월 1일~10월 30일	51.8	29.3	5.3
8월 1일~10월 30일	40.2	31.2	5.2
무처리	100	44.2	9.3

표 2-32 • 낙엽시기와 불완전화의 발생률(德島果試)

구분	불완전화 발생률(%)	꽃가루 발아율(%)	결실률(%)
7월 적엽	62.0	1.1	0.04
8월 적엽	69.9	30.1	0.27
9월 적엽	58.0	29.8	0.18
11월 하순 낙엽	1.0	57.8	16.62

표 2-33 • 열매가지 종류별 불완전화 발생률(群馬園試, 1974)

품종	열매가지 종류(cm)	개화기(월.일)	불완전화 발생률(%)
청축	5 이하	3.5	32.8
	5~10	3.7	46.8
	20~30	3.12	64.3
백가하	5 이하	3.14	13.1
	5~10	3.16	18.3
	20~30	3.19	47.5
옥영	5 이하	3.12	6.0
	5~10	3.15	16.0
	20~30	3.18	62.0
갑주최소	5 이하	2.28	7.0
	5~10	3.4	10.0
	20~30	3.8	6.0

옥영 등의 품종에서는 적은 편이다.

결과지별로 보면 단과지는 중과지에 비하여 완전화가 많고, 영양상태가 불량하거나 개화가 빠른 가지에서는 불완전화(표 2-33)가 많다.

따라서, 매실의 착과율을 높이기 위해서는 철저한 병해충 방제로 조기낙엽이 되지 않도록 해야 하며 나무의 영양 상태를 균형 있게 유지시켜 주고 가급적 단과지를 많이 발생시켜 주는 것이 바람직하다.

다 개화기 기상조건과 결실

개화기의 늦서리와 저온 피해는 풍흉을 좌우하는 가장 큰 요인이 되고 있다. 매실의 꽃은 −8℃에서, 어린 과실은 −4℃ 정도에서 1시간 정도 있게 될 때 50% 정도가 피해를 받고, −10℃에서 1.5시간 있게 될 때에는 꽃기관이 완전히 동사(凍死)된다. 개화기의 늦서리 피해는 봄이 온난한 남부지역이나 다소 추운 중남부지방이라고 해서 큰 차이가 있는 것은 아니며, 월동기에 기온이 높아 이상난동(異常暖冬)이 왔을 때와 너무 일찍 개화된 후 갑자기 저온으로 내려갈 때 그 피해가 크다. 개화기에

표 2-34 • 만개기 꽃의 저온 저항성(農林省園試)

온도(℃)	꽃의 동사율(%)	처리 기간(시간)
−8~−9	1.2	50
−10~−11	1.5	100

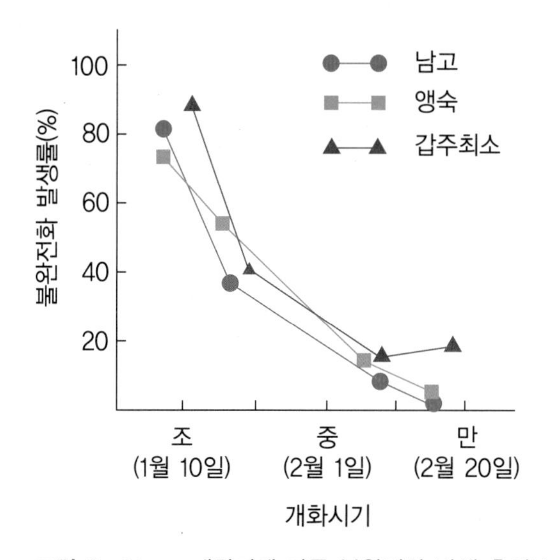

그림 2-21 • 개화기에 따른 불완전화 발생 추이(高知果試)

기온이 영하로 내려가면 꽃기관의 직접적인 동상해(害霜害)로 피해가 커지며 꿀벌 등 꽃가루 매개곤충의 방문 회수도 낮아져 결실량이 더욱 적어지게 된다.

방화곤충은 바람과 온도에 상당히 민감한데, 미풍(3 m/초 이하)인 때에는 무풍인 때와 거의 차이가 없으나 약풍(5 m/초 내외)에서는 활동이 25% 정도로 크게 감소되며, 기온이 11~20°C의 범위에서는 15°C로부터 고온이 될수록 날아드는 수가 많아지고 활동도 활발해진다.

늦서리 피해를 방지하기 위해서는 야간에 10 a당 10~15개소에 왕겨, 폐유, 고체연로 등을 태워 저온피해를 줄이거나, 높이 10 m의 대형 바람개비를 40 a당 1개씩 설치하고 저온으로 내려가는 야간에만 돌려 과원에 서리가 내리지 않도록 하는 방법을 이

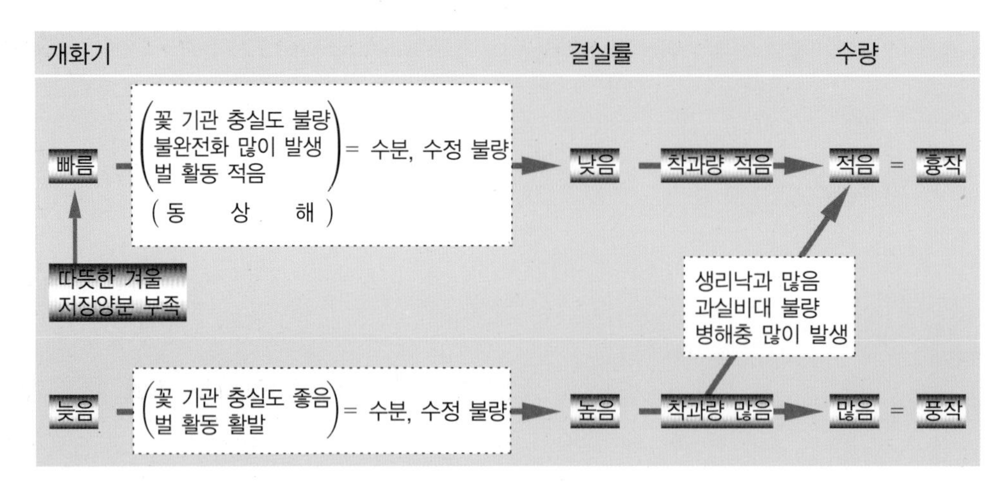

그림 2-22 • 개화기의 빠름 정도와 결실간의 관계

용하기도 한다. 그러나 이와 같은 월동기 및 개화기 동해나 늦서리 피해를 근본적으로 방지하기 위해서는 연평균기온이 12℃ 이상이어야 하고, 월동기에는 −20℃ 이하로 떨어지지 않으며, 개화기에는 늦서리 피해가 없거나 적은 지역을 재배지로 선정(그림 2-23)하여야 한다.

라 생리적 낙과와 방지 대책

(1) 낙과 현상과 원인

매실나무에서 생리적 낙과는 2~3회에 걸쳐 크게 일어난다. 제1차 낙과는 개화 후 10일을 전후하여 일어나며 불완전화가 주로 낙과(낙화)된다. 제2차 낙과는 개화 후 20~40일경으로 과실이 팥알 정도 크기로 자랐을 때이며 수정이 정상적으로 이루어지지 못한 불수정과가 낙과된다. 제1차 낙과와 제2차 낙과는 서로 겹쳐서 일어나므로 이를 전기낙과(前期落果)라고 한다. 제3차 낙과는 개화 후 40~60일경에 일어나는 것으로, 과다 착과에 의한 과실과 과실간, 과실과 신초간의 양분의 경쟁, 질소 과다와 과번무에 의한 일조부족, 병충해에 의한 조기낙엽, 토양 건조 및 과습에 의한 양분 흡수 부족 등의 원인에 의하여 일어난다.

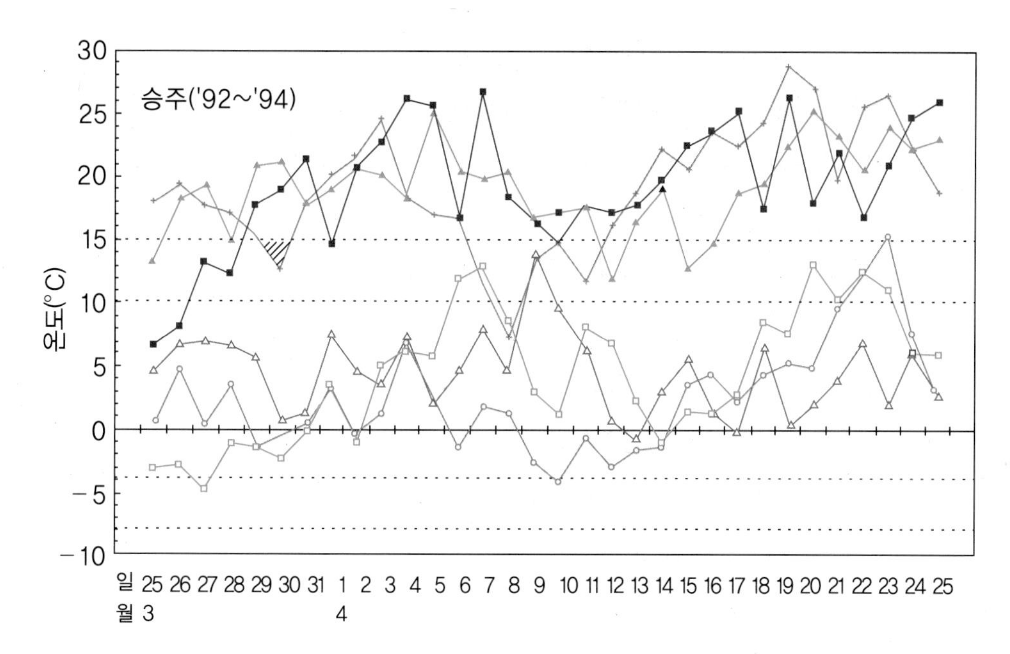

※ 15°C: 방화곤충 활동적온　　10°C: 방화곤충 비래온도
−5°C: 어린 과실 동해 위험온도　　−10°C: 꽃 동해 위험온도

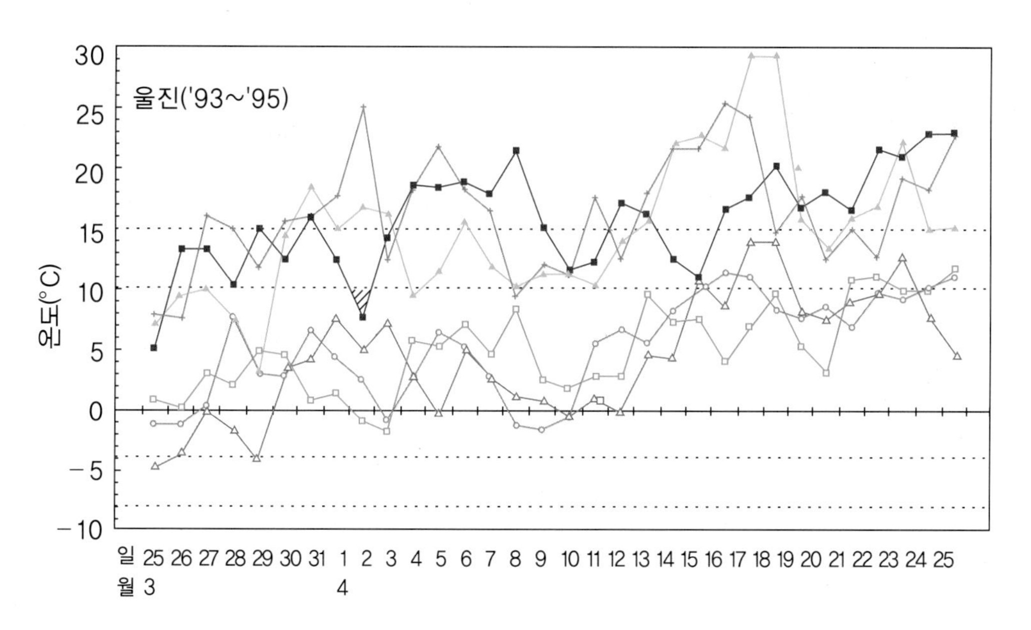

그림 2-23 • 매실 주산지의 개화기 전후의 기온

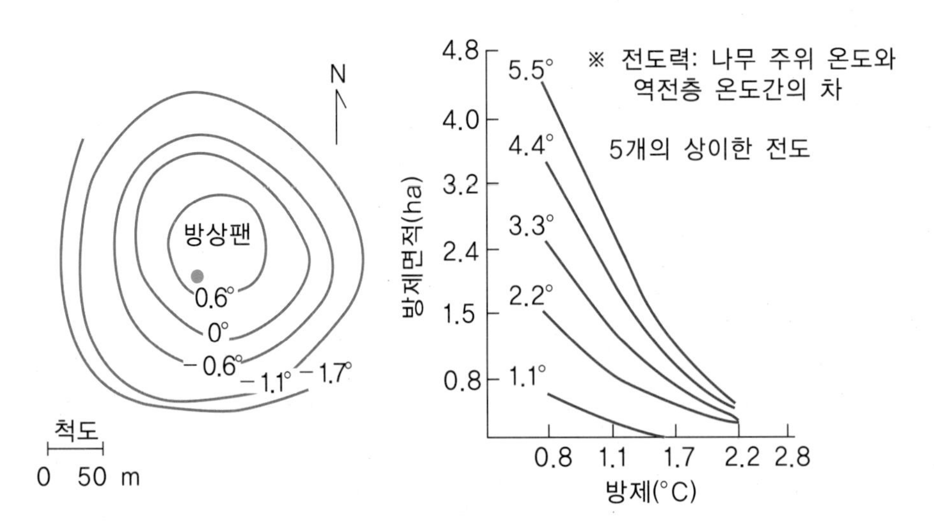

그림 2-24 • 방상팬 주위의 늦서리 방제 양상

(2) 낙과 방지 대책

낙과 발생을 줄이기 위해서는 나무의 세력에 맞게 열매솎기를 실시하고, 수확 후부터 낙엽 전까지 병충해 방제를 철저히 실시하여 건전한 잎이 오랫동안 유지되도록 하며, 아울러 9월 중에는 여름전정을 실시하여 나무 내부까지 햇빛이 잘 들어오도록 해줌으로써 꽃눈 발달과 저장양분 축적이 잘 되도록 한다. 또한 웃거름을 철저히 주어 남겨진 잎들의 광합성을 촉진시켜 주도록 한다.

제2차 낙과의 원인인 불수정을 해결하기 위해서는 수분수 비율을 높이고 개화기가 일치하면서 친화성이 높은 수분수 품종을 선택하며, 머리뿔가위벌이나 꿀벌과 같은 방화곤충을 활용하여 꽃가루 매개가 원활히 이루어지도록 한다.

제3차 낙과를 줄이기 위해서는 적기에 열매솎기를 실시하고, 2차 웃거름을 주는 시기에 질소질 비료의 시비량을 낮추며, 전정을 할 때에는 가지가 복잡해지지 않도록 한다. 또한, 관수 및 물빠짐 대책을 세우고 유기물 시용 등으로 토양수분의 급격한 변동을 줄이도록 한다.

마 열매솎기(摘果)

지금까지 매실 재배는 과실 규격 위주라기보다는 전체 수량 위주로 이루어져 왔기 때문에 열매솎기에 대한 인식이 다른 과수보다는 낮은 듯하다. 결실이 과다하게 되면 후기낙과가 많고 과실이 작으며 과실 크기가 고르지 않아 품질이 떨어진다. 과다 결실된 가지는 잎 눈의 생장이 나쁘고 잎이 없는 열매가지가 되어 말라죽게 된다. 따라서, 과실을 솎아 줌으로써 과실의 비대가 고르고 큰 과실을 얻도록 해야 한다. 특히 청매류(青梅類)에 있어서는 시장성을 높이고 후기낙과를 방지하는 두 가지 효과를 기대할 수 있다.

이와 같은 열매솎기 정도는 1과당 잎 수가 많을수록 큰 과실이 생산되지만 전체 수량이 감소하게 됨으로 잎 5~10매당 1과의 비율로 실시하거나 10 cm 이하의 단과지에는 1~2과, 늘어진 가지에는 1과, 중~장과지에서는 5 cm마다 1과 정도를 남기고 솎는다.

표 2-35 • 열매솎기가 수량 및 생리 낙과율에 미치는 영향

구분	나무 나이	열매솎기한 경우	열매솎기하지 않은 경우
수량 (kg/10a)	4년	774	1,414
	5년	1,880	1,676
	6년	1,830	2,290
	7년	1,960	1,782
	8년	1,516	1,272
	평균	1,592	1,687
생리 낙과율 (%)	4년	4.4	27.3
	5년	1.3	16.4
	6년	3.7	11.6
	평균	3.1	18.4
구분	중량(kg)	개수	시간(분)
열매솎기 소요시간	4.9	1,378	50

※열매솎기 정도: 단과지 10 cm당 2과 남김, 수확 50일 전 실시, 열매솎기 양은 3년 평균치임

※자료: 松波. 1998. 農耕と園藝 53(1): 147-150.

표 2-36 • 결실량이 꽃눈 발생에 미치는 영향(渡園, 1977)

과실당 잎 수 (매)	결실된 단과지		결실되지 않은 단과지	
	눈 수(개)	꽃눈 발생률 (%)	눈 수(개)	꽃눈 발생률(%)
5.0	9.0	30.3	11.3	49.6
7.5	9.9	31.3	11.7	56.8
10.0	9.0	33.3	14.1	54.1
12.5	9.1	50.8	13.4	76.0
15.0	11.7	66.7	15.2	75.0
17.5	12.1	67.8	14.2	79.2
20.0	11.7	70.5	13.7	76.6

표 2-37 • 과실당 잎 수와 과실의 등급별 비율(君馬園試)

1과당 잎 수(매)	과실의 등급별 비율(%)						수량비
	규격외	S	M	L	2L	M 이상의 비율	
4	10.6	37.4	22.1	0	0	22.1	100
8	3.7	27.1	56.7	12.5	0	69.2	67.8
12	0.5	17.6	46.2	35.7	0	81.9	51.9
16	0.4	3.6	43.4	46.9	5.7	90.3	41.3
20	0.8	0	33.2	66.0	0	99.2	33.3

최근 일본에서는 열매솎기 작업을 생력화하기 위한 방법 중의 하나로, 농약살포용 동력분무기를 이용한 물 분사(噴射) 열매솎기 방법을 검토하고 있다. 이 경우에는 구멍크기가 1.9~2.0 mm인 분사용 노즐을 이용하고, 물의 압력을 15 kg/cm^{2}로 물을 쏘아 줌으로써 열매솎기 작업의 생력화가 가능하다고 한다.

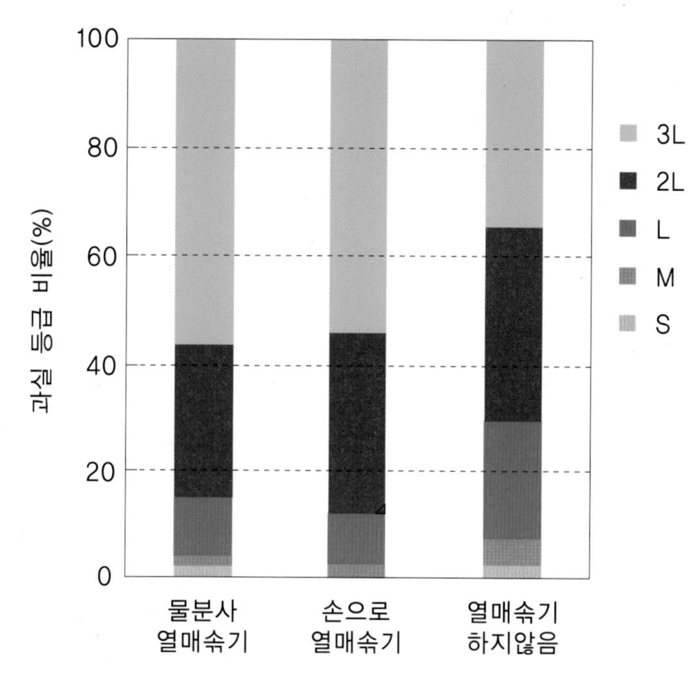

그림 2-25 ∙ 매실 남고 품종에 대한 방법별 과실 열매솎기 등급비율(자료: 小池. 2000. 과실일본 55(1):70-71)

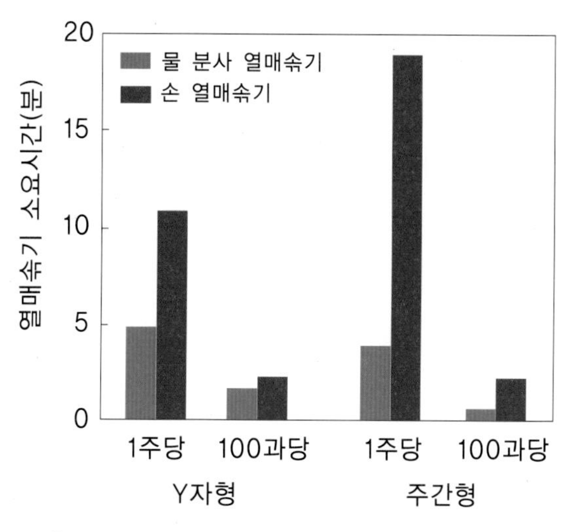

그림 2-26 ∙ 물 분사에 의한 매실의 열매솎기 능률(자료: 小池. 2000. 과실일본 55(1):70-71)

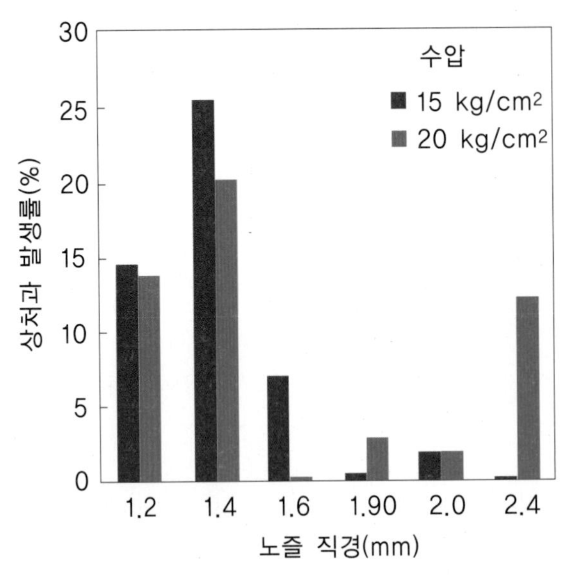

그림 2-27 • 노즐 직경과 수압이 물 분사 열매솎기 시매실 상해과 발생에 미치는 영향(자료: 小池. 2000. 과실일본 55(1):70-71)

4. 시비 및 토양관리

가 시비량 및 시비시기

(1) 매실나무의 양분 흡수 특성

매실나무는 다른 과수에 비해서 뿌리가 낮게 뻗는 천근성 과수이며 추운 겨울에도 새뿌리가 나와 계속 거름 성분을 흡수한다. 또한, 개화기와 수확기가 매우 빨라서 수확 후의 생육기간이 길기 때문에 전 생육기에 걸쳐 생육단계별로 필요로 하는 영양분이 고루 흡수 이용될 수 있도록 여러 차례 나누어주는 것이 나무의 생육과 결실관리상 바람직하다.

새 가지는 발아와 동시에 신장을 계속하다가 5월 하순에 신장이 일시 정지되지만 흡수된 양분은 과실 발육이라는 생식생장에 쓰인다.

질소 흡수 비율은 질소 10에 대해 인산 3, 칼리 11.4로 칼리질 흡수가 가장 많으며, 다른 과수에 비해 특히 칼리질 요구가 높은 것을 알 수 있다. 흡수된 3요소 중 질소를 가장 많이 함유한 부분은 잎으로, 전체량의 30%를 차지하며, 그 다음이 새 가지, 과실, 뿌리 순으로 적다. 질소의 흡수 시기는 3월 중순부터 6월 중순으로 개화기부터 수확기까지 전 질소의 60%를 흡수 이용한다.

인산의 흡수량은 3요소 중 가장 적으나 함유량은 과실에 가장 많고, 가지, 잎, 뿌리 순으로 적다. 흡수되는 시기는 질소처럼 새 가지가 발생하는 때부터 과실 수확기까지 약 62%를 흡수한다.

(2) 생육과정과 거름주는 시기

거름주는 시기는 휴면이 가장 깊은 11~12월 사이에 밑거름(基肥)을 주어 이듬해의 개화 결실과 신초의 자람을 촉진시킬 수 있도록 하고, 1차 웃거름(덧거름)은 개화 직후의 과실 비대 초기인 3월 하순이나 4월 상순 경에 주어 새 가지의 신장과 과실

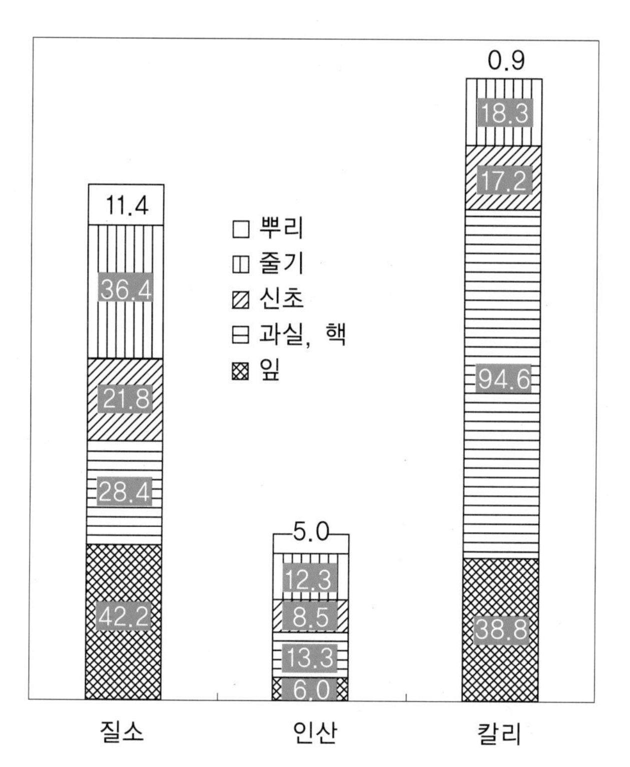

그림 2-28 • 매실나무의 부위별 3요소 함량(g/주)(자료: 鈴木, 前田, 竹田)

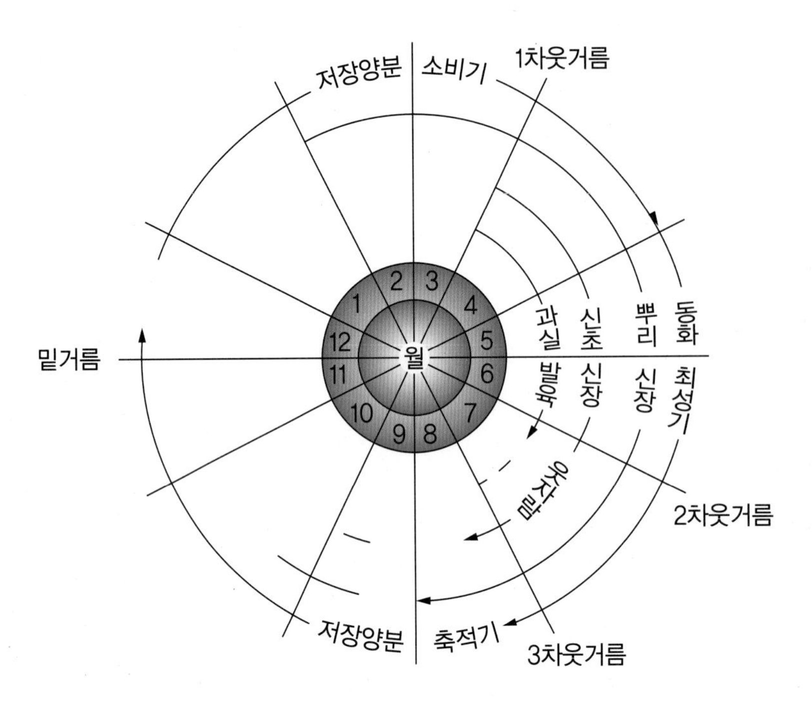

그림 2-29 • 매실 생육기와 거름 주기

비대를 촉진시켜 주어야 하며, 2차 웃거름은 수확이 완료되는 6월 하순이나 7월 상순에 주는 것이 알맞다. 3차 웃거름은 저장양분 축적기이며 꽃눈분화기인 7월 하순부터 8월 상순에 준다. 그러나 결실량이 적거나 결실되지 않는 나무는 2차 웃거름을 주지 않고 3차 웃거름을 주는 시기(그림 2-29)에 2차 웃거름을 준다.

우리나라에서는 1, 2차 웃거름을 주는 시기인 5월 상순과 7월 중 하순에 가뭄이 계속되는 경우가 많으므로 건조한 과원에서는 거름을 준 후 5 mm 정도의 관수를 해 주는 것이 효과적이다.

(3) 시비량의 결정

시비량은 토양의 비옥도, 나무의 나이 및 세력, 결실량, 재배기술에 따라 조절되어야 하는데 매실나무는 결과수령이 빨라서 심은 후 9년째가 되면 성과기에 이르고 30~40년이 지나면 노쇠기에 들어간다. 따라서 어린 나무일 때에는 생육을 촉진시켜 수관을 확대시켜야 하므로 질소질 거름과 아울러 칼리질 거름을 증가시켜 수량을 증대시키는 거름주기가 이루어져야 한다.

시비설계는 시비시기, 비료종류, 시비량 등에 따라 다른데, 재식 9년 이상인 성목기의 시비량과 시비시기는 표 2-38과 같이 대개 2차 웃거름을 주는 것으로 끝내는 예가 많다.

나무 나이에 따른 시비 기준량은 표 2-39과 같은데, 나무 세력이 강하고 흡비력이 강한 고성, 풍후, 소매, 백가하 등에서는 질소 사용량을 다소 낮추고 세력이 비교적 중이하인 남고, 화향실, 양노, 옥영 등에서는 초기 세력을 약간 높여주기 위해 3요소 중 질소량을 약간 높여주는 시비 비율의 배분이 알맞다.

표 2-38 • 매실 과원의 시비 기준(德島縣)

시비 시기	시비 비율(%)			성분량 (kg/10a)		
	질소	인산	칼리	질소	인산	칼리
4하~5상순 (1차웃거름)	40	40	40	8.0	4.8	6.4
7중 하순 (2차웃거름)	30	30	30	6.0	3.6	4.8
11상~12상순 (밑거름)	30	30	30	6.0	3.6	4.8
계	100	100	100	20.0	12.0	16.0

표 2-39 • 매실나무의 나이별 10 a당 시비 기준(德島縣)

성분량(kg)	나무 나이				
	1~2년	3~4년	5~6년	7~8년	9년 이상
질소	3.0	5.6	8.3	11.0	20.0
인산	2.4	4.5	6.6	9.0	12.0
칼리	3.0	4.5	9.9	13.5	16.0

나 토양관리

(1) 심경

토양은 나무의 뿌리를 지탱해 주는 곳일 뿐 아니라 나무가 자라는 데 필요한 양분과 수분을 공급해 주는 곳이기 때문에 토양산도의 교정, 심경(깊이갈이) 및 유기물 공급 등에 의한 토양 물리성의 개선이 절대적으로 필요하다. 특히, 매실나무는 천근성으로 지표면에 가까운 20~30 cm 깊이 범위에 대부분의 뿌리가 분포하고, 영양분을 흡수하는 잔뿌리는 60% 정도가 10 cm 범위 내에 분포한다. 이러한 뿌리 분포 특성은 뿌리의 산소 요구도가 매우 높다는 것을 뜻하는 것으로 토양이 과습(過濕)하거나 지하수위가 높으면 쉽게 습해를 받게 되므로 물빠짐이 잘 되게 하여 토양의 통기성을 높여주는 것이 필요하다.

토양이 중점토나 식토(埴土)인 경우에는 나무를 심기 전에 암거배수를 겸한 심경(深耕)작업을 실시해 주어야 한다. 이 경우 포크레인 등의 중장비로 깊이 1 m, 넓이 1 m로 파고 PVC유공관(내경 10~15 cm)을 연결하여 묻고 그 위에 자갈을 10 cm

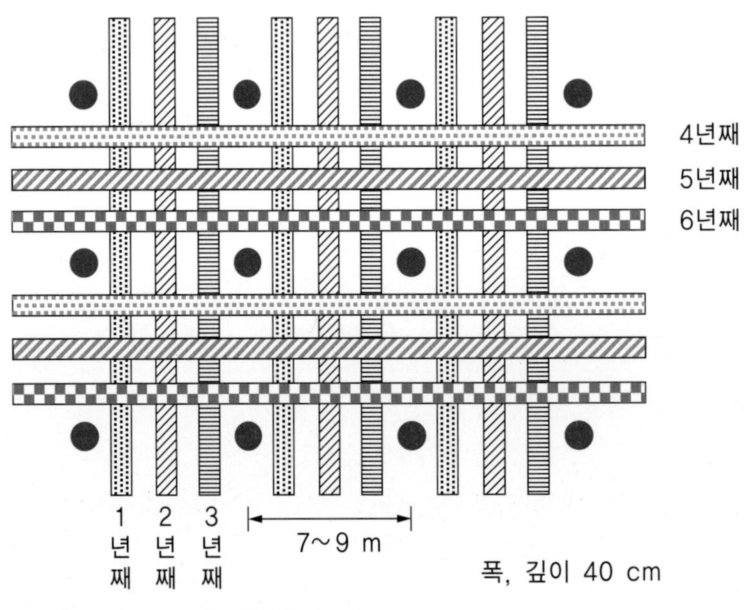

그림 2-30 • 토양 심경의 예

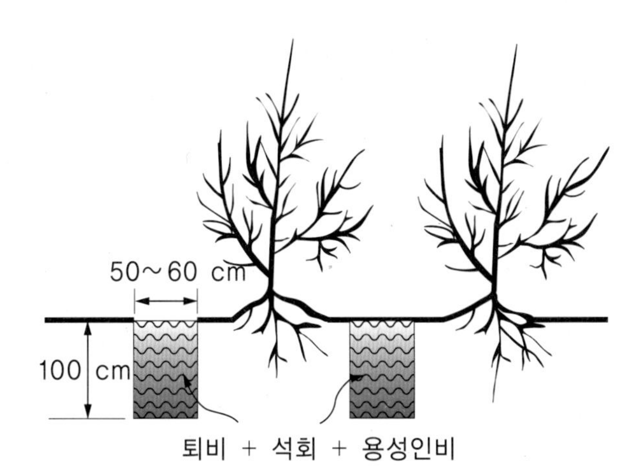

그림 2-31 • 심경작업의 모식도

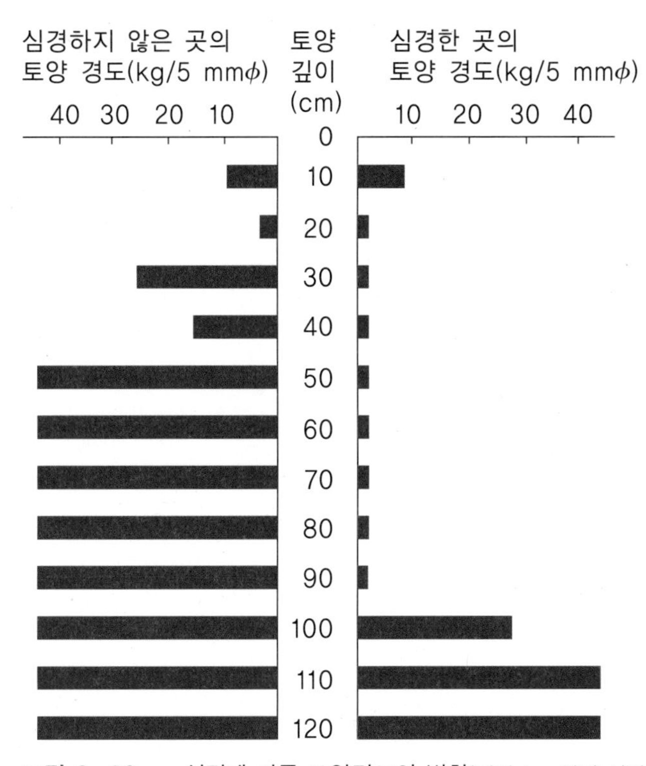

그림 2-32 • 심경에 따른 토양경도의 변화(깊이 1 m까지 심경한 경우)

정도 깔아준 다음 그 위에 나무를 심는 것이 좋다. 심은 후에는 매년 깊이 90~100 cm, 넓이 50~60 cm로 심경을 해주어 과수원 바닥이 모두 한 번씩 깊이갈이가 되도록 해주어야 토양의 물리성과 이화학적성질(理化學的性質)이 개량되어 나무 자람이 좋고 안정된 수량을 기대할 수 있다.

토양산도(pH)에 따라 매실나무의 생육의 차이도 큰데, pH가 4.3 이하이거나 7.4 이상일 때는 말라죽게 되므로 pH 5.8~7.1 범위가 되도록 심경과 더불어 석회질 비료의 시용도 계획적으로 실시하는 것이 바람직하다. 이와 같이 심경을 할 때 토양에 공급되는 강알칼리성의 석회는 그 자체가 뿌리를 통하여 흡수되어 나무의 생장에 필요한 무기 영양분이 될 뿐 아니라 토양의 산도를 적당한 수준으로 개선해 줌으로써 다른 무기 영영분들의 토양 중 유효농도(그림 2-33)를 알맞게 조절해 준다.

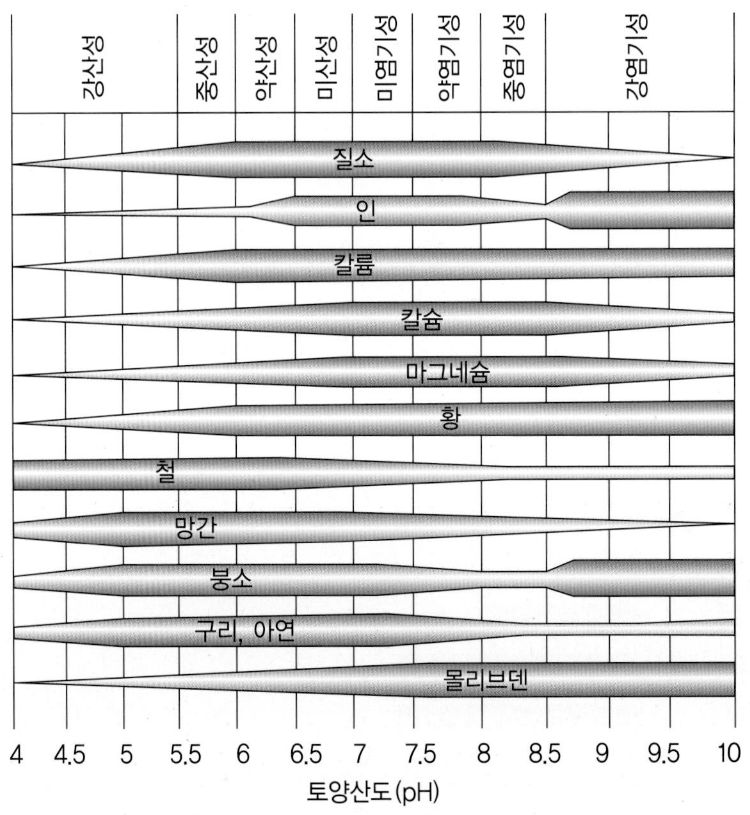

그림 2-33 • 토양산도에 따른 무기영양분들의 유효도

(2) 과수원 표토 관리

나무 밑은 가뭄이 타지 않도록 보리짚이나 풀을 깎아 덮어주고 나무사이는 풀을 길러 토양유실이 적도록 해주어야 하는데 초생재배(草生栽培)를 할 경우에는 질소질 비료를 10~20% 정도 더 주도록 하고, 토양이 건조할 때에는 자주 풀을 베어 수분증발을 억제해 주어야 한다.

표 2-40 • 경사도에 따른 토양 유실량(態伐克己)

구 분	경사도 7도				경사도 12도	
	나지	등고선	초생재배	부초	나지	부초
토양유실량(kg) (지수)	509 (100)	219 (43)	132 (26)	42 (8)	98 (100)	55 (6)

VI. 정지 · 전정

1. 매실나무의 생육 특성

매실나무는 정아우세성(頂芽優勢性)이 강하여, 한 가지의 끝눈(頂芽)과 그 아래 2~3번째 눈은 세력이 강한 새로운 가지로 자라지만 아래쪽의 눈은 단과지(短果枝)를 형성하거나 숨은눈(잠아)으로 된다. 따라서 하나의 자람가지(발육지) 중앙부위에서 새로운 자람가지를 발생시키기 위해서는 강한 자름전정이 필요하다.

또한 매실나무는 복숭아나무나 살구나무에서와 같이 지표면에 가까운 원가지와 덧원가지의 세력이 위쪽의 원가지나 덧원가지보다 강해지기 쉽다. 따라서 원가지를 선정할 때 제1원가지는 원줄기보다 약하고 제3원가지보다도 약한 가지를 선택하지 않으면 윗쪽의 원가지와 원줄기 연장지는 해를 거듭함에 따라 약해지게 되어 수형이 나빠지게 된다. 원가지에 배치시키는 덧원가지도 같은 현상이 나타난다.

매실나무는 잎눈이 많고, 숨은 눈의 발아 능력도 오랫동안 유지되기 때문에 신초 발생이 많다. 그러나 성목이 되어도 원줄기와 큰 가지로부터 웃자람가지와 자람가지와 같은 세력이 강한 가지의 발생이 많아 수형을 어지럽히기 쉽다. 또한 휴면기간이 짧고 꽃피는 시기가 빨라 결실불안정의 원인이 되기도 한다. 그러나 과실의 성숙과 수확기가 빠르기 때문에 어느 정도 과다 결실이 되어도 수확 이후에 저장양분을 축적시킬 수 있는 기간이 길어 나무의 세력을 회복시킬 수 있기 때문에 해거리 발생이 적다.

2. 결과습성(結果習性)

매실나무의 꽃눈은 복숭아나무나 살구나무에서와 같이 새 가지의 잎 겨드랑이에 홑눈(單芽) 또는 겹눈(複芽)으로 형성된다. 꽃눈의 분화는 7월부터 8월 중순에 이루어져 대부분의 꽃기관이 낙엽 전에 완성되어 휴면에 들어갔다가 다음해 봄에 개화한다. 꽃눈이 분화하여 완전한 꽃이 되는 시기는 1월 중순경이지만 나무의 영양상태에 따라 꽃눈으로 되기도 하고 잎눈으로 되기도 한다.

단과지와 중과지에는 홑꽃눈 또는 겹꽃눈이 많이 붙고, 세력이 강한 중과지에는 꽃눈과 잎눈이 함께 붙는다. 세력이 약한 단과지에서는 끝눈만 잎눈이 되고 나머지는 꽃눈이 되지만 심하면 뾰족한 가시모양의 가지로 된다.

꽃눈이 많이 붙는 단과지나 중과지는 5월 하순에는 신장이 끝나며, 장과지에 비해 잎 수가 상대적으로 많고 충분한 영양이 공급되어 꽃눈 발달이 좋은 반면, 장과지와 웃자람 가지는 8월 늦게까지 자라게 되므로 양분의 축적보다는 소비가 많고 꽃눈 발생 수가 적어 결실량도 줄어든다.

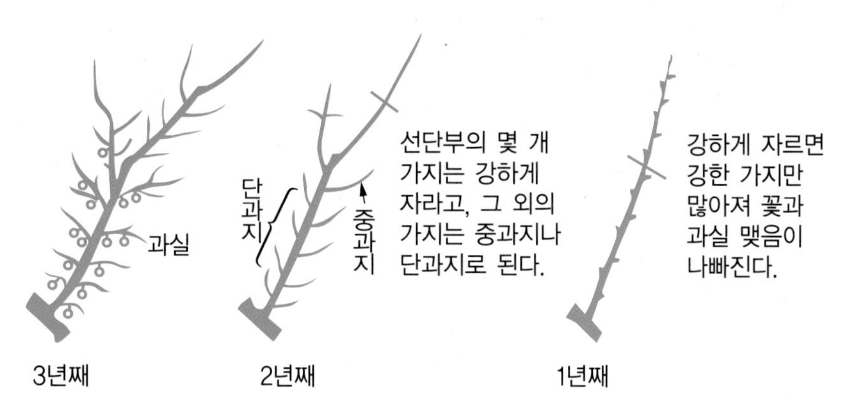

그림 2-34 • 매실나무의 결과습성

3. 정지

정지는 목표로 하는 수형(나무꼴)을 만들기 위하여 골격지를 형성, 유지시켜 가는 작업이다. 매실나무의 기본적인 수형에는 주간형(主幹形)과 개심자연형(開心自然形)이 있으나 주간형은 나무키가 높아 이를 변형한 변칙주간형(變則主幹形)으로 수형을 바꾸기도 한다. 그러나 매실나무는 개장성(開張性)이 있으므로 복숭아처럼 나무키를 낮추는 개심자연형으로 가꾸어 나가는 것이 배상형에 비해 모든 작업이 편리하다.

가 개심자연형(開心自然形)

개심자연형에서는 3개의 원가지를 형성시키는 것이 기본이고, 그 원가지마다 연차별 계획에 따라 2~3개의 덧원가지를 형성시킨다. 원가지 수가 많으면 어린 나무일 때에는 빈 곳이 없어 수량이 많으나 성목이 됨에 따라 가지 수가 많아져 수관 내부가 대부분 골격지로 채워져 수량이 낮아지고 최종적으로는 수형을 그르치게 된다.

(1) 1~2년째의 정지

충실한 1~2년생 묘목을 심었을 때는 지표면으로부터 60~70 cm 높이에서 잘라 충실한 많은 새 가지를 발생시켜 원가지 후보지로 키운다. 그러나 뿌리의 발달이 빈약하거나 눈이 충실하지 못한 묘목일 때에는 짧게 남기고 잘라 새로 발생된 새 가지

중에서 세력이 가장 좋은 하나만을 키우고 나머지는 기부의 잎눈 2~3개를 남겨두고 짧게 잘라 둔다. 이렇게 남겨진 가지로부터 다음해에 발생된 새 가지 중에서 원가지 후보지를 선정한다.

묘목의 생장이 매우 좋은 경우에는 충실한 부위에서 자르고 지주를 세워 각도를 잡아 유인하여 제3원가지 후보지로 이용한다. 제1원가지의 분지(分枝) 높이는 지상 30~40 cm로 하고, 이로부터 20 cm 정도의 간격을 두고 제2, 제3원가지 후보지를 선택한다. 원가지와 원가지 사이가 좁으면 장차 바퀴살가지(車枝)가 되어 찢어지기 쉽다. 원가지를 3개로 할 때는 각각 120도의 방향으로 배치하되 각 나무의 제1원가지는 과수원 전체로 보아 같은 방향으로 배치되도록 한다. 경사지에서는 제1원가지의 분지 위치를 20 cm 이하로 하고, 제1원가지는 경사의 아래쪽으로 신장시킴으로써 수고를 낮추고 제3원가지를 강하게 유지시킬 수 있는 장점이 있다.

원가지의 분지각도는 가능한 한 40~50도 이상으로 넓은 가지를 선택하여야 하는데, 제1원가지는 50도 이상, 제2원가지는 45도, 제3원가지는 35~40도로 하여 각 원가지 간의 세력 균형이 유지되도록 한다.

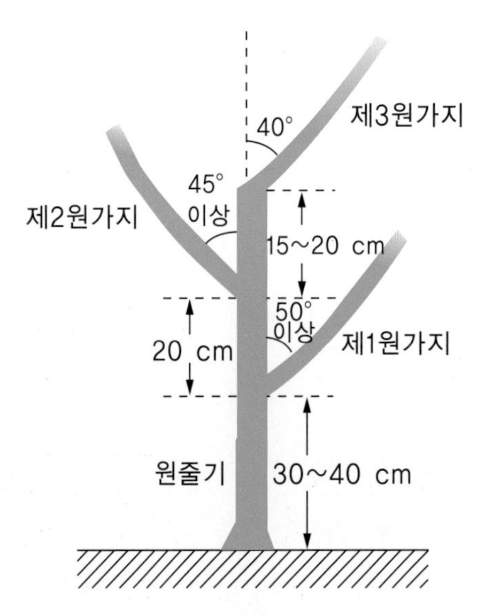

그림 2-35 • 개심자연형 원가지의 발생 간격과 분지 각도

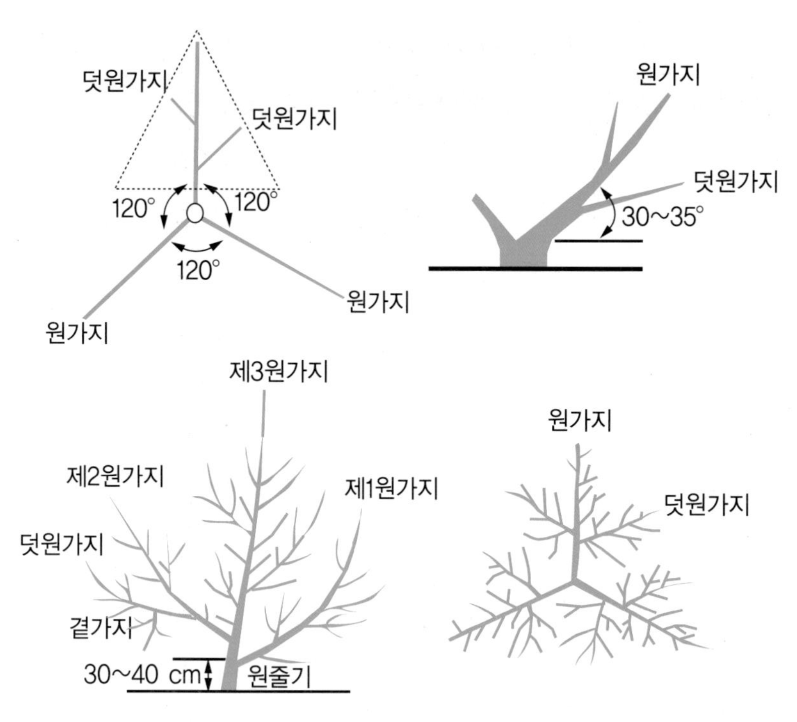

그림 2-36 • 개심자연형의 수형 구성

원가지를 선택할 때 제3원가지는 가장 세력이 강한 가지를 선택하고 제2, 제1원가지의 순으로 굵기가 상당히 차이가 나는 약한 가지를 선택하여야 하는데, 이는 성목이 될수록 아래쪽 원가지의 세력이 위쪽의 것보다 강해지는 특성이 있기 때문이다.

원가지는 나무의 중요한 뼈대를 만드는 큰 가지로서 크고 곧게 형성되도록 전정과 유인을 실시하며, 선단은 1/3 정도로 약간 강하게 잘라 주되 바깥눈을 두고 잘라준다.

(2) 3~4년째의 정지

3~4년째의 정지는 덧원가지(副主枝)를 만드는 정지작업이다. 원가지의 선단부에서는 비교적 힘이 강하고 긴 새로운 가지가 몇 개씩 발생하므로 그중 선단의 가지 하나만 남기고 나머지의 가지는 기부에서 잘라 내어 경쟁을 막고, 남긴 가지는 1/3 정도 짧게 잘라 원가지 연장지로 한다.

덧원가지는 한 개의 원가지에 2~3개를 배치시키는데 제1덧원가지의 발생 위치는

표 2-41 • 배상형과 개심자연형의 수고 부위별 수량, 수확작업 효율

구분		수형	
		배상형	개심자연형
수고(m)		3.0	4.5
수관면적(m^2)		56.5	55.0
1 m 이하	수량(kg)	3.5	0
	시간(분)	10	0
	걸음수(보)	110	0
1~2 m	수량(kg)	64.2	23.7
	시간(분)	47	21
	걸음수(보)	508	482
2 m 이상	수량(kg)	6.5	45.7
	시간(분)	8.5	71.7
	걸음수(보)	115	665
계	수량(kg)	84.5	69.4
	시간(분)	66	92
	걸음수(보)	782	1147
작업효율(kg/1시간)		76.8	45.4

※ 품종: 백가하, 배상형 17년생, 개심자연형 30년생.
※ 자료: 松波. 2000. 과실일본 55(2).

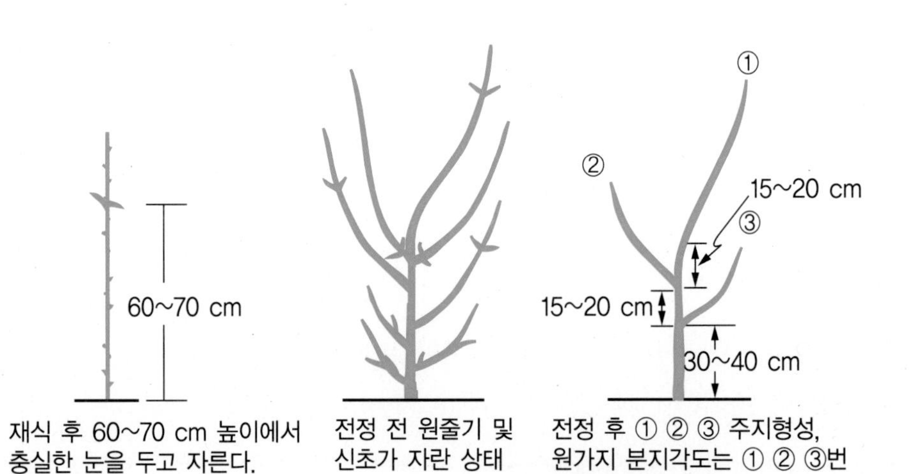

그림 2-37 • 개심자연형의 1~2년째 정지

원가지를 약하게 하지 않고 수관 내부로 햇빛이 들어오는 것을 방해하지 않도록 원가지 분지부로부터 1.0~1.5 m 이상 떨어진 가지 중에서 선택한다. 제2덧원가지는 제1덧원가지로부터 1.0~1.5 m 이상 떨어진 반대 방향의 가지를 사용한다. 덧원가지는 원가지 연장지와 같은 나이의 가지를 사용하기 때문에 세력이 아주 약한 가지를 쓰고 알맞은 가지가 없을 때는 1년 늦게 선정하여 굵기 차이를 둔다.

원가지 선단의 새 가지는 약간 강하게 전정하여 수관 확대와 아울러 원가지의 골격을 형성시킨다. 한편 원가지의 힘이 2개로 갈라지는 일이 없도록 하기 위하여 원가지와 덧원가지의 구분이 명확하게 되도록 신장시킨다. 그러므로 덧원가지의 형성은 같은 해에 2개씩을 형성시키기보다는 1년에 하나씩 나무의 세력을 보아가면서 형성시키는 것이 바람직하다.

(3) 5년째의 정지

5년째의 전정도 지난해와 같이 원가지와 덧원가지를 곧고 강하게 만들기 위하여 선단부를 약간 강하게 잘라준다. 이 때에는 열매가지가 되는 곁가지를 형성시켜야 하는데, 원가지와 덧원가지의 측면(側面)이나 사면(斜面)에서 발생한 세력이 강하지 않은 가지를 선정하되, 원가지와 덧원가지의 세력을 약하게 할 수 있는 가지는 절대로 배치해서는 안 된다. 원가지와 덧원가지의 등면(背面)에서 나온 가지는 힘이 강

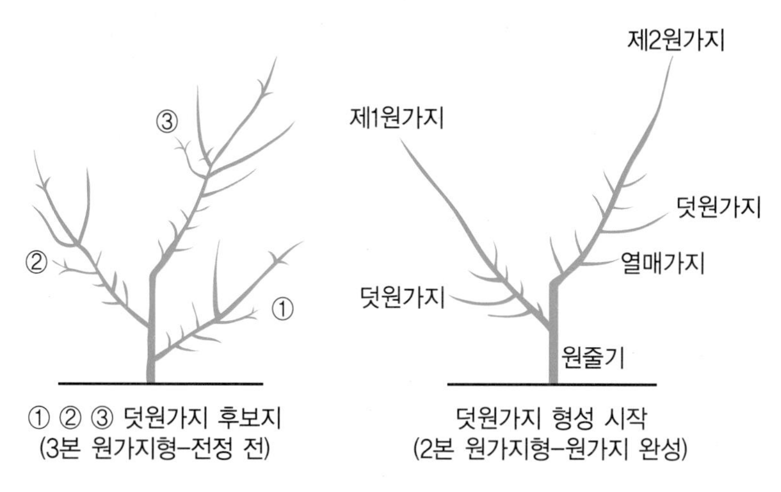

그림 2-38 • 개심자연형의 3년째 정지

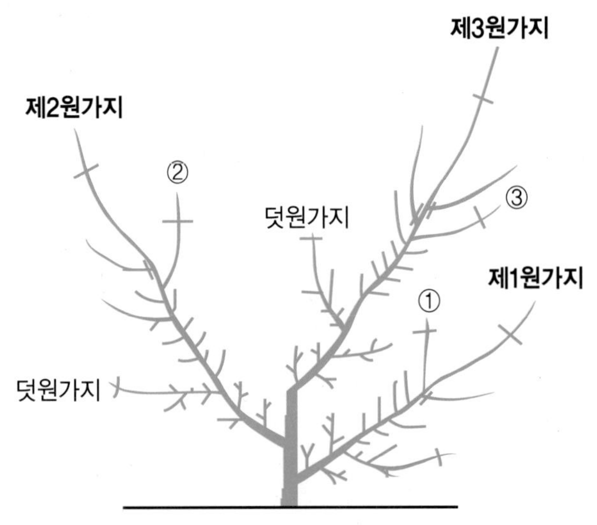

그림 2-39 • 개심자연형의 4년째 정지

하고, 밑면(腹面)에서 나온 가지는 너무 힘이 없으므로 세력을 보아 자름 정도를 달리하여 곁가지를 만든다.

배치될 가지는 선단부는 짧게, 기부쪽은 길게 하여 선단부로부터 기부쪽으로 긴 삼각형이 되게 배치함으로써 가지가 서로 겹치는 일이 없고 햇빛이 잘 들어오게 한다(그림 2-40). 수관 내부의 곁가지와 단과지군(短果枝群)은 결실된 다음에 말라죽기 때문에 자람가지를 이용하여 일찍 갱신하도록 노력한다.

4. 전정

가 나무의 나이(樹齡)에 따른 전정

매실나무의 전정은 나무의 나이에 따라 달라져야 하는데 이를 요약하면 표 2-42와 같다.

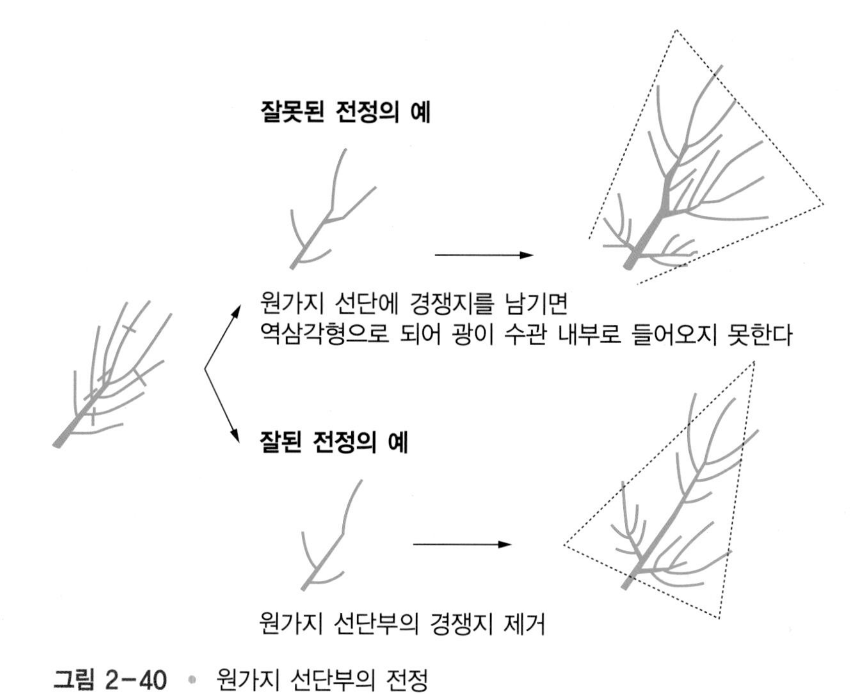

그림 2-40 • 원가지 선단부의 전정

표 2-42 • 나무 나이별 정지, 전정의 목표와 방법

나무 나이	전정 목표	전정 강약	전정 방법
어린나무 (4년생까지)	원가지, 덧원가지 배치 수관 확대 열매가지 확보	약	가지 비틀기 유인 솎음전정
젊은 나무 (5~10년생)	수관 확대 수량을 서서히 증가시킴	약간 약하게	자름전정보다 솎음전정 위주 간벌수의 축벌, 간벌 가지 비틀기
성목	곁가지의 갱신 수량을 높은 수준으로 유지	중간	자름전정과 솎음전정을 함께 실시 가지 비틀기
노목	곁가지를 젊게 유지 수량 유지	강	자름전정 위주 큰 곁가지 솎아주기

(1) 전정의 순서

- 나무의 상태와 모양을 잘 관찰한 다음 전반적인 전정방침을 세운다.
- 골격지의 선단으로부터 기부에 걸쳐 수형을 어지럽히는 웃자람 가지와 지나치게 커진 곁가지 등, 불필요한 가지를 잘라낸다.
- 세부적인 전정은 원가지, 덧원가지의 선단으로부터 기부 쪽으로 내려가면서 전정을 실시하되, 강하거나 쇠약한 곁가지를 제거하여 곁가지와 열매가지를 배치한다. 그러나 수형에 지나치게 집착하게 되면 강전정이 되기 쉬우므로 가까이에 가지가 없는 경우에는 약간 강한 가지라도 남기는 것이 좋다.

(2) 원가지와 덧원가지의 전정

원가지와 덧원가지는 상당량의 무게를 갖게 되므로 충분한 각도를 유지시킴은 물론 그 선단부를 1/2~1/3씩 매년 잘라 굵고 곧게 신장시켜 수관을 확대시키며, 밑으로 처지는 일이 없도록 한다.

(3) 곁가지의 전정

곁가지는 원가지와 원가지 사이, 덧원가지 사이의 공간을 메워 주는, 덧원가지보다 작은 가지로 열매가지(結果枝)를 붙이는 가지이다. 이와 같이 곁가지가 많아야 결실량을 증가시킬 수 있지만, 그 수가 지나치게 많으면 일조와 통풍이 불량하여 나무 내부의 잔가지가 말라죽고, 꽃눈형성이 나빠지며, 낙과가 심해져 수량이 감소된다.

한편, 세력이 왕성한 곁가지가 있으면 원가지 또는 덧원가지 등과 구별이 어렵고, 수형을 그르치며, 결실부위가 적고 수관 밖으로만 형성되어 나무의 크기에 비해 수량이 매우 적다. 그러므로 원가지 또는 덧원가지 내의 곁가지 중 웃자라 세력이 강한 곁가지는 잘라 없애거나 짧게 잘라 새로운 약한 곁가지로 만들어 간다. 또한 오래된 늙은 곁가지는 길고 늘어진 빈약한 열매가지를 발생시키고 혼잡하기만 하므로 짧게 잘라 원가지와 덧원가지 가까이에 고루 배치되도록 한다. 오래된 곁가지에 발생된 열매가지는 결실이 나쁘고 낙과가 심하며, 과실 비대도 좋지 않으므로 3~4년 된 곁가지는 제거하여 새로운 곁가지를 만들도록 한다.

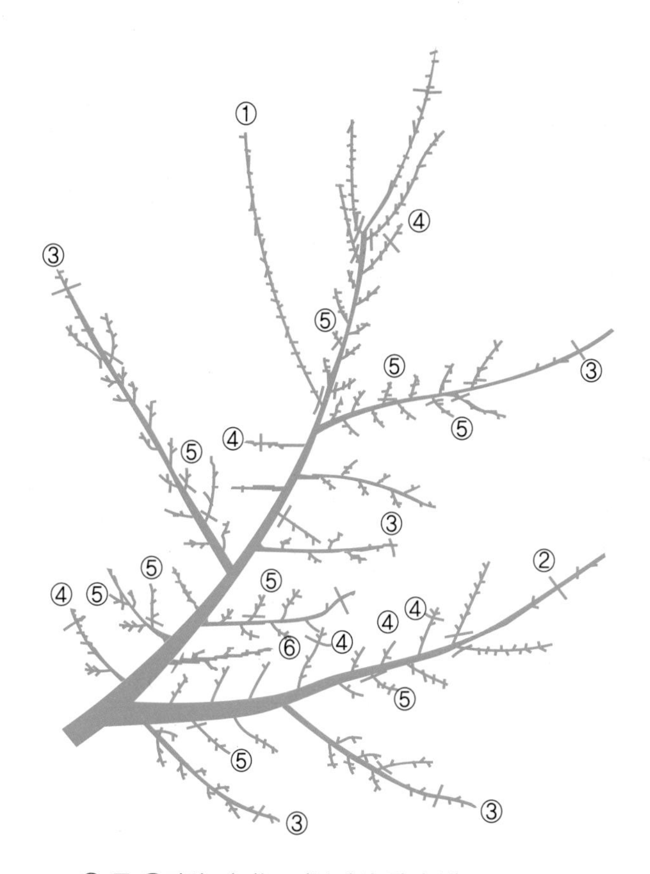

① 큰 웃자람 가지는 기부에서 잘라 냄
② 늘어질 염려가 있으므로 위의 눈을 두고 잘라 세력 유지
③ 곁가지, 열매가지 선단부를 자르고, 경쟁지는 모두 제거
④ 열매가지, 곁가지, 예비지 선단부는 자름전정 실시
⑤ 단과지는 일정간격으로 정리(솎아내기)
⑥ 그늘진 곳에 있는 가지는 기부에서 잘라 냄

그림 2-41 • 덧원가지의 전정 요령

(4) 열매가지(結果枝)의 형성

열매가지는 단과지(短果枝), 중과지(中果枝), 장과지(長果枝)로 구분되는데, 이중에서도 단과지 수가 결실에 결정적인 역할을 한다. 단과지는 길이가 짧은 대신 선단부 눈만이 잎눈으로 자라고 나머지 눈은 모두 꽃눈이며, 결실률이 높고, 과실도 굵다. 반면, 세력이 좋은 중과지와 장과지는 가지의 길이에 비해 꽃눈 수가 적고, 개화

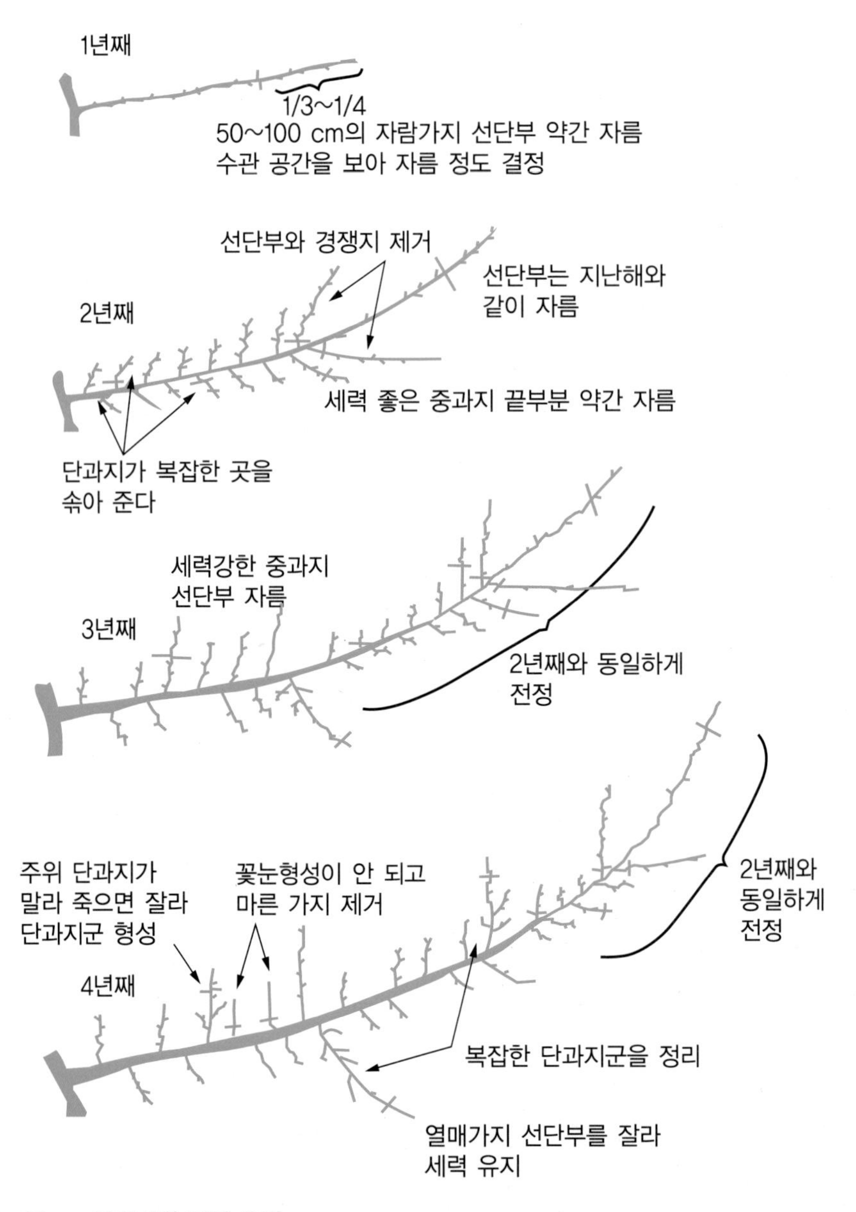

그림 2-42 • 곁가지의 전정 요령

가 고르지 않으며, 낙과율이 많고, 과실 비대도 나쁘므로 수량 확보를 위해서는 단과지 수를 많게 하는 전정방법이 이루어져야 한다.

표 2-43 • 열매가지의 종류와 특성

열매가지의 길이	저장 양분	개화기	완전화	결실률	생리적 낙과	과실 크기
단과지 (15 cm 이하)	많음	빠름, 균일, 짧음	많음	높음	적음	큼
중과지 (15~30 cm)	중	–	많음	높음	–	–
장과지 (30cm 이상)	적음	늦음, 불균일, 길	적음	낮음	많음	작음

표 2-44 • 열매가지 길이와 과실 크기 및 수확과 수

열매가지 길이	청축		백가하		옥영		갑주최소	
	과실 크기(g)	수확과비 (%)	과실 크기(g)	수확과비 (%)	과실 크기(g)	수확과비 (%)	과실 크기(g)	수확과비 (%)
5 cm 이하	27.1	56.9	14.7	48.9	22.7	74.3	4.2	61.1
5~15 cm	25.6	18.7	14.4	34.4	22.5	21.2	4.3	19.5
15 cm 이상	24.4	24.4	14.2	16.4	22.6	4.5	5.6	19.4

단과지는 모두가 꽃눈이기 때문에 한번 결과지로 이용하고 나면 세력이 약해져 꽃눈 형성이 나빠지므로 장과지와 자람가지(發育枝)를 이용하여 계속 새로운 단과지를 형성시켜야 한다. 장과지와 자람가지 선단의 끝눈이 잎눈으로 되어 있는 것은 단과지와 같으나 아래쪽의 눈들은 잎눈과 꽃눈을 함께 갖는 겹눈이기 때문에 선단부를 자르면 그 선단부에서 몇 개의 세력 좋은 자람가지만 나올 뿐 단과지는 거의 형성되지 않는다. 따라서 매실나무의 전정방법은 수량 구성(收量構成) 가지, 즉 단과지를 형성시키는 전정이 되어야 하므로 자름전정(切斷剪定)보다는 솎음전정이 주로 이루어져야 한다.

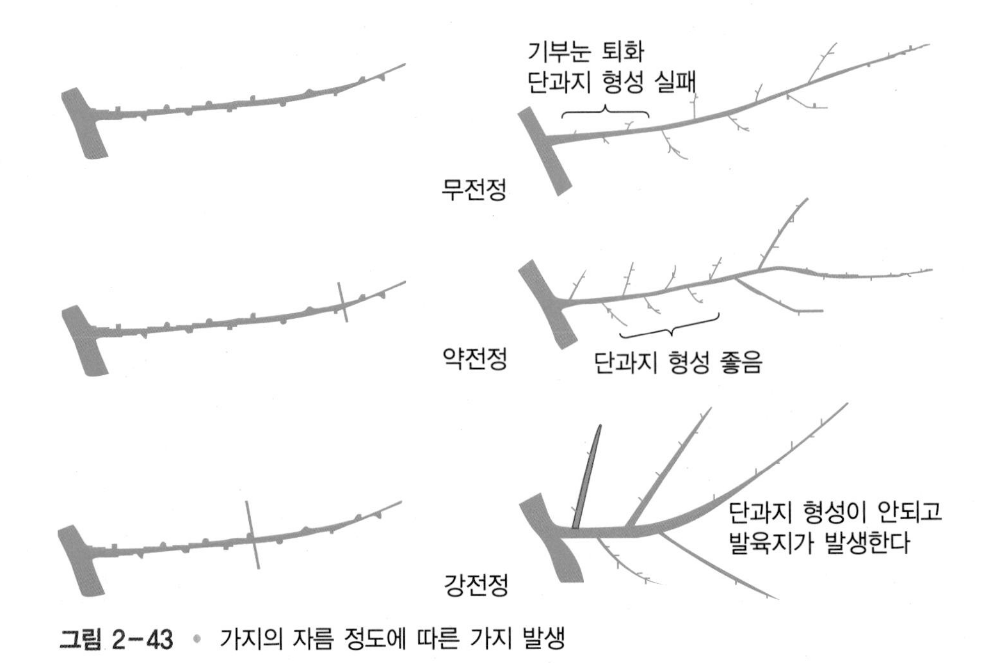

그림 2-43 • 가지의 자름 정도에 따른 가지 발생

(5) 세력이 강한 나무의 전정

나무의 세력이 강하고 결실이 불량한 큰 나무와 어린 나무는 웃자람 가지와 자람 가지의 발생이 많은 것이 특징이다. 이러한 나무를 강전정(强剪定)하면 다시 새로운 강한 가지만 발생되고, 열매가지의 발생은 거의 없으므로 큰 가지를 솎아주는 이외의 전정은 하지 않는 것이 바람직하다. 즉, 될 수 있는 한 전정량을 적게 하고 눈 수를 많이 남기도록 해야 한다. 그러나 윗부분에 발생된 세력이 강한 큰 가지는 밑부분에서 잘라 없애 수관 내부까지 햇빛이 잘 들도록 해주어야 한다.

(6) 늙은 나무와 나무 세력이 약한 방임수(放任樹)의 전정

늙은 나무와 방임수는 원가지와 덧원가지의 수가 많고, 곁가지가 크고 길게 늘어져 서로 구별하기 어려우며, 햇빛이 수관 내부까지 들어가지 못하여 결과지가 말라죽고, 수관 외부에만 결실부위가 집중되어 있어 나무크기에 비해서 수량이 극히 적은 것이 특징이다. 이러한 나무에서는 원가지와 덧원가지를 분명히 구별할 수 있도록 기부에서 솎아 자르고 길게 처진 곁가지는 짧게 잘라 나무 골격을 정리한 후 가급적 많은 새 가지를 발생시킨 다음 연차별로 수형을 정리하여 열매가지를 형성시킨다.

(7) 웃자람 가지의 처리

웃자람 가지는 원가지나 덧원가지의 등면(背面)이나 겨울전정 때 잘라진 굵은 가지 주위에서 발생되는 가지로, 그 대부분은 나무 내부로 햇빛이 들어오는 것을 방해하는 불필요한 가지가 된다. 그러나 때에 따라서는 이러한 웃자람 가지일지라도 빈 결과부위를 채우거나 곁가지의 갱신지 등으로 이용하는 경우가 있다.

웃자람 가지를 강하게 자르게 되면 3년째에는 일부 열매가지가 형성되지만 그 수가 적으며, 그 가지가 확대되어 수형을 흩뜨릴 뿐 아니라 형성된 그늘에 의해 그 아래 부분의 단과지들을 말라죽게 한다. 따라서 이 웃자람 가지에 단과지가 발생되도록 하기 위해서는 유인과 함께 그 선단을 약하게 잘라야 한다.

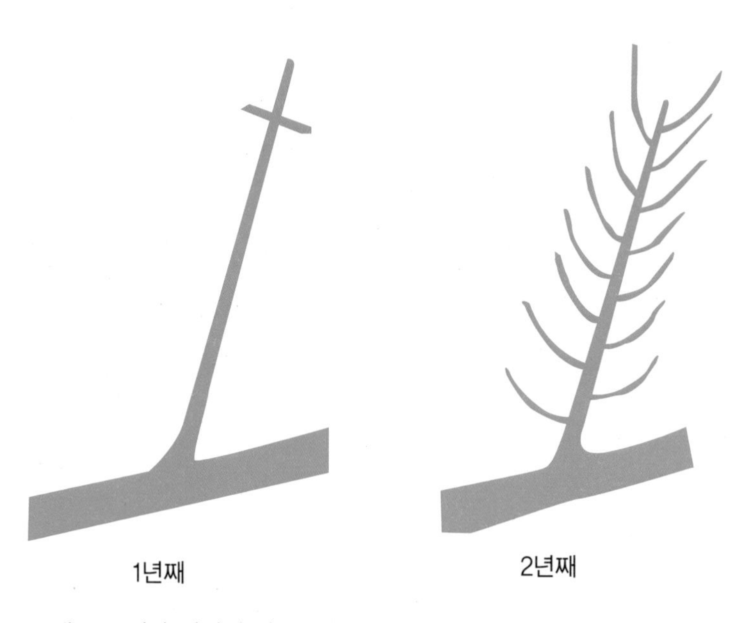

그림 2-44 • 웃자람가지의 전정 – 약하게 자른 경우

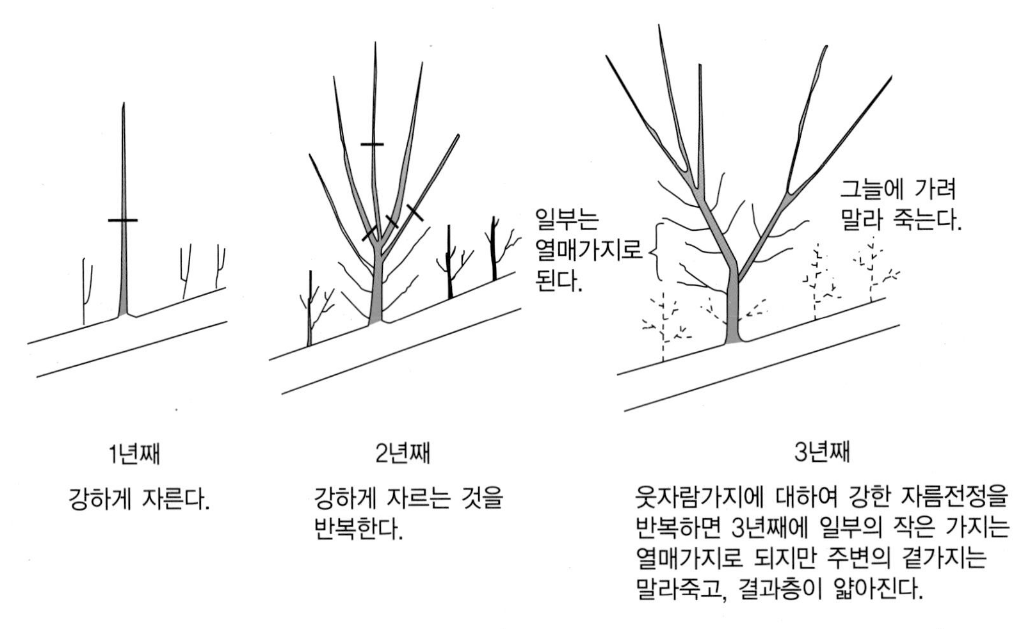

그림 2-45 • 웃자람가지의 처리-강하게 자른 경우

(8) 전정의 정도

가지 10 cm 당 발생된 꽃눈 수가 전정을 하지 않은 나무에서는 가장 적은 반면, 중전정, 강전정, 극강전정을 실시한 나무에서는 높은 꽃눈 발생밀도를 나타내었다. 또한, 결실률도 전정 정도가 강할수록 높은 경향을 나타내었다.

착과수는 열매가지의 총 길이가 길었던 약전정에서 많은 경향을 보였지만 약전정에서는 생리적 낙과수가 많았다. 반면, 중전정과 강전정에서는 착과수는 적었지만 생리적 낙과수가 적어 수확과 수가 많았다. 그러나 극강전정에서는 착과량, 생리적 낙과수, 수확과 수가 다른 전정 처리구보다 적었다.

전정방법별 누적수량은 강전정, 중전정에서는 높았으나 극강전정에서는 낮은 경향이었다. 또한 무전정에서는 수량이 극히 낮을 뿐 아니라 연차간 수량 차이도 컸으며, 약전정에서도 착과가 불안정하여 해거리의 경향을 나타내었다. 또한 무전정과 약전정에서의 과실은 착과량이 많으면 소과, 착과량이 적으면 대과로 되어 연차간 과실무게에 있어서도 불안정한 경향을 나타내었다.

따라서, 매실의 안정생산을 위해서는 다소 강한 전정을 실시하여 꽃눈을 정리함으로써 과다결실을 회피하고, 신초 생장을 적정 수준으로 유지하여 나무의 세력을 유지하는 것이 필요하다.

표 2-45 • 전정 정도가 꽃눈 발생 및 결실률에 미치는 영향

전정 정도	꽃눈 밀도(개/10 cm)	불완전화율(%)	결실률(%)
극강전정	1.58	24.8	64.9
강전정	1.52	30.0	57.6
중전정	1.62	22.5	55.5
약전정	1.39	24.3	56.0
무전정	0.87	37.5	40.5

※ 품종: 베니사시(紅さし) 20년생, 재식거리: 8 × 8 m, 수형: 개심자연형.
※ 전정정도는 전정 후 남은 모든 가지의 길이의 합.
(극강전정: 250 m, 강전정: 300 m, 중전정: 350 m, 약전정: 400 m)
※ 자료: 山本. 2000. 과실일본 55(2):40-43.

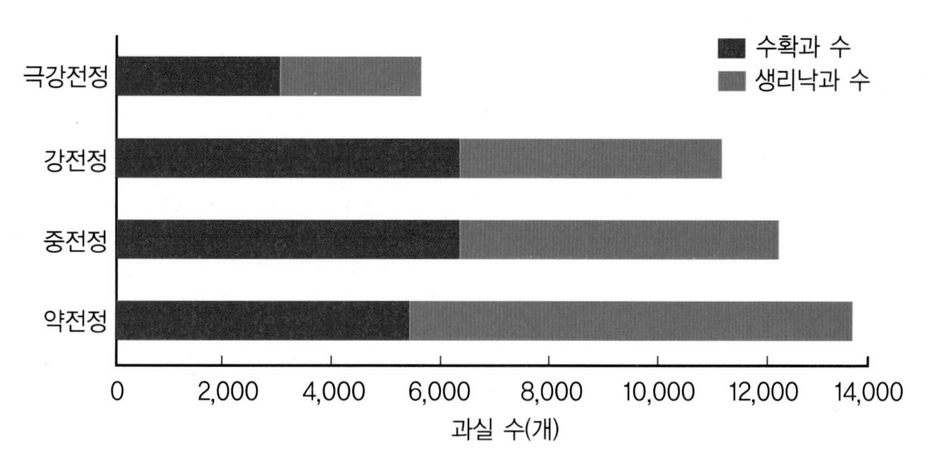

그림 2-46 • 전정정도가 생리적 낙과 수 및 수확과 수에 미치는 영향(자료: 山本. 2000. 과실일본 55(2):40-43)

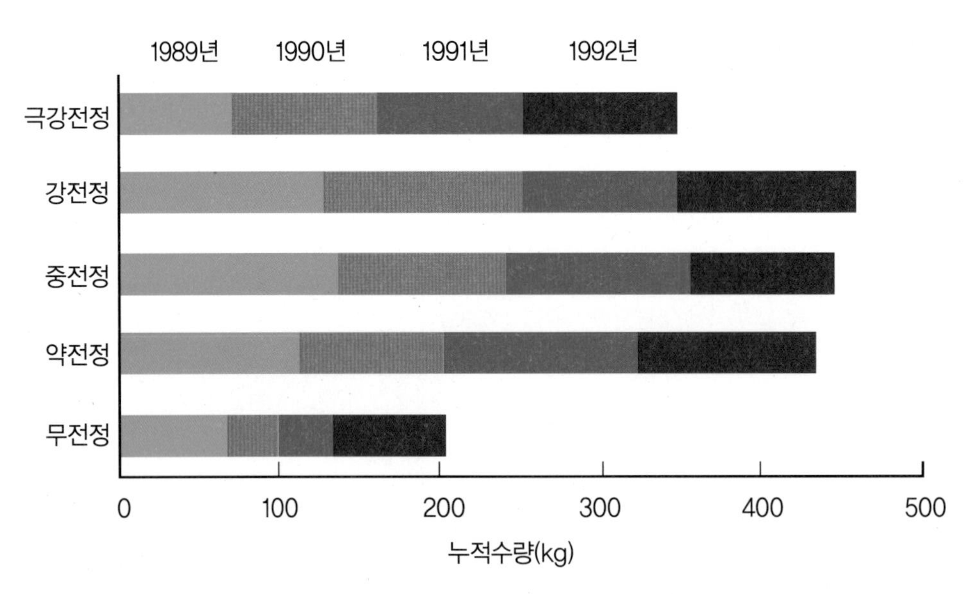

그림 2-47 • 전정정도가 누적 수량에 미치는 영향(자료: 山本. 2000. 과실일본 55(2):40-43)

나 주간형(主幹形) 및 변칙주간형(變則主幹形)

주간형과 변칙주간형은 원가지와 덧원가지의 형성 방법에서 개심자연형과 크게 다르지 않으나 원가지 수를 4~5개로 많이 붙이고 원줄기의 끝 부분에서 자르지 않고 계속 유지하면서 수세를 안정시키는 수형이다.

주간형이나 변칙주간형은 개심자연형처럼 초기부터 원가지 후보지를 결정하지 않고 원줄기를 높이 키워가면서 여러 개의 후보지를 양성해 두었다가 위쪽의 원가지 후보지 발생 상태를 보아 가면서 어느 정도의 크기에서 원가지 수가 결정되면 원가지가 될 수 없는 불필요한 후보지는 일정한 공간을 남기고 기부로부터 솎아 내고 원가지 수를 5개 정도로 확정짓는 방법이다.

그러나 주간형은 나무키가 높고 위로 자라기 때문에 웃자람 가지의 발생이 적고, 어린 나무 때부터 나무의 세력이 안정되며 곁가지와 열매가지의 수가 많아서 일찍부터 많은 수량을 얻을 수 있으나 나무키가 너무 높기 때문에 관리상 문제점이 있는 결점이 있다.

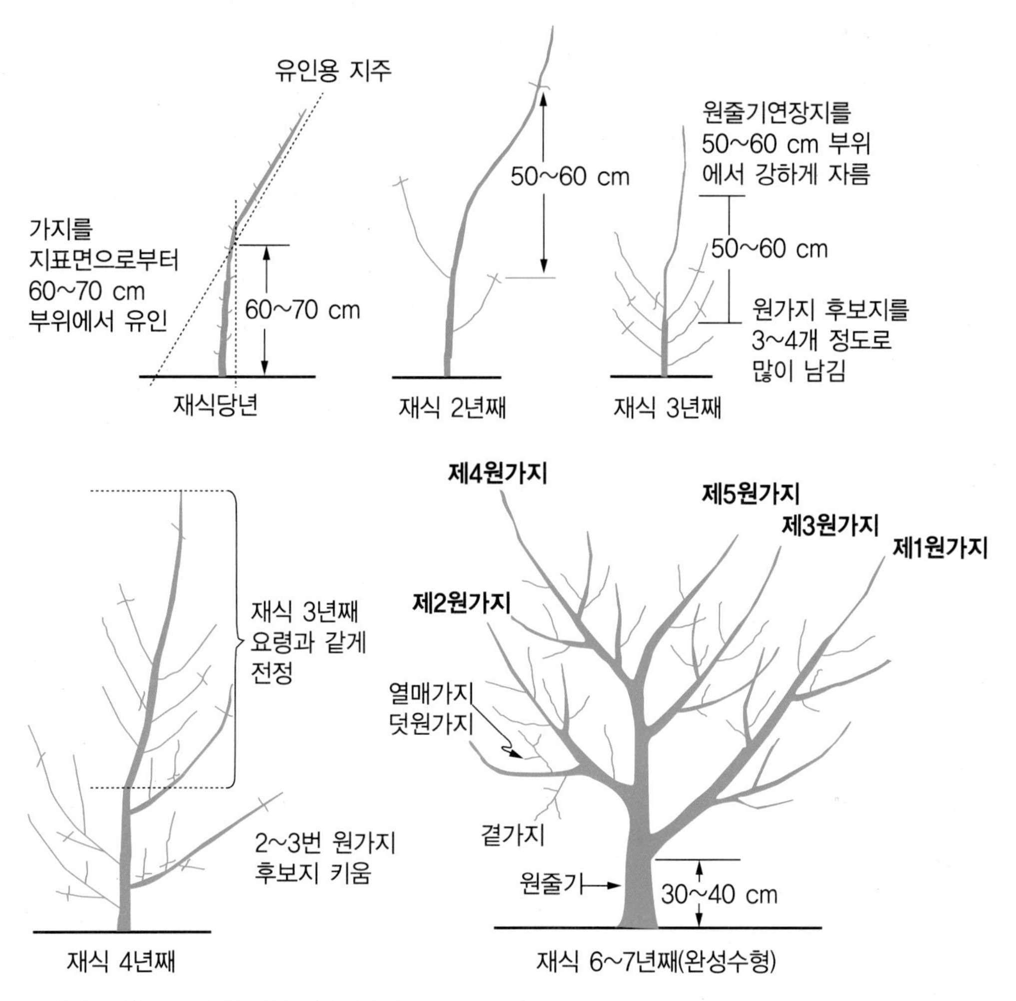

그림 2-48 • 변칙주간형 수형 구성

다 기타 수형

일본에서 저수고 생력재배를 위하여 검토되고 있는 새로운 수형에 대하여 간략히 소개하면 다음과 같다.

(1) 덕식수형

매실나무의 재배에 있어 단과지가 주된 열매가지로 활용되기 때문에 일부 품종을 제외하면 열매가지로 장과지가 거의 이용되지 않는다. 그러나 덕을 이용하면 장과지를 수평으로 유인하게 됨으로써 1년생 장과지도 열매가지로 이용할 수 있게 되고, 꽃눈형성이 좋은 경우에는 1 m 이상의 가지도 열매가지로 이용할 수 있는 장점이 있다. 또, 장과지를 이용한 다음 해에는 보통의 경우에서와 마찬가지로 단과지를 이용하는 형태가 되지만 보통의 경우보다는 단과지 유지가 쉽고 3년째까지도 이를 이용할 수 있다.

덕식에서는 원가지를 2~3개로 하고, 덧원가지는 1~2개로 형성시킨다. 원가지, 덧원가지 및 확대를 원하는 곁가지만 그 선단을 30~40도로 비스듬히 눕혀 유인한 다음 잘라 주고 다른 가지는 모두 덕면에 수평으로 눕힌다. 이렇게 함으로써 나무의 세력이 조절되고 결실이 좋아지게 된다. 또한, 열매가지는 1~3년생의 젊은 가지들로만 구성(그림 2-49)되어 있기 때문에 대과 생산에 유리하다.

덕식 재배는 햇빛이 나무 내부로 잘 들어오기 때문에 충실한 꽃눈이 확보되며, 강한 가지도 유인을 해 줌으로써 그 세력이 조절되어 결실되기 쉽고, 2년생 단과지가 주된 열매가지가 되며, 열매솎기 작업이 손쉬워 대과가 생산된다.

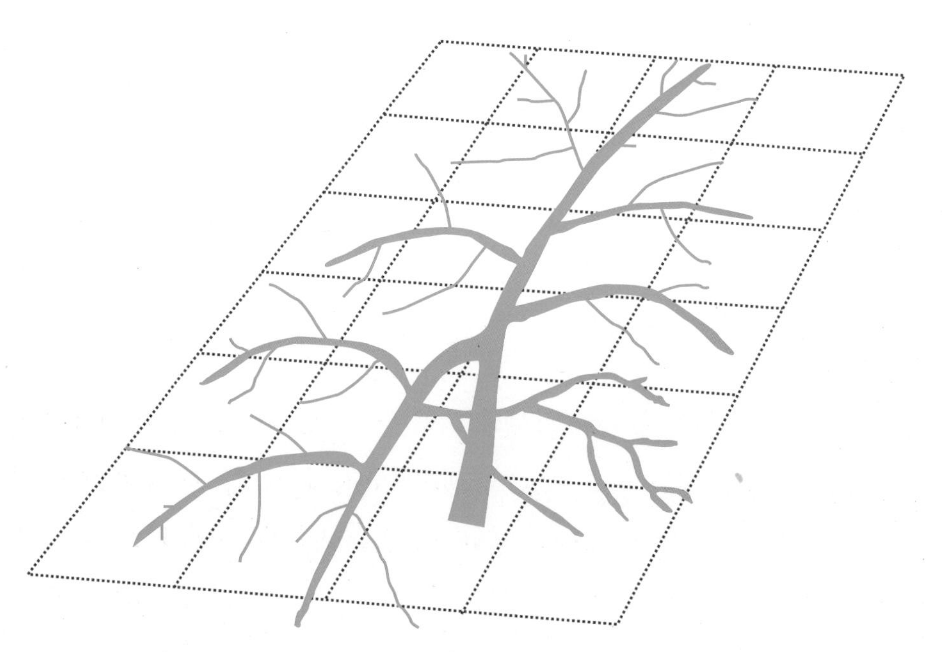

그림 2-49 • 일반 덕식수형

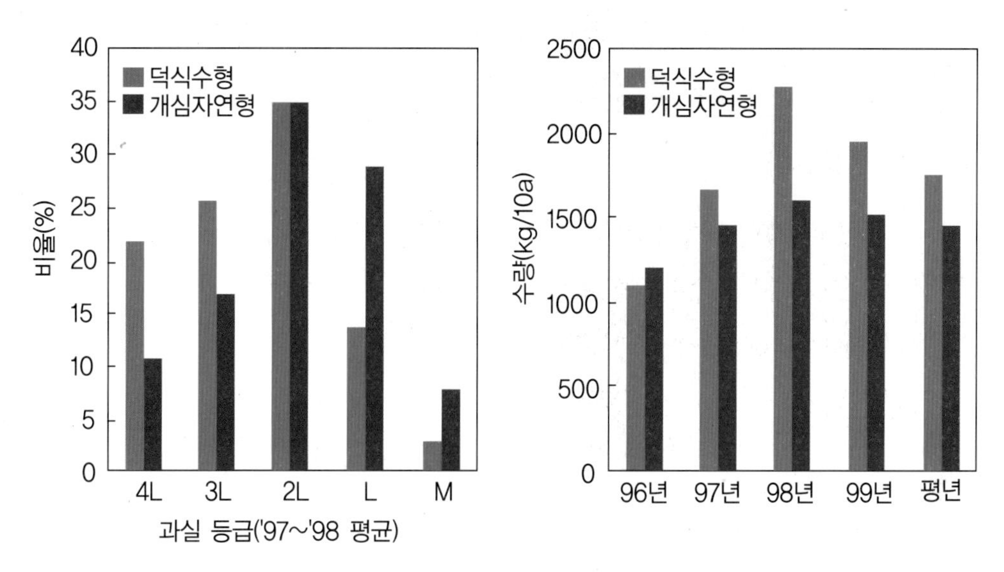

그림 2-50 • 덕식과 개심자연형의 과실 등급 및 연차별 수량 비교(松波. 2000. 과실일본 55(2):26)

(2) Y자형

일반적인 Y자형은 뉴질랜드나 호주 등에서 복숭아 재배수형으로 널리 사용하고 있는 타듀라 수형(Tatura Trellis)과 유사한 것(그림 2-51)을 말하는데, 최근 일본에서는 이 외에도 Y자 울타리식과 T바-Y자형의 2가지 수형(그림 2-52)이 검토되고 있다. 새로 검토되고 있는 이들 수형 재배에서의 재식거리는 어느 경우나 5 × 4 m이다. 또 두 경우 모두 2개의 원가지를 좌우로 벌려 Y자형으로 만드는 것 같지만 곁가지와 열매가지를 다루는 방법이 서로 다르다. 즉, Y자 울타리식에서는 원가지에 대하여 곁가지나 열매가지를 비스듬하게 유인하지만, T바-Y자형에서는 원가지에 대하여 곁가지나 열매가지를 수평으로 유인하여 묶어준다.

이들 수형은 개심자연형에 비해 수량은 비슷하거나 약간 높을 뿐이지만 수확작업 효율은 1.5~2배로 높아진다. 이들 수형의 단점으로는 그 어느 경우나 모두 전정작업에 시간이 많이 걸린다는 것이다. 또, Y자 울타리식에서는 기부의 가지가 비대해 지기 때문에 선단부가 쇠약해지기 쉬워 Y자형이 만들어지기가 어렵다. 한편, T바-Y자형에서는 Y자를 만들기는 쉽지만 결과 부위가 50 cm 정도의 낮은 곳으로부터 2 m까

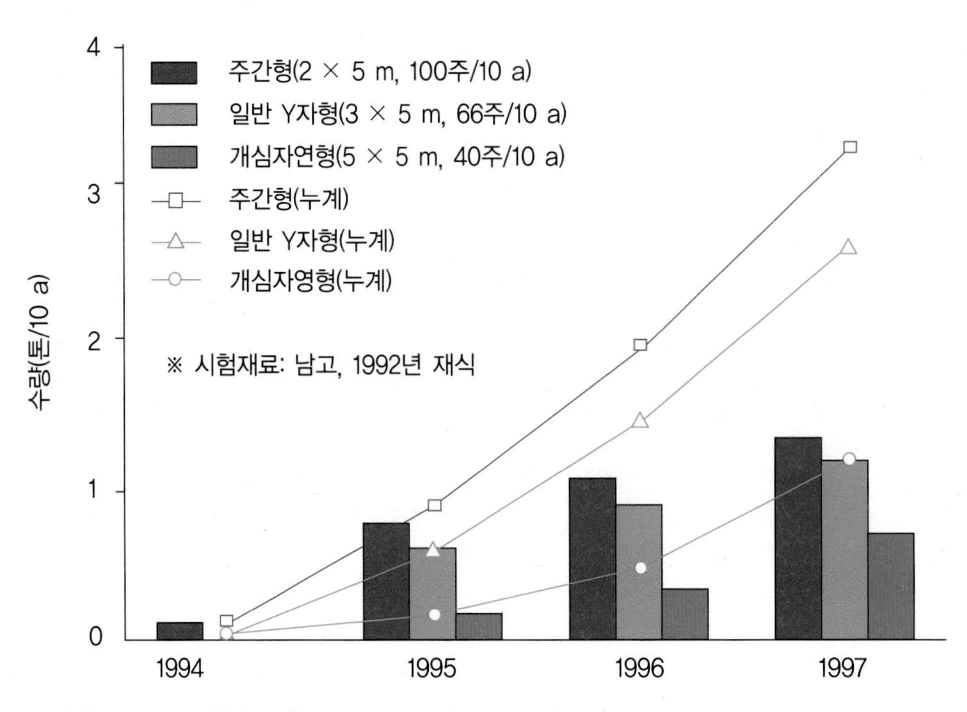

그림 2-51 • 수형별 수량(小池. 1998. 農耕と園藝. 53(2):151-153)

지 수평면으로 되어 있기 때문에 수확 시에 덕 아래로 기어 들어가 작업을 해야 하는 불편함이 있다.

(3) 사립울타리식

X자형으로 조립한 지주를 60도 정도로 비스듬히 눕히고, 그 울타리에 2개의 원가지를 좌우로 벌려 발생된 가지를 사면(斜面)에 붙도록 유인하는 수형이다. 이 수형은 가장 단순한 수형으로 1나무당 수량은 15 kg 정도로 낮지만 재식주수가 가장 많은 67주/10 a이다. 재식거리는 5 × 3 m이다.

(4) T바-덕식

평덕식의 개량형으로 검토되고 있는 수형으로 폭 3 m 파이프를 지면으로부터 2 m의 높이에 설치하여 3 m의 덕면을 만들고, 열간에는 2 m의 공간을 둔 형태이다.

열간이 비어 있기 때문에 작업이 편리하며, 수형이 단순하여 덕 재배에서와 같이 전정, 유인에 많은 시간이 소요되지는 않는다. 또, 덕을 스스로 설치할 수 있어 시설비가 적게 든다.

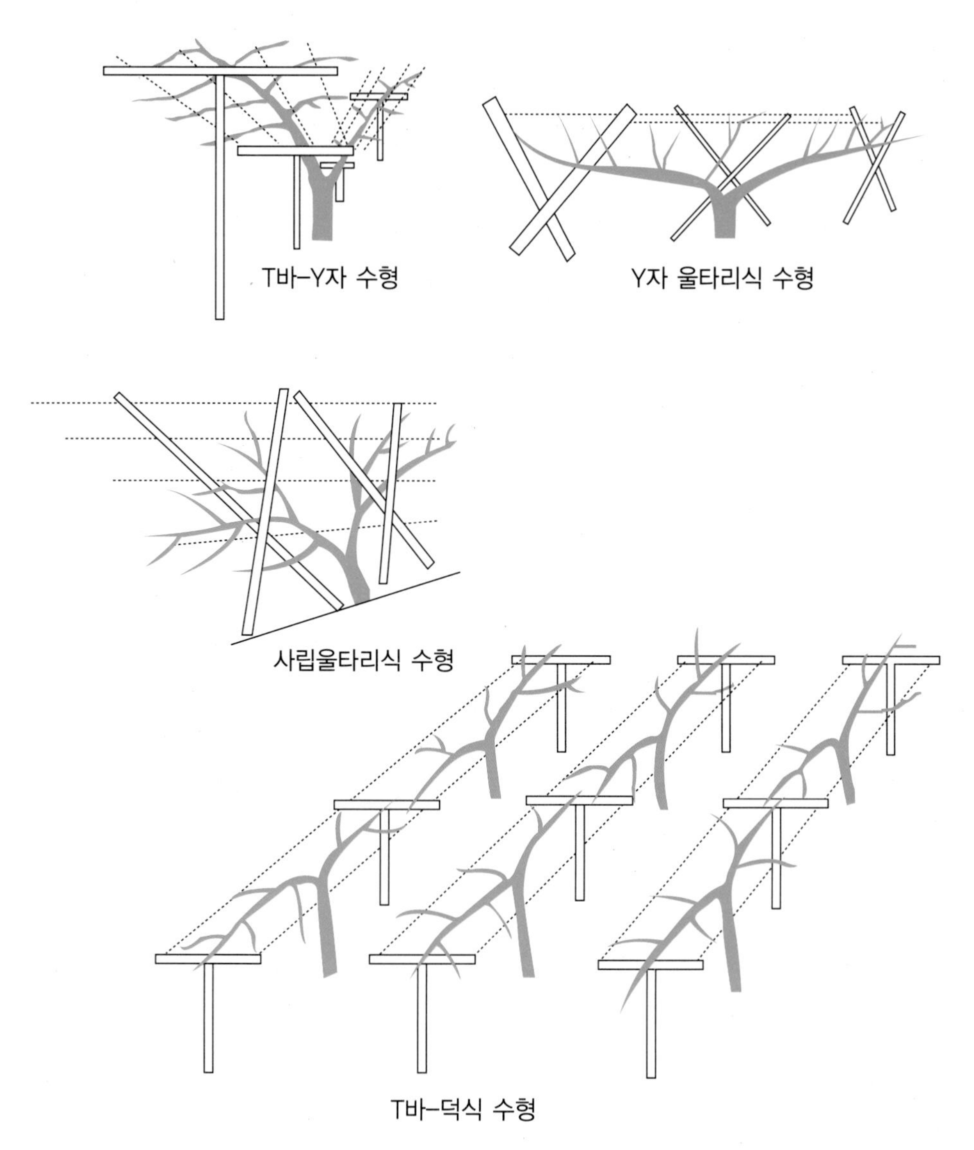

그림 2-52 • 매실 저수고 재배를 위한 여러 가지 수형(자료: 松波. 1998. 農耕と園藝 53(9):150-153)

표 2-46 • 수형별 수량 및 수확 작업 효율

수형	수고 (m)	수관 면적 (m^3)	수량(kg)			수확 효율		전정 시간 (10 a당)	재식 주수 (10 a당)
			나무당	10 a당	m^2당	걸음수 /kg	kg/시간		
Y자 울타리식	2.0	18.0	29.0	1,450	81	17.1	73.5	21.6	50
T바-Y자식	2.0	10.0	26.7	1,335	134	18.3	58.1	46.0	50
사립울타리식	2.0	5.0	14.5	972	19	15.3	69.2	23.1	67
덕식	2.0	42.0	112.6	2,252	54	3.0	92.3	36.7	20
T바-덕식	2.0	14.5	32.6	1,174	81	10.5	83.7	9.7	36
배상형(대비)	3.5	54.0	54.0	1,085	20	25.8	31.2	27.0	18

※ 사립울타리식 6년생, T바-덕식 4년생, 그 외는 15년생 백가하.

※ 자료: 松波. 1998. 과실일본 53(9):151.

(5) 수평형

재식 후 2년 동안 도장지 2개를 곧게 키운 다음 3년째에 수평에 가깝게 유인하되, 원가지의 선단은 약간 일어서게 하여 신장이 잘 되도록 한다. 원가지 후보지는 원줄기에 대하여 분지각도가 큰 것을 선택하지 않으면 유인할 때에 찢어지기 쉽다.

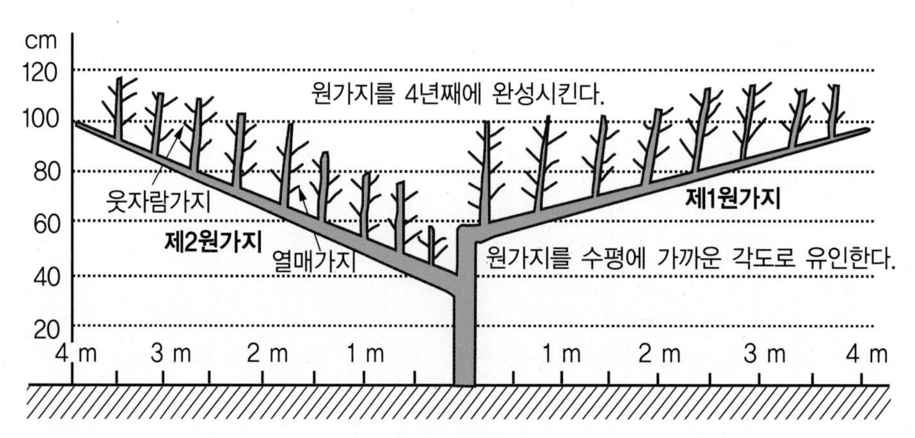

그림 2-53 • 수평형 정지의 기본수형(자료: 농업기술대계, 과수편, 6)

원가지를 수평에 가깝게 유인하기 때문에 원가지의 등면으로부터 웃자람 가지가 발생되어 촛대형으로 된다. 이 웃자람 가지를 잘라 내지 않고, 다음해 단과지를 발생시켜 결과부위를 형성시킨다. 이 열매가지가 쇠약해지기 전에 다음해의 웃자람 가지를 이용하여 새로운 열매가지를 확보하여 갱신해 가는 방법이다.

울타리의 간격은 1.8 m, 나무와 나무 사이는 5.4 m로 10 a당 재식주수는 100주이며, 원가지는 지표면으로부터 1 m 정도의 높이까지 유인한다.

5. 여름전정

가 목적

나무가 과번무한 상태에서는 햇빛이 나무 내부로 잘 들어가지 못해 조기에 낙엽되거나 가지가 말라죽어 결과부위가 수관 바깥쪽으로 한정되게 된다. 따라서 여름전정은 나무의 내부까지 햇빛이 잘 들어오도록 불필요한 가지를 제거하거나 순지르기 하고 유인해 줌으로써 수관 내의 모든 잎에서 탄소동화작용(광합성)이 잘 이루어지도록 하여 꽃눈분화를 촉진시키고, 저장양분이 많이 축적되게 하는 데 있다.

여름전정은 겨울전정과 달리 전정 정도가 강할수록 나무의 세력이 약해지는 결점이 있으므로 여름전정을 실시할 때에는 항상 나무의 세력을 확인할 필요가 있다. 여름전정으로 제거할 가지는 나무 내부로 햇빛이 들어오는 것을 방해하는 가지를 위주로 한다. 이런 가지들을 겨울전정 때 자르게 되면 강한 신초가 발생되어 가지 간의 세력 균형이 깨지기 쉽지만 여름전정에서는 그런 염려가 적다.

나 시기

낙엽과수에 있어서의 뿌리 생육은 1월 하순~2월 상순과 9월 상중순의 두 차례에 걸쳐 일어나는데 9월에 시작되는 두 번째의 뿌리 생육은 지상부와의 균형을 맞추기 위한 것이라고 알려져 있다. 따라서 이 시기에 불필요한 가지를 제거하는 여름전정은 불필요한 뿌리의 생육을 억제하여 저장양분의 낭비를 방지할 뿐 아니라, 겨울전정으로 많은 가지가 일시에 제거됨으로써 발생되는 지상부와 지하부간의 불균형을 완화시켜주고, 다음해의 웃자람 가지 발생을 억제할 수도 있다.

여름전정을 실시하는 가장 좋은 시기는 새 뿌리의 신장이 다시 시작되는 9월 상중순이다. 실시 시기가 이보다 빠르면 2차지(부초)의 발생이 나타나고, 나무 세력이 떨어지는 경우도 발생된다. 반대로, 시기가 너무 늦어지면 나무의 세력에는 크게 영향을 미치지 않지만 저장양분 축적이 적어져 본래의 목적을 달성할 수 없다.

다 주의사항

나무의 세력을 정확하게 판단하여 여름전정 실시 여부를 판단(그림 2-54)하도록

표 2-47 • 여름전정의 매실 수량증대 효과(원예연 나주배연, 1996)

구분	수령별 수량(kg/주)					누적수량 (kg)
	3년생	4년생	5년생	6년생	7년생	
여름전정	1.4	15.6	31.8	39.2	33.5	121.5
여름전정 + 겨울전정	2.1	11.1	30.0	33.7	32.1	109.0
겨울전정	2.0	8.7	23.6	30.5	28.4	93.3

※ 품종: 옥영(7년생), 수형: 개심자연형(4 × 5 m)

표 2-48 • 여름전정이 매실 고성 품종의 성목 수량에 미치는 영향

구분	1주당의 수량(kg)				
	전정 전	1년째	2년째	3년째	4년째
8월 전정	25.1 (100)	43.7 (174)	30.7 (122)	17.5 (70)	52.1 (208)
9월 전정	35.5 (100)	69.2 (195)	78.7 (222)	92.0 (259)	100.4 (283)
겨울전정	42.6 (100)	54.7 (128)	75.8 (178)	76.7 (180)	79.1 (186)

※ ( )안의 값은 전정전의 수량 100에 대한 비교치임.

하되, 햇빛이 잘 들어오지 않는 부위를 중점적으로 실시한다. 2차지가 발생되면 다음해부터는 여름전정을 가볍게 하거나 전정시기를 늦추도록 하며, 전정 상처에는 반드시 보호제를 발라주도록 한다.

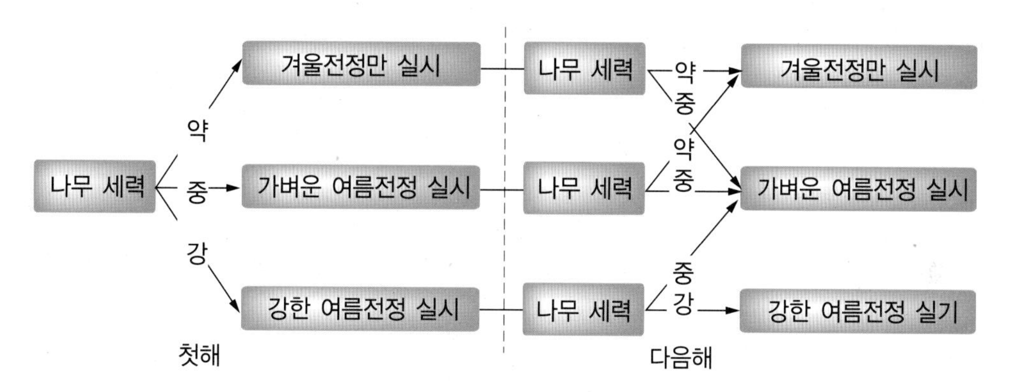

나무 세력 판단 기준

약: 열매가지보다 새 가지가 짧고, 잎 색이 옅으며, 단과지가 많다.
중: 열매가지보다 새 가지가 비슷한 정도이거나 약간 길고, 웃자람 가지가 다소 발생되며, 잎 색이 녹색을 띤다.
강: 열매가지보다 새 가지가 길어 웃자라는 기미가 보이며, 웃자람 가지의 발생이 많고, 단과지나 중과지가 적다.

그림 2-54 • 매실나무의 여름전정 실시여부 판단 기준

VII. 병해충 및 생리장해

1. 병해

병해 방제의 기본은 조기방제와 약제방제 이전에 병의 생리생태를 고려한 적정한 비배관리로 병해의 발생을 적게 하는데 있다. 병해를 완전히 방제하는 것은 어려우며 되도록 병원균의 밀도를 적게 함으로써 방제효과를 높이도록 한다. 병해 발생이 많으면 농약살포의 효과뿐만 아니라 방제효과도 감소되기 때문이다. 과수원을 새로

개원시에는 무병묘목을 구입해서 과수원에 병원균이 들어오는 것을 막아야 한다. 병해의 1차적인 방제법으로는 월동하는 이병 엽이나 피해가지를 제거하여 병원균의 월동밀도를 적게 하고 신초로의 전염을 막는 것이다. 비가 오는 시기 등 전염되기 쉬운 환경조건이 되지 않도록 한다. 가을철에는 전염원을 막아서 병원균의 월동을 막아 주어야 한다.

가 검은별무늬병(黑星病, Scab)

Cladosprium carpophilum Thumen

우리나라 각지에 분포하며 수량에 큰 피해를 주는 일은 없으나 품질을 나쁘게 한다. 대체로 5월 중순부터 6월 중순경까지 발생하므로 이 기간에 비가 많으면 더욱 발병이 심하다. 저습지나 통풍이 나쁜 포장이나 가지에 병반이 많은 나무의 과실에 발생이 많고 어린나무보다 늙은 나무에 다발하기 쉽다. 또한 이른 봄의 기온이 예년보다 높은 해에 발생이 많아진다.

표 2-49 • 주요 병해충의 발생 부위

병해충명	병해충 발생 부위			
	잎	줄기, 가지	과실	뿌리
검은별무늬병(흑성병)	○	○	◎	×
세균성구멍병(궤양병)	◎	○	○	×
잿빛무늬병(회성병)	△	△	◎	×
고약병	×	◎	×	×
줄기마름병(동고병)	×	◎	×	×
날개무늬병(문우병)	×	×	×	◎
복숭아유리나방	×	◎	×	×
깍지벌레(개각충)	×	◎	×	×
진딧물류	◎	×	×	×

◎: 피해 대, ○: 피해 중, △: 피해 소, ×: 피해 없음

(1) 기주식물: 매실, 복숭아, 살구, 사과

(2) 병징

과실을 비롯하여 나뭇가지, 잎 등에 발생한다. 과실의 표면에는 처음에 약 3 mm 정도 크기의 흑색 원형 반점이 생기고 그 주위에는 언제나 진한 녹색이 나타난다. 과실에서의 증상이 세균성구멍병과 흡사하여 혼동하기 쉬우나 검은별무늬병은 과실 표피에만 나타나고 병반이 갈라지지 않으며 세균성구멍병과는 증상이 다르다.

가지에서는 6~7월경 적갈색의 작은 반점이 생기고 점차 커지면서 붉은 갈색으로 변하며, 가을 낙엽이 될 때에 병반이 다소 부풀면서 흑갈색으로 되고 2~3 cm 크기의 원형 또는 타원형으로 된다.

잎에서는 처음에 흑갈색의 작은 점이 생기고 후에 갈색의 둥근 점으로 되어 마르며 둥근 구멍이 뚫려 세균성구멍병 모양을 나타낸다.

검은별무늬병 피해과

(3) 병원균

이 병원균은 불완전병균 암색선균(暗色線菌)으로 분생포자를 형성하며 병원균의 발육 온도는 2~33°C이고, 발육 최적온도는 20~27°C이다. 피해 가지의 껍질 병반은 조직 안에서 균사의 형태로 겨울을 난 후, 4~5월경부터 포자를 형성하여 비와 바람에 실려 전염되는데 약 35일의 잠복기간이 지난 5월 하순경이면 발병한다.

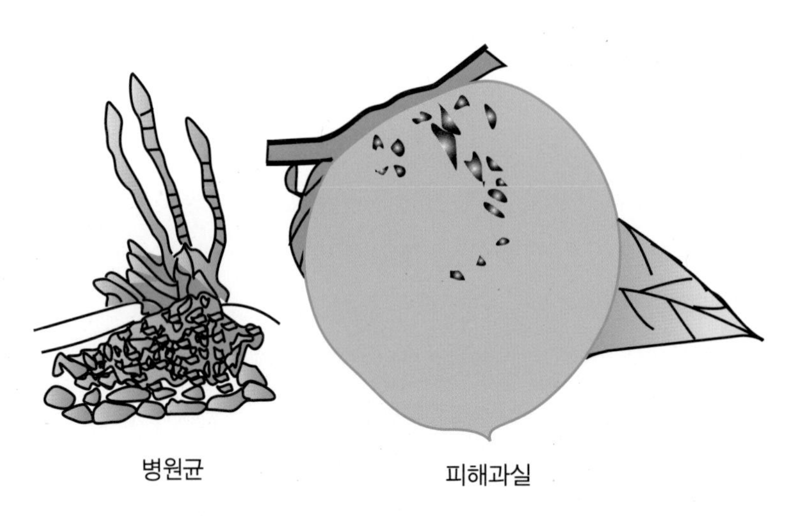

그림 2-55 • 검은별무늬병 병원균

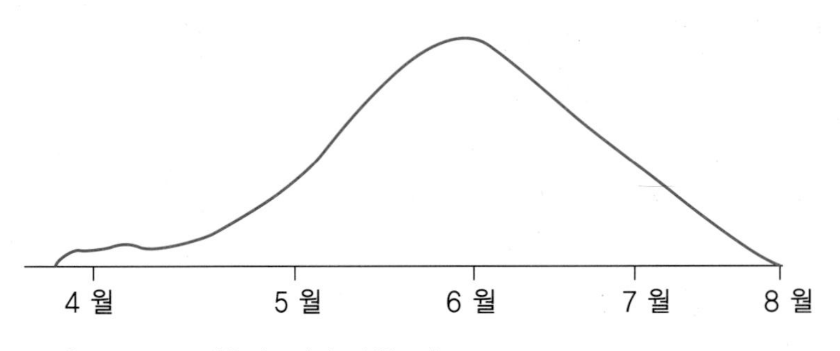

그림 2-56 • 검은별무늬병 발생소장

(4) 전염경로

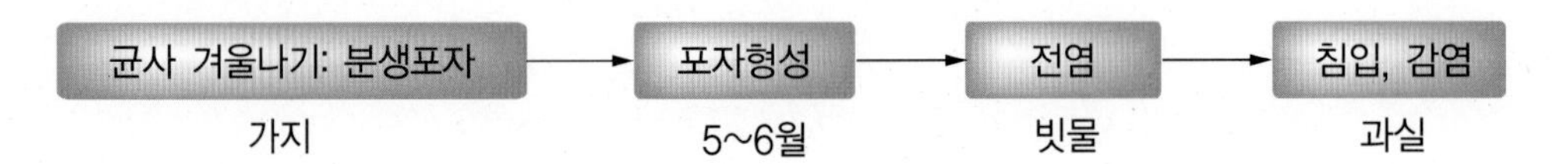

표 2-50 • 매실 검은별무늬병 약제 살포시기 및 방제효과

(농과원, 전남도원, 1995)

살포횟수	살포시기					이병과율 (%)	방제가 (%)
	2 중 (휴면기)	4 상	4 중	4 하	5 상		
3	△	○	○			2.6	88.1
3		○	○	○		3.0	86.2
3			○	○	○	3.0	86.2
무처리						21.8	0

※ 공시약제: △ 석회유황합제 1,000배액, ○ 디치수화제 1,000배액

표 2-51 • 매실 검은별무늬병 적용 약제 및 안전사용 기준

적용약제	사용 적기	희석배수	안전사용기준	
			살포시기	횟수
디티아논(수)	4월 중순부터 10일 간격	1,000배	수확 30일 전	4회
이미녹타딘트리스알베실레이트(액상)	4월 중순부터 10일 간격	1,000배	수확 7일 전	5회
트리플록시스트로빈(입상)	4월 중순부터 10일 간격	4,000배	수확 14일 전	5회
펜뷰코나졸(수)	4월 중순부터 10일 간격	2,000배	수확 7일 전	5회

(5) 방제법

발아 전에 석유유황합제 5도액을 1회 살포하고, 꽃이 진 후에는 10일 간격으로 2~3회 프로피수화제(500배액), 비타놀수화제(2,000배액) 등 적용약제를 살포한다.

나 세균성구멍병(潰瘍病, Bacterial shot hole)

Xanthomonas campestris pv. prani Smith *Dye*
Pseudomonas syringae pj. syringae van Hall

우리나라 각지에 널리 분포하여 적지 않은 피해를 주는 병이다. 잎에서의 최초 발생은 6월 하순경부터이나 발생 최성기는 7~8월 장마철이다. 5월 중하순경부터 과

실과 신초, 가지 등에 침입 발병한다. 특히 바람이 닿는 곳에서 많이 발생되고 비바람이 강하게 불 때 전염된다.

(1) 기주식물: 매실, 복숭아, 살구, 자두, 양앵두나무 등

(2) 병징

잎에서는 발생 초기에 담황색 및 갈색의 다각형 반점이 나타나고 후에 갈색에서 회갈색으로 변하면서 병반에 구멍이 생긴다. 구멍은 적고 연속해서 많이 나타나며 구멍이 둥글기보다는 다각형으로 되는 점이 다른 병과 구별되는 증상이다. 가지에서는 가지의 잎눈 자리를 중심으로 둥근 보랏빛의 병반이 나타나며 점차 갈색으로 되고 오목하게 들어간다. 과실의 표피에서는 갈색의 작은 점이 나타나고 그 후 흑갈색으로 확대되면서 부정형의 오목한 병반이 생긴다.

세균성구멍병 피해과실

(3) 병원균

이 병원균은 짧은 막대모양의 세균으로 발육 최저온도는 10°C이고 최적온도는 25~30°C이며, 최고온도는 35°C이고 사멸온도는 51°C에서 10분간이다. 병균은 가지의 병반 조직 속에 잠복하여 겨울을 보내고 다음해에 계속 발생한다.

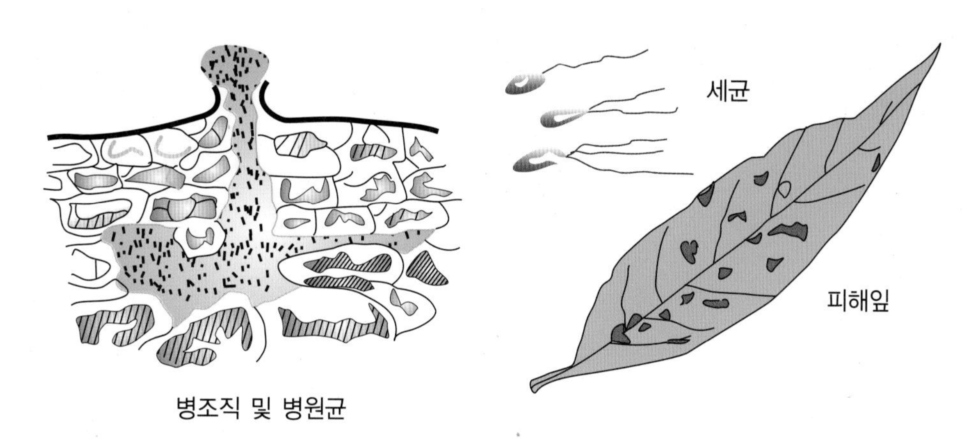

그림 2-57 • 세균성구멍병의 병원균과 피해 잎

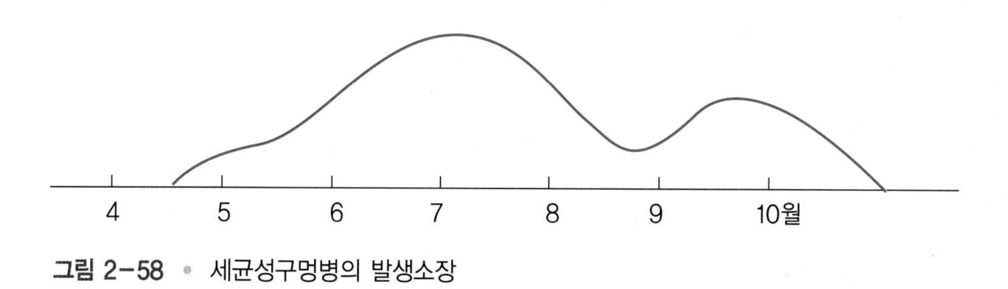

그림 2-58 • 세균성구멍병의 발생소장

(4) 전염경로

(5) 방제법

봄철 싹이 트기 전에 석회유황합제 5도액을 뿌리고, 전정할 때에는 피해를 받은 가지를 제거한다. 과실에 대한 방제는 개화 전부터 6월말까지 아연석회나 농용신수화제 800배액을 주기적으로 3회 정도 예방 살포한다. 아연석회를 살포할 때는 4~5월 상순에는 4~4식을 주 1회 정도 살포하고, 5월 이후에는 6~6식을 10일 간격으로 살포해 준다. 잎의 예방에는 아연석회액이 효과적이며, 과실의 예방에는 농용신수화제가 좋다. 또, 비와 바람이 심한 곳은 방풍림을 설치하는 것이 바람직하며, 물빠짐이 잘 되게 하고, 질소질 비료를 과다하게 사용하지 말아야 한다.

다 줄기마름병(胴枯病, Canker)

Valsa ambiens Persoon et Fries

전국적으로 분포되어 있으며, 세력이 약한 나무, 수령이 많은 나무를 강전정할 경우 또는 병해충 및 바람, 추위 등으로 피해를 받아 나무 세력이 약해진 경우에 발병이 심하다.

(1) 기주식물: 매실, 복숭아, 살구, 자두, 양앵두나무

(2) 병징

땅 표면 가까운 줄기 부위의 표피에 피해를 준다. 상처를 통해 침입하는 병균으로 처음에는 껍질이 약간 부풀어 오르나 여름부터 가을에 걸쳐 마르게 되고, 피해를 입은 나무는 겨울을 난 후 심하면 말라 죽는다. 늙은 나무에서는 피해부위에서 2차적으로 버섯 같은 것이 생기기도 한다. 병반은 봄과 가을에 확대되고, 여름에는 일시 정지한다.

(3) 병원균

이 병원균은 자낭균병 구과균(球果菌)으로 상처를 통해 침입하며, 피해부위 조직 속에서 겨울을 난 후 다음해에 발생을 계속한다. 발육온도는 5~37°C이고, 최적온도는 28~32°C이며, 포자의 발아적온은 18~32°C이다.

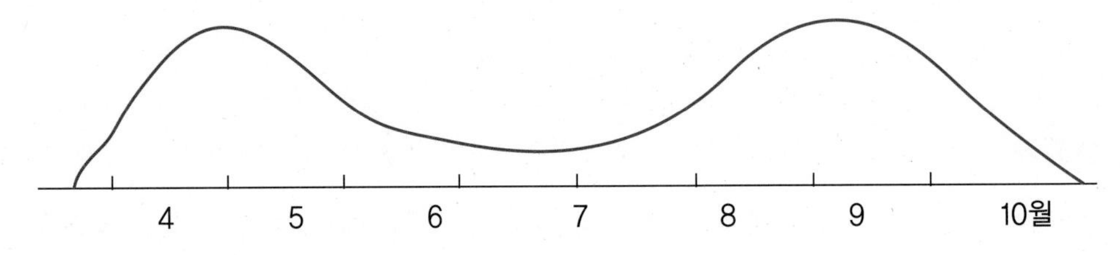

그림 2-59 • 복숭아 줄기마름병의 발생소장

(4) 전염경로

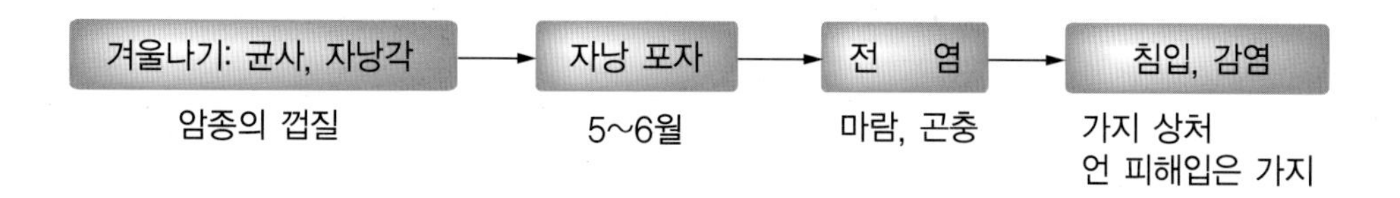

(5) 방제법

비배관리를 잘하고 나무를 튼튼하게 키우며 충분한 유기물을 사용(10a당 2,000~3,000 kg)한다. 강전정을 피하고 여름철 강한 직사광선이 굵은 가지에 직접 닿으면 일소현상이 일어나 피해가 커지므로 그늘이 약간 지도록 도장지나 신초를 배치하는 등의 일소방지 대책을 강구해야 한다.

약제 방제는 병이 발생된 부위의 병반을 제거하고 석회유황합제 원액이나 통신페스트 등으로 발라준다. 휴면기 또는 수확 후나 낙엽이 진 후 석회유황합제를 살포하여 예방한다.

라 잿빛무늬병(灰星病, Brown rot)

Monilinia fracticola Winter Honey, *Monilinia laxa*

(1) 기주식물: 매실, 복숭아, 살구, 자두, 양앵두나무

(2) 병징

과실의 피해가 가장 크며 꽃, 잎, 가지에도 발생한다. 처음에는 과실의 표면에 갈색 반점이 생기고, 점차 확대되어 대형의 원형병반을 형성한다. 오래된 병반상에는 회백색의 포자 덩어리가 무수히 형성되며, 더욱 진전되면 과실 전체가 부패하고 심한 악취를 발산한다. 가지에서는 주로 과실 달린 부분에 발생하며, 심하면 가지가 고사한다.

(3) 병원균

이 병원균은 자낭균에 속하며 자낭포자, 분생포자, 균사덩이를 형성한다. 과피가 균사와 뭉쳐 경화된 균핵에서 깔때기 모양의 자낭반이 형성되고, 그 내부에 자낭이

형성된다. 분생포자나 균사의 발육 최적온도는 25℃ 내외이고, 습도가 많을수록 발병율이 높다.

(4) 방제법

잿빛무늬병에 효과적인 방제약제가 많으므로 약제를 잘 선택해서 살포한다. 하지만 수확기에 기후가 불순하면 약제 살포뿐만 아니라 과원의 환경 개선과 경종적 방제 대책을 동시에 실시한다. 경종적 방제법으로는 부패한 꽃이나 이병 과실에 다수의 분생 포자가 형성되어 주위 과실을 전염할 수 있는 전염원이 되므로 조기에 발견하여 제거하는 것이 좋다. 잿빛무늬병이 다발하는 가지는 수시로 전정하여 제거한다. 또 불필요한 도장지가 다수 발생하면 통풍이 불량해지고 약제 살포가 잘 안 되므로 적당히 전정하는 것이 중요하다. 약제방제는 방제 적기가 수확기 전 약 20일간이므로 이 기간에 등록된 약제를 7~10일 간격으로 3~4회, 과실에 약액이 잘 묻도록 충분량을 살포한다. 방제 약제로 매실에 등록된 약제는 없으나 핵과류인 복숭아의 등록 약제로는 디페노코나졸 수화제, 트리플루미졸 수화제, 비터타놀 수화제, 훼나리몰 수화제, 티람 수화제, 헥사코나졸 수화제 등이 있다

마 날개무늬병(紋羽病, White root rot, Violet root rot)

Helicobacilium mompa **Tanaka-자주빛날개무늬병(紫紋羽病)**
Rosellinia necatrix **Prillieux-흰날개무늬병(白紋羽病)**

(1) 기주식물: 사과, 배, 복숭아, 매실 등 전 과종

(2) 병징

나무의 세력이 약화되고 잎이 적어지며 황색을 띤다. 계속되면 낮에는 시들었다가 밤에 다시 회복되는 것이 반복되다가 심하면 조기에 낙엽되고 말라죽는다.

(3) 병원균

이 병원균은 담포자를 형성하고 병반은 뿌리 표면에 발생하며 자주빛날개무늬병

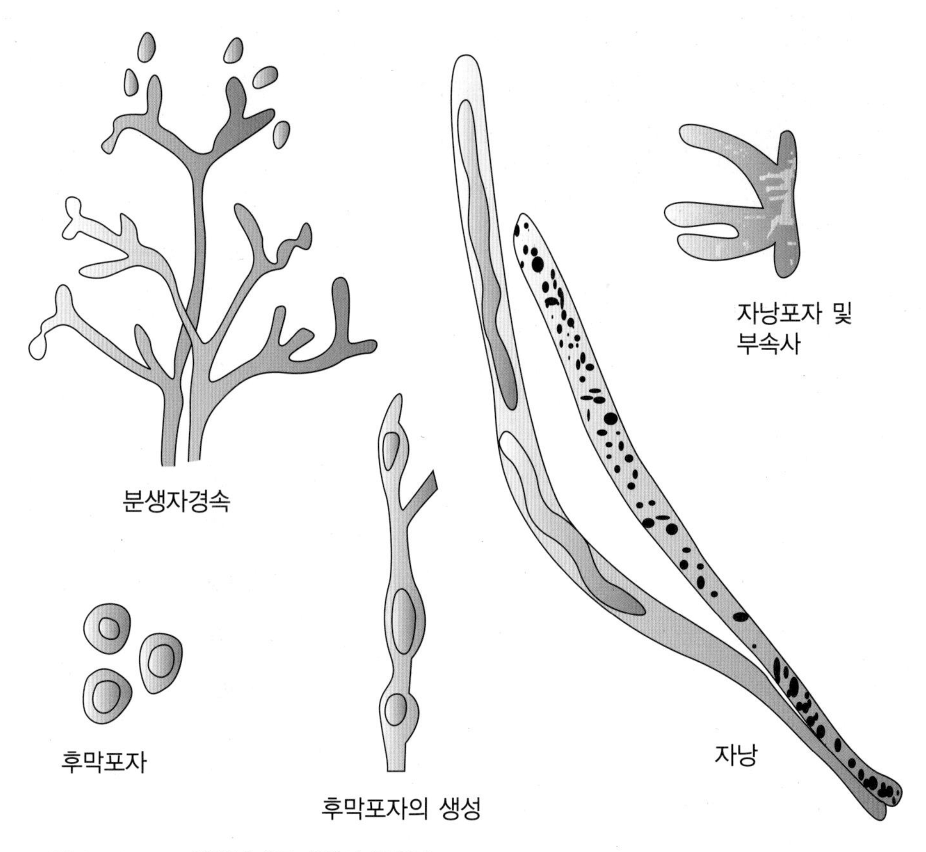

그림 2-60 • 흰빛날개무늬병의 병원균

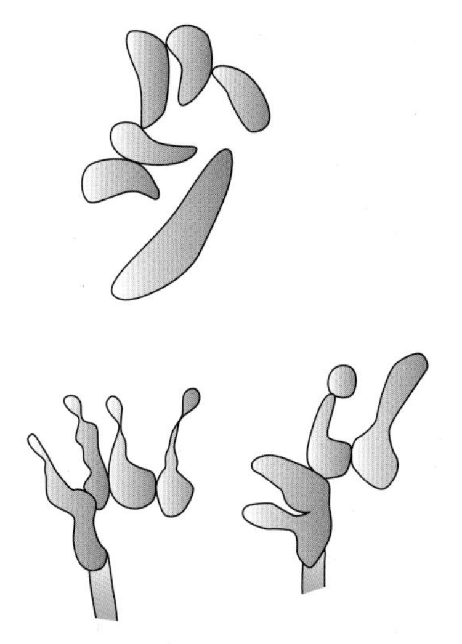

그림 2-61 • 자주빛날개무늬병의 병원균

의 경우는 자홍색, 흰날개무늬병인 경우는 백색의 실 같은 균핵을 형성한다.

(4) 전염경로

(5) 방제법

이병된 나무는 뽑아 불태우고, 이 병의 피해가 발견되면 베노밀수화제, 이소프로티올레입제, 플루아지남분제 등 약액을 충분히 관주하여 소독한 다음 다시 심도록 한다. 병든 나무는 꽃, 과실 등을 따주어 나무의 세력을 회복시킨다. 잘 썩은 퇴비를 사용하고 배수 및 관수를 철저히 해주며 강전정을 하지 않고, 이병된 나무는 주위에 대목이나 매실 묘목을 심어 이른 봄에 기접을 하여 수세를 회복시켜 주는 것도 효과적인 방법이다.

바 잎탄저병(Leaf anthracnose)

Gloesporium lacticolar Berkeley

(1) 기주식물: 매실, 복숭아, 살구, 자두, 양앵두나무

(2) 병징

과실, 가지, 잎에 발생한다. 과실에는 갈색의 작은 반점이 형성되고, 점차 커지면서 대형 병무늬가 나타난다. 후에 병반과 병반이 합쳐져 과피가 변색되고, 과실내부까지 썩으며, 감염부위에는 담홍색의 포자덩어리가 누출된다. 가지에서는 마름증상이 나타나며, 잎에는 갈색의 원형 반점이 형성된다.

(3) 병원균

진균계의 자낭균문에 속하며, 자낭포자와 분생포자를 형성한다. 자낭각은 흑색, 구형 내지 서양배 모양이고, 직경은 80~300 μm이다. 자낭은 곤봉형 내지 관상형이고, 이중막으로 되어 있으며, 그 크기는 60~90 × 8~10 μm이다. 자낭포자는 자낭안에서 8개씩 형성되고, 무색, 단세포이며, 약간 굽은 타원형 혹은 방추형이다. 분생포자는 무색, 단세포, 타원형 내지 장타원형이며, 양끝이 둥글거나 한쪽 끝이 약간 좁고 모난 형태인데, 그 크기는 12~28 × 3~6μm이다. 이 균의 생육온도 범위는 5~35°C, 생육적온은 26~28°C이다.

(4) 전염경로

병원균은 병든 과실 및 결과지의 조직속에서 자낭각 및 균사로 월동 후, 분생포자를 형성하여 1차전염원이 된다. 병의 발생은 6월 중순 이후 장마기에 시작되며, 분생포자의 전반은 비가 많은 7~8월, 빗방울에 의해 주로 이루어지고, 곤충이나 새들에 의해 이루어지기도 한다. 과실의 성숙기 및 수확기에 병이 많이 발생한다.

(5) 방제법

과수원을 배수가 잘 되게 관리하고 질소질비료를 적절하게 사용한다. 약제방제로는 낙화후부터 티디다논액상수화제, 플루아지남액상수화제, 프로피네브수화제 또는 입상수화제를 살포한다.

사 고약병(膏藥病, Brown and gray lepra, Felt)

***Septobasidium* bogoriense Patouillard**–잿빛고약병
***S. tanakae* Miyabe Boedjin et Steimann**–갈색고약병

이 병은 각지에 널리 분포하지만 큰 피해는 없으며, 매실나무 생육기간 중 언제든지 발생하는데, 병원균은 깍지벌레(介殼蟲)의 분비물 위에 착생하여 번식하는 것으로 본다. 병원균과 병징의 차이에 따라서 잿빛고약병과 갈색고약병으로 나뉜다.

(1) 기주식물: 매실, 벚나무, 복숭아, 자두, 배 등

(2) 병징

주로 묵은 가지나 나무줄기에 발생한다. 잿빛고약병이나 갈색고약병에 걸린 나뭇가지나 나무줄기의 표면에는 원형 또는 불규칙형의 두꺼운 막층(膜層)이 생기며, 고약을 바른 것과 같이 보인다. 잿빛고약병은 처음에는 다색(茶色)이지만 나중에는 쥐색, 자색, 담갈색, 흑색의 띠를 두른 것과 같이 변하고 오래되면 균열이 생긴다. 그러나 갈색고약병반은 보통 갈색이며 가장자리에 좁은 회백색의 띠(帶)가 있고, 균사막의 표면은 비로도상이다.

(3) 병원균

이들 병원균은 다같이 담포자를 형성한다. 잿빛고약병균은 처음에는 무색이고 구형인 구상체(球狀體)를 형성하는데, 여기에서 담자낭이 형성된다. 담자낭은 무색 원통형으로 약간 만곡하고, 크기는 24~48 μ × 6~8.5 μ이며, 4개의 포(胞)로 되어 있다. 각 포(胞)에서 소병(小柄)이 생기며 여기에 담포자가 착생한다. 갈색고약병균은 구상체를 형성하지 않고 직접 담자낭을 형성한다. 담자낭은 무색 방추형이고 3~5포이며, 크기는 49~65 μ × 9 μ인데, 각 포에서 소병(小柄)이 생기고 여기에 담포자가

고약병 피해 가지

착생한다. 이 담포자는 무색 단포(單胞)이고 낫 모양이며 이것이 발아하여 직접 균사를 형성한다.

(4) 전염경로

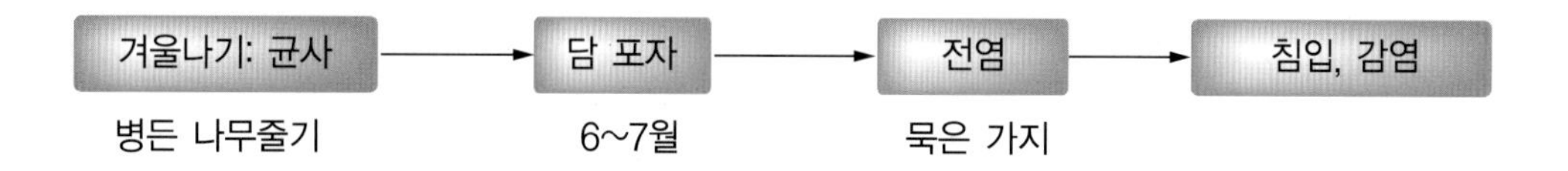

(5) 방제법

월동 직후에 석회유황합제 5도액을 살포하고, 깍지벌레의 방제를 위해 월동기에 기계유유제 20배액을, 생육기에는 수프라사이드 1,000배액을 살포한다. 병환부 막층(膜層)을 긁어 내고 그 자리에 1도 내외의 석회유황합제 또는 20배의 석회유(石灰乳)를 바른다.

2. 해충

병해의 경우와 마찬가지로 해충방제의 기본은 해충의 생활사를 파악해서 해충이 가장 약한 시기에 방제함으로써 방제효과를 높이도록 한다. 해충의 방제법으로는 천적을 이용하고 해충이 좋아하는 빛깔이나 향기로 유인하여 포살하거나 싫어하는 빛이나 냄새로 접근을 막는다. 또한 재배법이나 관리방법으로 해충의 번식이나 활동을 제한하며, 마지막 수단으로 안전한 약제로 방제를 실시한다.

가 복숭아유리나방(小透羽蟲, Cherry tree borer)

Synanthedon hector Butler

(1) 기주식물: 매실, 살구, 자두, 복숭아, 사과, 배나무, 벚나무

(2) 가해상태

애벌레는 매실나무나 복숭아나무의 껍질 속을 가해하므로 나무 세력이 약해지고

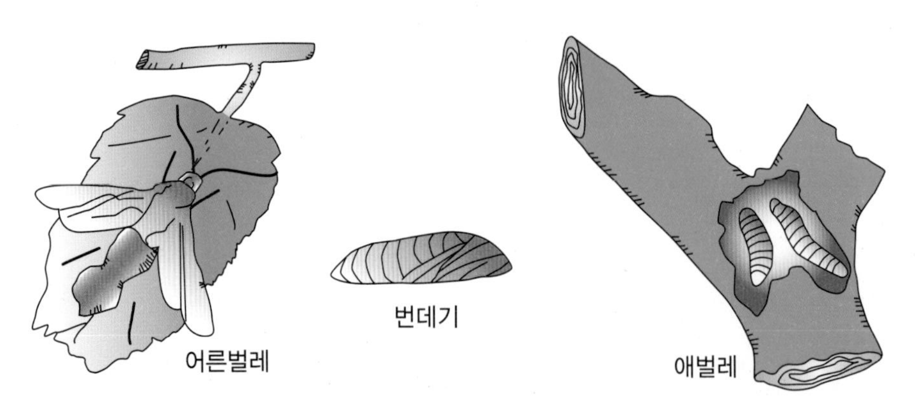

그림 2-62 • 복숭아유리나방

심하면 말라죽어 피해가 크다. 우리나라의 중부 이남에서는 살구, 복숭아 매실 등에 큰 피해를 주고 중부 이북에서는 사과, 배 등의 피해가 크다.

(3) 형태

어른벌레의 몸길이는 15~16 mm이며 검은 자색이고 머리는 검은색이다. 촉각은 기부가 약간 황색이고 다른 부분은 전부 검은색이다. 알은 납작한 구형이고 담황색이며, 나무껍질의 갈라진 틈에 1~3개씩 붙어 있다. 애벌레는 머리가 황갈색이고 몸은 담황색이며 각 마디는 노란색인데, 몸길이는 23 mm 정도이다. 번데기는 황갈색이고 배 끝에 돌기가 있으며, 길이는 16 mm 정도로 나무껍질 밑의 고치 속에 들어 있다.

(4) 생활사

1년에 1회 발생하며 5월부터 9월까지 어른벌레가 기주나무 원줄기 아래쪽에 알을 낳는다. 알에서 깨어난 애벌레는 나무껍질 밑에서 생장하고 월동하며 이듬해 봄부터 연중 가해한다. 번데기의 껍질은 어른벌레가 탈출한 구멍 밖으로 노출되어 있다. 성충은 낮에만 활동한다.

(5) 방제법

벌레 똥 또는 수지(樹脂)가 발견되는 곳이 애벌레의 잠입 부위이므로 칼이나 철사

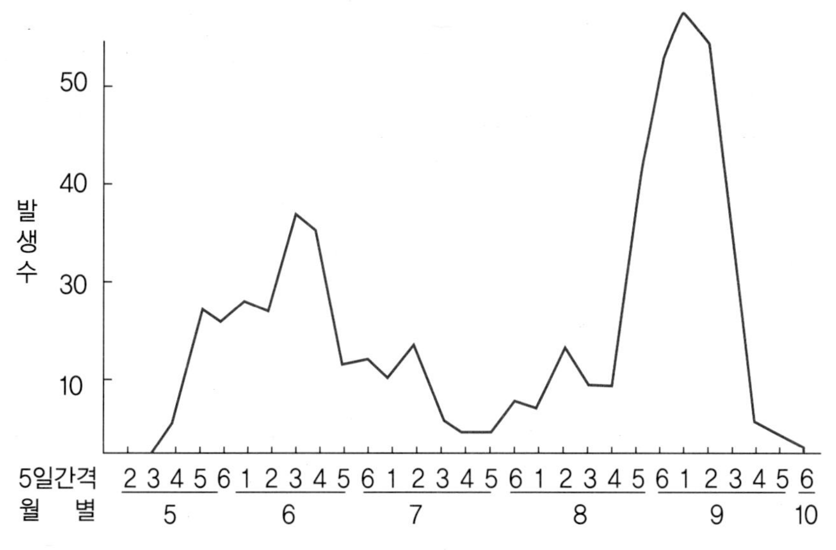

그림 2-63 • 복숭아유리나방의 발생소장(자료: 원시, 1972)

를 이용하여 직접 잡아준다. 월동 후에는 애벌레의 식해 활동이 왕성하므로 늦어도 월동 직전까지 잡아야 한다. 원줄기의 피해가 심해지기 전에 성충이 산란하지 못하도록 접촉성 살충제를 충분히 살포하고 발생이 심한 나무줄기에는 살충제를 섞은 백도제를 발라준다. 6월 상순과 8월 상순에 침투성 살충제를 살포하는데, 유기인계 및 합성제충국제를 뿌릴 때는 줄기와 가지 부위에 충분히 묻도록 살포한다. 피해 부위는 전정할 때 잘라 성충이 탈출하기 전에 불태우며, 피해 부위에는 살충제를 300~500배로 희석하여 주입해야 한다.

나 복숭아혹진딧물(桃赤蛾虫, Green peach aphid)

Myzus persicae Sulzer

(1) 기주 식물: 매실, 복숭아, 자두, 살구, 벚나무, 감귤, 담배, 목화, 감자, 오이, 고추 등

(2) 가해상태

잎에서 즙액을 빨아먹어 잎이 세로로 말리고 적색으로 변한다.

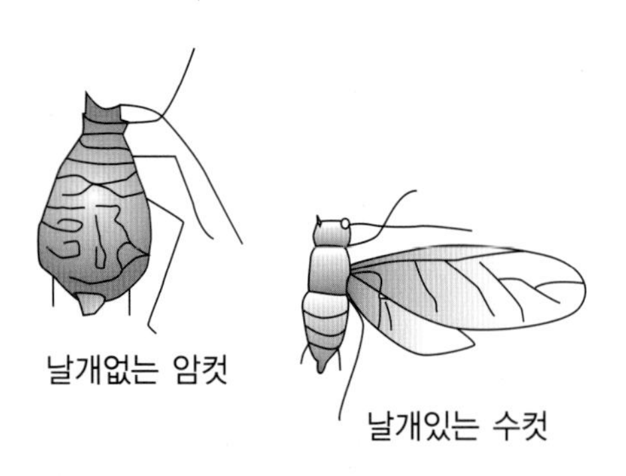

그림 2-64 • 복숭아혹진딧물

(3) 형태

날개가 없는 무시충(無翅蟲)인 암컷의 배는 적녹색을 띠며 배의 축돌기가 뚜렷하다. 몸은 흑색으로 중앙부가 약간 팽배되어 있다. 날개가 있는 유시충(有翅蟲)인 수컷은 엷은 적갈색이며 촉각은 3마디에 평균 12개의 원형 감각기가 있다. 배의 내면에는 각 마디에 흑색의 띠와 반점무늬가 있다.

(4) 생활사

이주형으로 여름에는 무 또는 배추 등에 피해를 주다가 가을철에는 매실나무로 와서 유시충의 진딧물로 변하여 1년생 가지에 산란하여 월동한다.

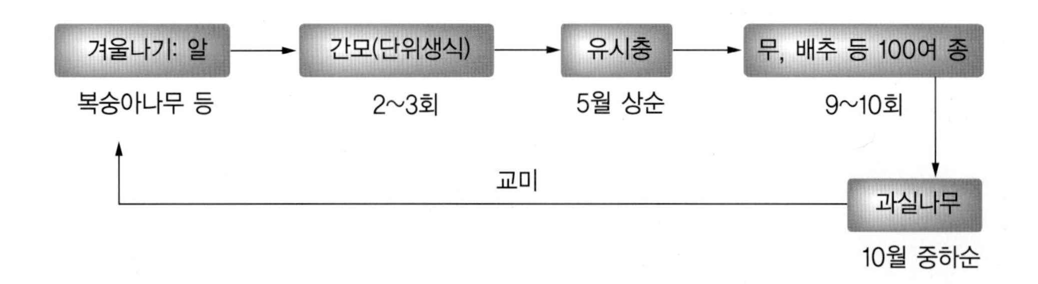

(5) 방제법

발생초기에는 진딧물 전용약제를 살포하고, 월동기간 중에는 조피작업 및 기계유유제를 살포한다.

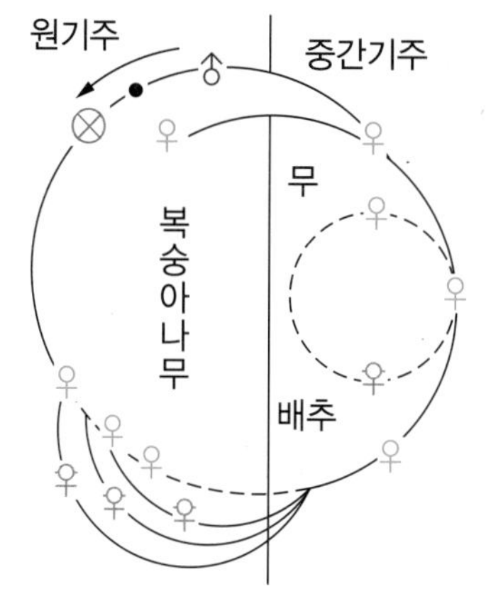

- ● 겨울나기알
- ⊗ 교미시기
- ♀ 날개가 없는 암컷
- ♂ 날개가 있는 수컷
- ♀ 날개가 있는 암 · 수컷

그림 2-65 • 복숭아혹진딧물의 생활사

다 산호제깍지벌레(梨丹介殼蟲, San Jose scale)

Comstockaspis perniciosa Comstock

(1) 기주식물: 매실, 복숭아, 살구, 사과, 배, 감귤, 기타 과수 및 관상식물류

(2) 가해상태

주로 가지에 기생하며 점차 심하면 깍지벌레로 뒤덮어 쇠약하게 되고 결국 말라 죽게 된다. 여름철에는 잎, 과실에도 기생하는데 가해부분에 붉은 색의 둥근 반점이 생기고 과실에 기생하면 과피가 울퉁불퉁한 기형과가 된다.

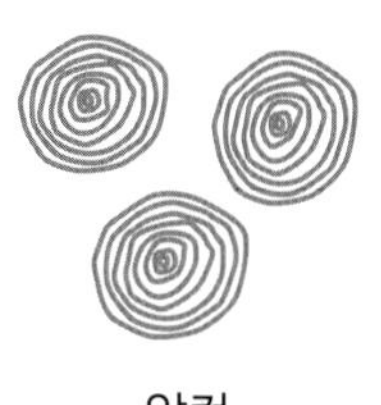
암컷

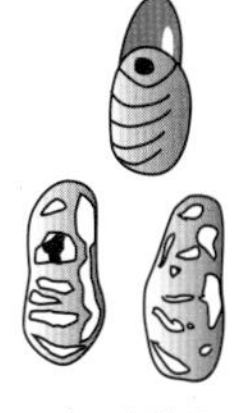
수컷약충

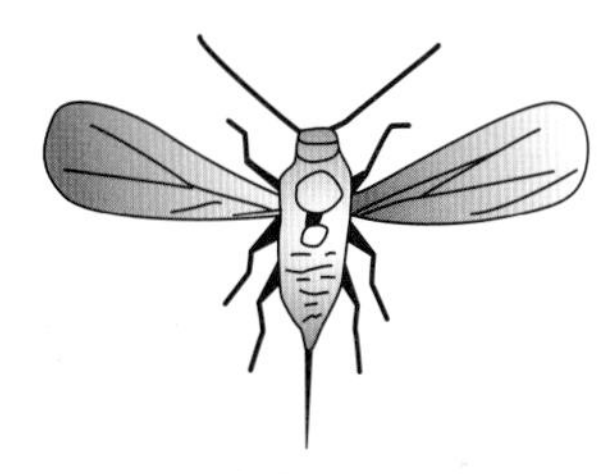
수컷어미벌레

그림 2-66 • 산호제깍지벌레

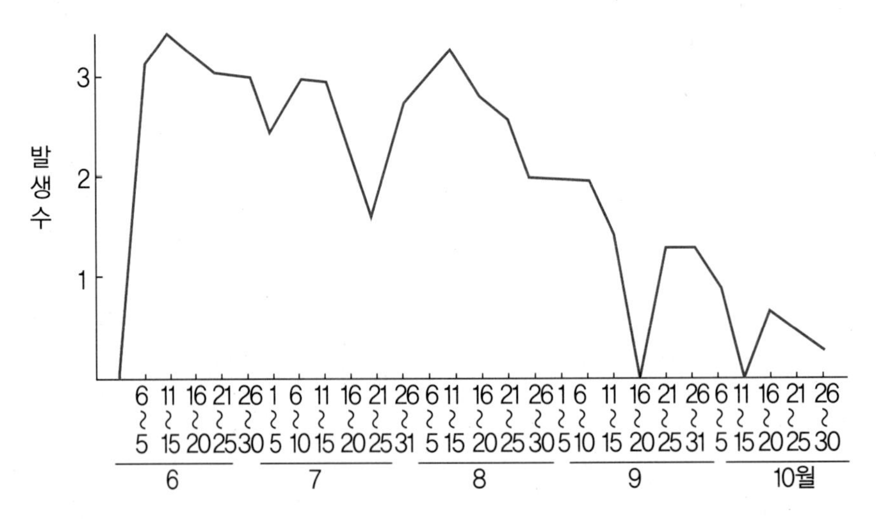

그림 2-67 • 산호제깍지벌레의 애벌레 발생소장

(3) 형태

암컷은 원형이고 중앙부가 융기된다. 제3회 탈피각이 맨 나중의 깍지이며 회색을 띠고 지름은 3 mm 가량이다. 깍지 밑에 타원형의 담황색 벌레가 있다. 눌러보면 황색의 즙액이 나오는데, 살아 있는 이것의 몸은 작으며 1쌍의 날개가 있고 붉은 색을 띤다. 수컷은 작지만 길이는 암컷의 2배이며, 부화된 약충은 몸길이가 0.5 mm이고 타원형이며 담홍색을 띤다.

(4) 생활사

1년에 2~3회 발생하며, 대개 약충으로 기주식물에서 월동하나 때때로 성충으로 월동하는 것도 있다. 약충으로 월동하는 것은 5월 하순부터 6월 상순에 성충이 되어 교미 후 알을 산란한다.

(5) 방제법

전정 직후인 봄철에 일찍 기계유유제 20~25배액을 살포하고, 발아 후에는 석회유황합제 0.3도액을 살포한다. 알에서 깨어 나오는 시기 및 어린 벌레 활동기에 수프라사이드 1,000배액을 살포한다.

라 가루깍지벌레(桑粉介殼虫, Muberry mealy bug)

Pseudococcus comstocri Kuwana

(1) 기주식물: 매실, 복숭아, 살구, 사과, 배, 감, 감귤 등 15종

(2) 가해상태

기주식물의 즙액을 빨아먹는데 심하면 과실이 기형이 되며 그을음병을 유발한다.

(3) 형태

어른벌레는 몸길이가 3~4.5 mm이고 타원형이며 황갈색이다. 흰가루로 덮여 있으며, 몸 둘레에는 하얀 가루의 돌기가 17쌍이 있고, 배 끝의 1쌍이 특히 길어서 다른 것과 구별된다. 수컷은 1쌍의 투명한 날개가 있고, 날개를 편 길이는 2~3 mm이다. 알은 황색이고 넓은 타원형이며 길이는 0.4 mm이다.

(4) 생활사

1년에 3회 발생하며 나무껍질 밑, 뿌리 근처, 가지 사이에서 대부분의 경우 알로 월동한다. 암컷은 약충 또는 성충으로도 활동한다. 제1회 발생은 6월이며, 2회 발생은 8월 상순, 3회 발생은 9월 상순부터 10월 상순이다.

(5) 방제법

전정 직후인 봄철 일찍 기계유유제 20~25배액을 살포하고, 발아 후에는 석회유황합제 0.3도액을 살포한다. 알에서 깨어 나오는 시기 및 어린 벌레 활동기에 수프라사이드 1,000배액을 살포한다.

마 매실애기잎말이나방(Ume leaf roller)

Rhopobota naevana Hubner

(1) 기주식물: 매실, 복숭아, 살구, 사과, 배 등

(2) 가해상태

신초 끝의 어린잎을 가해하여 검붉게 변색된다. 월동 중 알의 치사율이 높아 봄에는 큰 피해가 없지만, 세대를 거듭함에 따라 증가하여 8월 하순~9월 상순경에 신초 끝의 피해가 가장 심하다. 일반과원에서는 보기 힘들다.

(3) 형태

성충은 몸길이가 4~6 mm이며, 회갈색의 작은 나방으로 날개를 편 길이가 11~12 mm이다. 알은 납작한 타원형이고 유백색~등적색이며, 표면에 거북모양의 무늬가 있다. 유충은 어릴 때는 암록색이지만 자라면서 황색으로 변하며, 몸에 미세한 점무늬가 빽빽이 나 있다.

(4) 생활사

연 5회 발생하며 가지와 줄기에 알로 월동하여 4월 중순에 부화한다. 제1회 발생시기는 5월 하순~6월 상순, 제2회 발생시기는 6월 하순~7월 중순, 제3회 발생시기는 7월 하순~8월 중순, 제4회 발생시기는 8월 중순~9월 중순, 제5회 발생시기는 9월 중순~10월 중순이며, 발생횟수가 많아서 경과가 대단히 복잡하다. 산란수는 평균 22개이고 1개씩의 알을 잎의 앞 뒤, 가지 등에 낳는다. 잎의 가장자리를 접고 그 안에 얇은 백색고치를 만든 다음 그 속에서 번데기가 된다. 번데기 기간은 7~8일이지만 월동세대는 14일이다.

(5) 방제법

월동난 방제시에는 기계유유제나 석회유황합제를 살포한다. 유충 및 생육기 방제시에는 적용약제를 살포한다.

바 진거위벌레(peach curculio)

Rhynchites heros **Roelofs**

(1) 기주식물: 매실, 복숭아, 사과, 배 등

표 2-52 • 매실애기잎말이나방 적용 약제 및 안전사용 기준

적용약제	사용 적기	희석배수	안전사용기준	
			살포시기(~까지)	횟수(~이내)
델타메트린(유)	발생초기	1,000배	수확 45일전	1회
트리클로르폰(수)	유충 발생초기	800배	수확 15일전	4회
페니트로티온(유)	발생초기	1,000배	수확 21일전	2회

(2) 가해상태

어른벌레는 피해식물의 열매꼭지를 반쯤 자르고 과실 속에 1개씩의 알을 낳아 놓는데 시일이 경과하면 열매꼭지가 부러져 열매가 떨어진다. 애벌레는 새순에도 피해를 준다.

(3) 형태

어른벌레는 광택이 있는 자갈색이며, 주둥이가 길고 다리가 발달되어 있다. 촉각은 주둥이의 중앙부에 있으며, 기부에서 제8마디까지는 강한 털이 드문드문 있다. 몸길이는 14 mm 가량이다. 알은 계란형이며, 반투명하고 길이는 1 mm이다. 애벌레는 유백색에 다리가 없고, 몸길이가 9 mm 가량이다.

(4) 생활사

1년에 1회 발생하며, 늙은 벌레로 땅속에서 월동한다. 이듬해 봄에 번데기가 되며, 4월 하순부터 성충이 나타나서 어린과실의 열매꼭지를 반쯤 자르고 과실에 조그마한 구멍을 뚫은 다음 그 속에다 한 개씩의 알을 낳는다.

알에서 깨어난 어린벌레가 과실의 내부를 먹고 자라는 동안 열매꼭지가 부러져 열매가 떨어지게 된다. 늙은 상태의 벌레로 탈출하여 땅속으로 들어가 흙으로 집을 만들고 그 속에서 월동한다.

(5) 방제법

열매꼭지가 부러진 것은 철저히 따서 땅에 깊이 묻는다. 유기인제 계통의 살충제

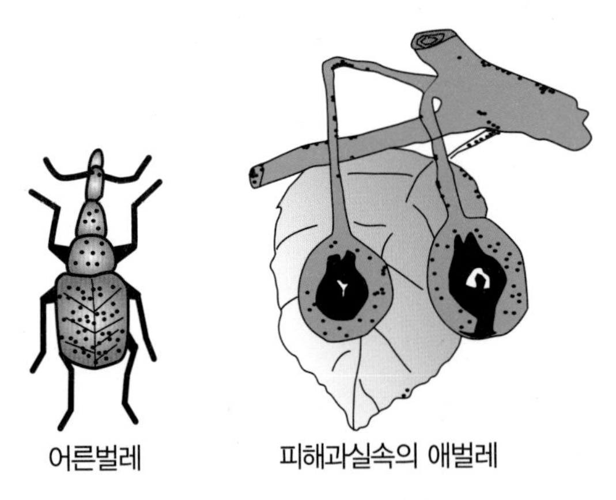

그림 2-68 • 진거위벌레와 피해과실

를 살포한다. 이른 아침에는 애벌레의 동작이 민첩하지 못하므로 나뭇가지를 흔들어 한군데 모아 잡아 죽이는 방법도 효과적이다.

3. 생리장해(生理障害)

가 수지장해과(樹脂障害果)

(1) 증상

수확기에 가까워지면 과실이 비대하여 과피의 일부가 부풀어 암녹색으로 되며, 물을 머금은 것처럼 되어 터져서 응어리가 생기는데, 그 안쪽의 과육에 빈 구멍이 생긴다.

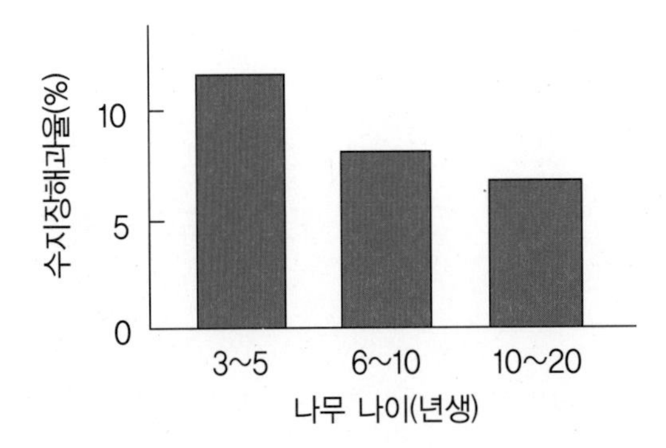

그림 2-69 • 수령에 따른 수지장해과 발생률

표 2-53 • 품종별 수지장해과 발생률(德島果試)

품종	발생률(%)	품종	발생률(%)
용협소매	3.3	양노	4.8
갑주최소	0	고성	13.6
신농소매	0	옥영	3.3
등오랑	0.3	월세계	15.1
남고	0.6	청축	32.1
임주	1.3	앵숙	67.0
백가하	1.1		

표 2-54 • 과실 크기와 수지장해과 발생률(德島果試)

과실크기	수지장해과 발생률(%)		
	A 원	B 원	C 원
대과	25.8	13.2	31.9
중대	8.7	10.6	17.3
중소과	1.4	3.7	8.5

수지(과실의 진)가 발생하는 것은 6월 상중순 수확기와 가까운 시기에 햇빛을 직접 받는 과실과 큰 과실에서 많이 발생되고, 과실 내에서는 과정부와 적도부분에 많이 발생된다. 또, 나무의 나이가 3~5년으로 어리고 영양생장이 왕성한 나무에서 많이 발생한다. 품종별로는 앵숙, 청축, 월세계, 고성 등이 심하다. 일사량이 많은 동남향 과원에서 발생이 많으며, 질소를 과다하게 시용하는 과원이나 착과가 과다한 과원에서도 많이 발생된다. 또한 숙기에 강우량이 많으면(300 mm 내외) 발생이 많아진다. 이와 같은 수지장해과의 직접적인 요인은 토양 중의 붕소 부족인데 질소나 석회를 과다하게 시용하여 토양 중의 붕소가 부족해지거나 어려운 불가급태일 때 심하게 발생된다.

(2) 방지대책

방지대책으로는 밑거름을 줄 때 나무당 붕사 20~50 g을 뿌려 주거나 5월 하순경에 1~2회 0.2~0.3%의 붕산용액(생석회 반량 가용)을 엽면살포한다. 또한 토양 개량 및 질소의 균형 사용과 과다결실 등을 삼가하여 나무를 건강하게 관리해 주어야 한다.

나 일소장해(日燒障害)

(1) 증상

일소현상은 과실뿐만 아니라 원줄기, 원가지, 덧원가지 등 직사광선을 많이 받는 부분에서 발생하는데, 과실이 일소를 받으면 과피가 갈변(褐變)되고 오목하게 들어가 굳어지며, 종자의 일부가 갈색으로 변한다. 일소현상이 큰 가지에서 발생되면 껍질이 붉게 물들고 표피와 목질부가 밀착되어 탄력이 없어지고 심하면 말라죽는다. 이러한 일소장해는 세력이 약한 나무에서 결실량이 많으면 발생하기 쉬우며, 모래땅은 점토보다 많이 발생한다.

(2) 방지대책

일소장해의 방지대책은 토양을 심경하여 보수력을 높여주고, 결실량을 조절하여 나무의 세력관리를 철저히 하며, 큰 가지의 몸체가 직접 햇빛을 받지 않도록 잔가지를 배치한다. 고온 건조기에는 관수를 하여 나무의 온도가 지나치게 높지 않도록 해준다. 피해를 많이 받는 큰 가지와 원줄기 등의 햇빛을 직접 받는 부분에는 백도제(또는 수성페인트)를 만들어 발라줌으로써 나무껍질의 온도가 높아지지 않도록 한다.

다 생리적 낙과(生理的 落果)

(1) 낙과 원인

여러 요인에 의해 발생하는데 토양내 뿌리의 활력 저하에 의한 양수분의 흡수능력이 떨어진 경우에 수체내 양분 부족 현상이 발생하게 되면 엽이 시들거나 과실의 낙과가 발생한다.

(2) 방지대책

낙과 발생을 줄이기 위해서는 나무의 세력에 맞도록 열매솎기를 실시하고, 수확 후부터 낙엽 전까지 병충해 방제를 철저히 실시하여 건전한 잎이 오랫동안 유지되도록 하며, 아울러 9월 중에는 여름전정을 실시하여 나무 내부까지 햇빛이 잘 들어오도록 해줌으로써 꽃눈 발달과 저장양분 축적이 잘 되도록 한다. 또한 웃거름을 철저히 주어 남겨진 잎들의 광합성을 촉진시켜 주도록 한다.

제2차 낙과의 원인인 불수정을 해결하기 위해서는 수분수 비율을 높이고 개화기가 일치하면서 친화성이 높은 수분수 품종을 선택하며, 머리뿔가위벌이나 꿀벌과 같은 방화곤충을 활용하여 꽃가루 매개가 원활히 이루어지도록 한다.

제3차 낙과를 줄이기 위해서는 적기에 열매솎기를 실시한다. 솎기 정도는 1과당 잎 수가 많을수록 큰 과실이 생산되지만 전체 수량이 감소하게 되므로 잎 5~10매당 1과의 비율로 실시하거나 10 cm 이하의 단과지에는 1~2과, 늘어진 가지에는 1과, 중~장과지에서는 5 cm마다 1과 정도를 남기고 솎는다. 2차 웃거름을 주는 시기에 질소질 비료의 거름주는 양을 낮추며, 전정을 할 때에는 가지가 복잡해지지 않도록 한다. 또한, 관수 및 물빠짐 대책을 세우고 유기물 공급 등으로 토양수분의 급격한 변동을 줄이도록 한다.

VIII. 수확, 선별 및 출하

1. 수확

가 성숙특성과 수확숙도

매실은 성숙 정도에 따라 10분숙으로 구분하는데, 과실의 핵이 경화될 때를 5분숙, 과육에 청미가 있을 때를 6~7분숙, 과육의 청미가 소실되고 조직이 다소 연화되기 시작할 때를 8분숙, 과육색이 담록색이고 과피가 담황색이 되어 조직이 연화되었을 때를 9분숙, 완전히 연화되고 섬유질이 없는 것을 10분숙으로 구분하며 7~8분숙을 청매라고 하여 이를 수확한다.

매실은 생육, 성숙과정에 있어서 초기에는 과실 중량과 크기가 급격히 증가하고 그 이후 핵이 경화되는 기간 동안 생육이 일시 정체하는 양상을 보이다가 이후 과육부의 비대가 급증한다. 이와 같이 매실의 생장 및 성숙과정은 급속생육기, 생육정체기(경핵기), 급속비대기의 3단계로 구분할 수 있으며, 핵과류나 포도 등에서 나타나는 바와 같이 이중 S자형 생육곡선을 나타낸다.

매실의 성숙과정에서 이화학적인 특성변화로 가용성고형분, 산도, pH, 유기산의 변화를 살펴볼 수 있다. 가용성고형분과 산도는 성숙이 진행함에 따라 품종별로 약간의 차이는 있지만 증가하는 경향이고, pH는 감소하는 경향을 보인다. 주요 유기산은 구연산, 사과산, 옥살산, 수산, 숙신산 등이며, 성숙과 더불어 구연산은 증가하는 반면 사과산은 감소(그림 2-69)한다. 당의 조성에서 주요 유리당은 포도당, 솔비톨, 자당, 과당, 엿당 등으로, 품종별로 차이는 있지만 포도당과 솔비톨의 경우에는 과실 생육에 따라 감소하는 경향을 보였으며, 자당의 경우는 증가하는 경향을 보인다. 한편 과당과 엿당의 경우는 비교적 변화가 적은 편(표 2-55)이다.

한편 과실의 경도는 일반적으로 경핵기에 최대치를 보인 후 과실의 비대와 함께 저하된다. 품종별로 차이는 있지만, 남고와 백가하 품종의 경우 경도 값이 비교적 높

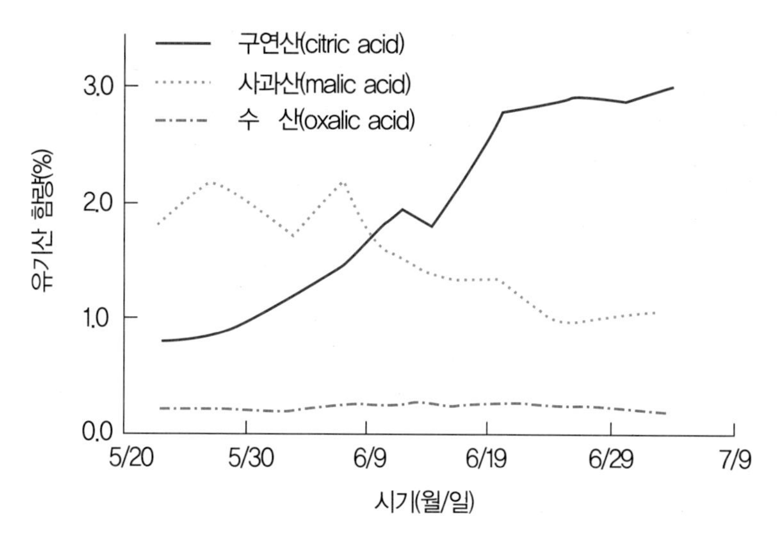

그림 2-70 • 매실 베니사시 품종의 유기산 함량의 변화(자료: 中川. 2000. 과실일본.)

표 2-55 • 매실 품종별 성숙과정 중의 유리당 함량 변화(mg/100 g)

품종	조사일(만개후일수)	포도당	솔비톨	자당	과당	엿당	총당
남고	6.3(64)	289	127	42	51	59	568
	6.17(78)	112	75	65	47	65	364
	7.1(92)	67	76	220	48	67	478
백가하	6.3(64)	310	159	17	59	84	629
	6.17(78)	236	163	54	64	109	626
	7.1(92)	110	70	371	70	80	701
소매	6.3(64)	66	66	19	56	66	273
	6.17(78)	86	48	153	76	57	420
	7.1(92)	97	43	633	86	64	923
앵숙	6.3(64)	274	197	26	60	77	634
	6.17(78)	167	120	65	56	93	501
	7.1(92)	112	66	206	66	75	525

※자료: 차환수 등. 1999. 농산물저장유통학회지. 6:481-487.

으며, 소매의 경우 개화 80일 이후에는 급격히 경도가 떨어지고 과육의 조직이 빠르게 연화되는 경향(그림 2-71)이 있다. 따라서 절임용 등 과육 조직을 유지하고자 하는 원료로 사용할 경우에는 연화되기 이전에 수확하여야 한다.

매실은 칼륨이 주요 무기성분이며, 칼슘과 마그네슘의 성분은 과육이 황화되는 완숙기에 이르면 비대와 함께 그 함량이 상대적으로 감소하는 경향(표 2-56)을 보인다. 이러한 칼슘과 마그네슘은 과육 중의 펙틴질 등과 같은 극성기를 갖는 화합물과 결합된 형태로 존재하는 것이 많고, 과실 비대와 함께 펙틴질과의 결합이 해리되기 때문인 것으로 추측되고 있다. 펙틴의 종류별 함량 변화를 살펴보면, 과실 비대와 함께 수용성펙틴이 증가하고 산가용성펙틴은 감소하며, 펙틴중의 총 칼슘함량은 펙틴질의 변화와 함께 감소(표2-57)한다. 또한 저장 중 과실의 연화와 함께 수용성펙틴은 증가하고 산가용성펙틴은 감소하는 반면, 각 펙틴 분획 중의 칼슘함량의 변화는 적으나 염가용성펙틴 및 수용성펙틴의 펙틴당 칼슘과 마그네슘 함량이 감소하면 펙틴의 가용화 및 경도저하가 발생한다.

한편, 과실의 성숙과 함께 중요한 지표가 되는 호흡, 에틸렌생성량을 살펴보면 매실은 호흡이 일시적으로 급격히 증가하여 완숙되었을 때 최대치를 보인 후 후숙이

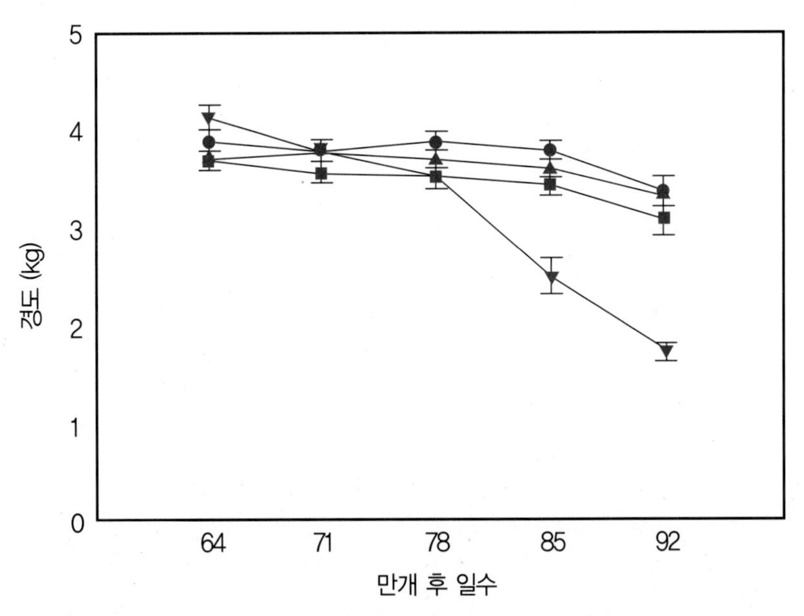

그림 2-71 • 매실 품종별 과실발달에 따른 경도 변화(● 백가하, ■ 남고, ▲ 앵숙, ▼ 소매)
(자료: 차환수 등. 1999. 농산물저장유통학회지. 6:488-494.)

진행됨에 따라 감소하는 경향을 보인다. 즉, 착색이 시작될 때까지는 에틸렌 발생이 거의 없고 탄산가스 배출량도 일정하여 변화를 보이지 않다가 황화가 시작되고 엽록소가 분해되면서 에틸렌 발생이 급증하며 탄산가스배출량도 급속도로 높아지는 전형적인 호흡 급등형 과실이다. 하지만 매실은 다른 과실과는 달리 미숙한 상태에 있는 청매실을 수확하기 때문에 후숙이 대단히 빠르고 수확 후 호흡열이 많은 작물

표 2-56 • 매실 품종별 성숙과정 중의 무기성분 변화(mg/100 g, Fresh weight)

품종	조사일(만개후일수)	K	Ca	Mg	Na
남고	6.3(64)	130.4	8.1	9.0	7.0
	6.17(78)	221.3	8.1	7.7	11.8
	7.1(92)	171.1	7.5	7.2	11.8
백가하	6.3(64)	168.0	10.3	7.8	9.1
	6.17(78)	153.9	10.2	7.8	9.4
	7.1(92)	181.2	8.2	6.2	11.6
소매	6.3(64)	236.9	9.9	11.2	10.6
	6.17(78)	203.0	5.3	8.4	13.3
	7.1(92)	246.8	4.9	8.0	17.3
앵숙	6.3(64)	143.7	10.9	10.3	9.8
	6.17(78)	183.8	9.1	10.1	15.5
	7.1(92)	131.5	8.3	9.8	9.2

※자료: 차환수 등. 1999. 농산물저장유통학회지. 6:488-494.

표 2-57 • 매실 남고 품종의 성숙과정 중의 펙틴 조성 변화(%)

조사일	수용성 펙틴	염가용성 펙틴	염산가용성 펙틴	알칼리가용성 펙틴	총 펙틴
6.3(64)	8.41	7.51	76.57	7.51	100
6.10(71)	10.36	6.96	74.36	8.32	100
6.17(78)	11.27	7.10	73.31	8.32	100
6.24(85)	14.29	5.36	73.21	7.14	100
7.1(92)	19.67	7.45	65.84	7.04	100

※자료: 차환수 등. 1999. 농산물저장유통학회지. 6:488-494.

이다. 수확기간이 짧을 뿐만 아니라 수확 후 상온에서 34일 내에 과실의 색상이 황색으로 변화되고 조직이 급격히 연화되므로 수확 후 즉시 예냉 등의 방법으로 자체 호흡열을 제거할 필요가 있다.

나 수확시기

매실은 생식하지 않고 청과를 가공하여 이용하므로 용도에 따라 수확기에 차이가 많다. 그러나 성숙 정도에 따라 수량 차이가 많으므로 가격과 수확량을 고려하여 수확해야 하지만 매실의 유효 성분인 구연산의 함량이 일정 수준에 도달하는 시기 이후에 수확하도록 하는 것이 중요하다.

매실은 일반적으로 완숙되기 전에 수확하며, 수확기는 일반적으로 용도에 따라 약간의 차이는 있으나 만개기로부터 80일 경에 수확한다. 이 때의 과실은 풍만하게 비대하여 둥글고 과피면의 털이 없어지며 색깔은 약간 흰색을 띠는 푸른 시기로서 수확과의 50%가 열매자루가 붙은 상태로 수확되는데, 우리나라 남부지방에서는 6월 중하순경에 수확이 이루어진다.

엑기스용 매실은 경핵기 직후인 유기산 함량이 가장 높은 6월 상중순경에 과피가 푸른색일 때 수확한다. 그러나 매실주로 이용하고자 하는 과실의 수확기는 유기산과 당 함량이 많아야 하므로 엑기스용보다 약간 늦은 6월 중순경에 수확한다.

표 2-58 • 수확시기별 과실 크기 및 품질 비교

품종	수확기	과중(g)	과육률(%)	당도(°Bx)	펙틴함량(mg/100 g)	100g당 과즙량(mL)
남고	개화 후 50일(5.14)	6.8	62.6	4.4	318	57.0
	개화 후 60일(5.24)	10.1	75.4	5.5	413	34.0
	개화 후 70일(6.3)	11.8	79.8	6.1	442	37.0
	개화 후 80일(6.13)	16.7	83.5	7.1	455	43.0
	개화 후 90일(6.23)	23.2	88.7	6.7	457	52.0

※자료: 원예시험장. 1990.

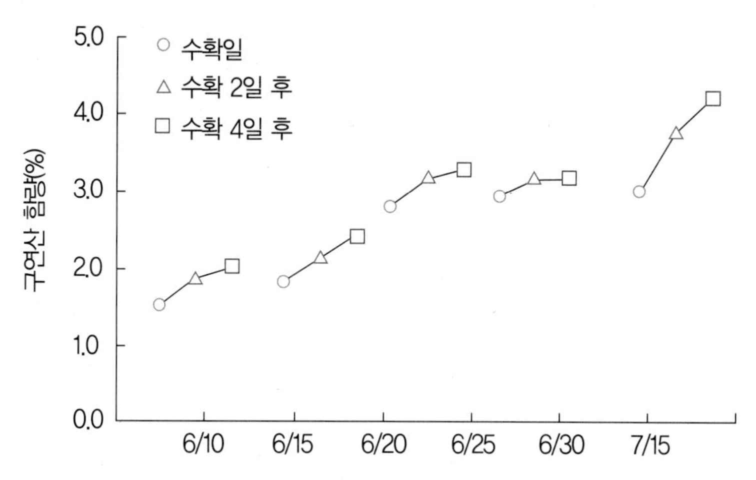

그림 2-72 • 매실 베니사시 품종의 수확 후 후숙에 따른 구연산 함량의 변화
(자료: 中川. 2002. 과실일본 55(6):103-104)

매실 장아찌용(梅肝, 우메보시) 과실은 과육과 씨가 분리되어야 하고 절임한 과실의 과피 주름이 적은 것이 좋은 품질이므로 과육이 충분히 비대하고, 핵의 색이 완전히 황화되어 완숙되기 직전인 6월 하순에 수확한다. 너무 늦게 수확하면 수량이 많고 당도는 높으나 쉽게 황화되므로 주의해야 한다. 또, 좋은 품질의 장아찌를 만들기 위해서는 과실 내 구연산 함량이 3% 이상이어야 하는데, 수확 후 후숙 기간동안 그 함량이 1% 정도가 높아지므로 적어도 구연산 함량이 2% 정도일 때 수확하여야 한다.

한편 매실 수확기에 기온이 높아지면 낙과가 심하고 수확 후 쉽게 황색으로 변하여 품질이 떨어지므로 기온이 낮은 오전 중에 수확하여 출하하거나 저온저장고에 보관하였다가 출하한다.

2. 선과, 출하, 저장

가 선과

수확 후 과실의 선별은 기형과, 변형과, 병해충 피해과나 생리장해과 등을 골라내는 작업으로 선별 이후에는 그늘진 곳으로 과실을 옮겨 온도 상승을 막아준다. 그리고 되도록 빨리 선과장에 반입하여 예냉 또는 선별작업을 실시한다. 선과장 시설을 이용할 수 없는 지역에서는 인력이나 소형 중량선과기를 이용하여 선별한다.

우리나라의 매실 상품규격은 국립농산물품질관리원에서 제정하며, 그 출하 규격과 과실 무게에 따른 구분은 표 2-59, 표 2-60과 같다. 과실 등급은 특, 상 및 보통의 3등급으로 구분한다.

나 포장

선별이 끝난 과실은 소비자에게 안전하고 신선한 상태로 전달될 수 있도록 조심스럽게 포장한다. 포장은 취급의 편의성, 상품성의 향상, 소비자의 구매의욕 촉진 등을 고려하여 소비확대에 노력한다. 포장용기는 5, 10, 15 kg 들이 골판지 상자가 흔

표 2-59 • 등급 규격

항목	특	상	보 통
고르기	무게 구분표상 무게가 다른 것이 5% 이하로 섞인 것	무게 구분표상 무게가 다른 것이 10% 이하로 섞인 것	"특 · 상"에 미달하는 것
무게	"대" 이상인 것	"중" 이상인 것	
숙도	과육의 숙도가 적당하고 손으로 만져 딱딱한 것	과육의 숙도가 적당하고 손으로 만져 딱딱한 것	
잔털	잔털의 발생이 양호한 것	잔털의 발생이 양호한 것	
가벼운 결점	없는 것	5% 이하	

※ 백분율(%): 전량에 대한 무게비율.
※ 가벼운 결점: 병충해 · 상해 등으로 품위에 영향을 미치는 정도가 경미한 것.

표 2-60 • 무게 구분

구분 \ 호칭	대	중	소
1개의 무게(g)	25 이상	15 이상	15 미만

표 2-61 • 포장 규격(겉포장)

거래단위	종류	외치수(mm)		
		길이	너비	높이
5 kg	골판지(산물용)	330	220	150
10 kg	골판지(산물용)	412	275	200
15 kg	골판지(산물용)	440	330	200

히 이용되고 있으나 최근에는 포장규격이 다변화(표2-61)되고 있다.

다 출하

등급과 크기에 따라 분류, 포장한 과실은 상자 측면에 품종명, 등급 등을 표시한다. 시장출하는 시장 간에 가격차가 있으므로 가격 동향을 조사한 후 판로를 결정한다. 최근에는 생산이 많은 산지에서 개별 선과하여 상자에 포장한 후 주문을 받아 소비자에게 직접 발송하는 경우가 많다.

라 저장

수확한 매실은 다른 과실과 마찬가지로 저온저장과 CA 저장방법을 사용하여 저장성을 증진시키고 신선도를 유지하여 가공제품의 좋은 원료가 되도록 한다.

(1) 저온저장

매실은 0~1°C의 저온보다도 5~8°C의 중간 온도에서 저온장해가 발생하기 쉽다. 매실의 품종별 저장온도에 따라 저온장해가 발생하는 정도는 표 2-62와 같다. 품종별로 약간 차이는 있지만 5°C 정도의 저장온도에서 저온 장해의 발생이 빠른 속도로 진행되며 최고 발생률도 모두 높은 것으로 나타났다. 이러한 장해를 방지하기 위해서는 수확 직후에 0°C 정도의 냉수로 급속히 매실의 품온을 저하시키면 5~8°C의 저장에서도 저온장해가 경감될 수 있다.

표 2-62 • 매실 품종 및 온도별 저온 장해과 발생비율

품종	수확일	0℃				5℃				10℃			
		저장일수			최대발생(일수)	저장일수			최대발생(일수)	저장일수			최대발생(일수)
		10	20	30		10	20	30		10	20	30	
곡택조생	74. 6. 28	0	1	8	32(42)	5	5	15	42(45)	0	0	9	40(46)
	75. 6. 24	0	5	5	90(63)	6	6	15	20(53)	0	0	5	5(25)
곡택중생	73. 6. 25	0	0	0	0	0	0	0	5(55)	0	0	0	0
	74. 7. 2	31	31	55	73(34)	65	65	65	65(10)	8	21	37	47(39)
	75. 6. 24	3	28	36	80(65)	12	12	12	12(9)	5	5	5	5(8)
남고	74. 7. 2	0	5	13	100(34)	49	81	82	82(22)	36	49	49	49(15)
	75. 6. 30	0	0	21	80(54)	0	52	57	57(22)	0	0	0	0
등오랑	75. 7. 1	27	27	27	52(51)	6	6	39	74(78)	7	7	7	7
백가하	74. 7. 3	0	0	5	20(48)	0	0	20	53(37)	0	0	0	0
옥영	74. 6. 28	5	8	44	100(38)	31	69	92	95(32)	30	40	55	80(38)
	74. 6. 28	4	10	10	100(49)	225	73	80	80(25)	16	16	−	16(10)
용협소매	73. 6. 21	0	0	0	68(77)	0	48	100	100(28)	0	0	−	0
	74. 6. 21	0	0	0	42(80)	0	0	11	23(55)	0	0	−	0
	75. 6. 24	0	25	37	75(50)	0	43	53	65(46)	0	−		0
절전	75. 6. 28	0	0	0	20(82)	0	11	17	60(82)	8	16	26	37(45)
풍후	73. 6. 25	0	0	0	11(77)	0	0	0	25(70)	0	0	0	0
	74. 7. 2	8	34	36	56(74)	63	70	70	70(20)	0	0	0	0
	75. 6. 30	0	0	0	83(79)	0	18	26	26(30)	0	42	84	84(28)

※ 자료: 岩田 등. 1978. 園藝學會雜誌. 47:97-104.

(2) CA저장

과채류는 저장성을 증진시키기 위하여 CA저장을 사용한다. 매실의 선도를 유지하기 위한 상온 CA저장의 조건은 대량으로 발생하는 에틸렌의 제거와 저산소 조건(2% 하한), 그리고 고이산화탄소(8%)의 가스배합이 필요하다고 보고되어 있다. 표 2-63과 같이 2%의 산소와 8%의 이산화탄소로 처리한 실험구에서는 에틸렌이 거의 발생하지 않았으며, 경도가 높고 황화 정도가 낮게 나타났다. 그리고 늦게 수확한 매실은 저장 중에 장해과와 부패과가 적게 발생하는 경향을 보였다. 산소 0.3%, 이산화탄소

표 2-63 • 매실 수확시기 및 저장조건에 따른 상태 변화

시기	주입기체(mL/min)		방출기체(mL/kg · 3days)			경도(kgf)	황화정도	부패과(%)
	O_2	CO_2	O_2	CO_2	C_2H_4			
전기수확 (6.12~ 6.15 저장)	21.0	0.03	5,200	5,900	8.0	1.2	5.8	12
	21.0	19.8	4,200	2,600	0	1.5	5.4	0
	5.1	0	2,300	2,800	0	1.5	4.7	10
	2.0	8.0	1,300	2,200	0	2.3	3.9	15
	0.3	8.0	300	3,200	0	3.6	2.8	0
후기수확 (6.22~ 6.25 저장	21.0	0.03	8,400	10,900	40.0	1.2	7.0	5
	21.0	19.8	5,000	7,400	20.5	1.0	6.0	83
	2.0	0	2,700	5,300	1.7	0.6	4.5	0
	2.0	8.0	1,650	3,400	0.1	1.6	5.0	23
	0.3	8.0	450	4,000	0	2.5	3.3	0

※ 자료: 小域丸 등. 1994. 園藝學會雜誌. 62:877-887.

8%의 경우, 짙은 녹색이 부분적으로 남아 있었지만 갈변과가 100% 발생하였으며 에틸렌도 현저히 많이 발생되었다. 따라서 높은 농도의 이산화탄소는 갈색장해 및 연화를 방지하는 효과가 있으며, 20%에 가까운 높은 이산화탄소 농도에서는 산소 농도가 높아도 갈변 및 연화가 거의 발생하지 않는다. 높은 농도의 이산화탄소 하에서는 산소 농도가 높을 때보다 산소 농도가 낮을 때 오히려 갈변이 더 많이 발생한다.

(3) MA저장

과채류를 플라스틱필름 등으로 밀봉, 포장한 경우 이들 자체의 호흡작용에 의해 포장계 내의 산소 농도가 감소하고 이산화탄소 농도는 증가하여 저산소, 고이산화탄소 조건의 MA(modified atmosphere) 효과가 조성되어 호흡이 오랫동안 억제되게 된다. 이때 플라스틱필름의 기체투과성은 개개의 청과물이 정상적인 호흡을 하여 생명체를 유지할 수 있도록 최저한의 산소를 투과하여야 한다. 또한 호흡에 의해 생성된 이산화탄소도 적당히 투과되도록 하여야 하는데, 특히 이산화탄소가 과잉 발생되는 과채

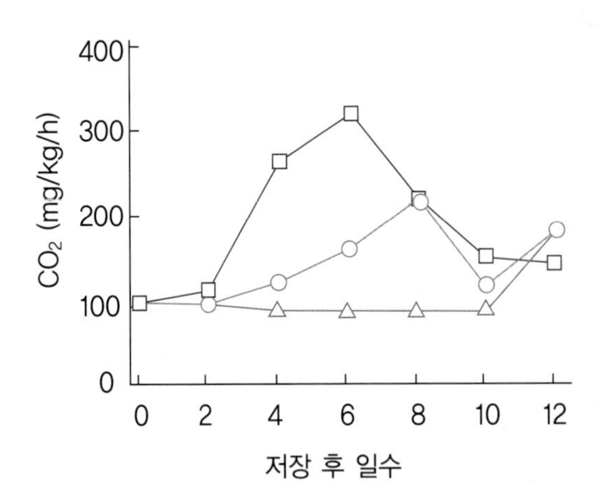

그림 2-73 • 매실 앵숙 품종의 폴리에틸렌 필름 포장에 의한 이산화화탄소 발생량(□ 다공성 필름, ○ 밀폐, △ 에틸렌흡착체 처리 및 밀폐)
(자료: Zhang 등, 1993, Nippon Shokuhin Kogyo Gakkaishi, 40:163)

류의 경우에는 더욱 주의할 필요가 있다. 따라서 포장에 의한 과채류의 선도유지를 위해서는 과채류 각각의 생리특성에 맞는 포장재의 선택이 중요하다고 할 수 있다.

매실의 경우, 저밀도폴리에틸렌(LPDE 0.02 mm) 포장시 이산화탄소와 에틸렌 생성량은 통기 및 밀봉 실험구에서는 저장 6일 후부터 현저히 증가되었으나 에틸렌 제거제를 넣은 실험구는 이산화탄소와 에틸렌의 증가가 선명하지 않았으며, 저장 8일 후부터 서서히 증가하는 것을 볼 수 있다. 그리고 매실 과육 경도의 경우 에틸렌 제거제를 넣은 실험구가 저장 8일까지 높은 값을 유지(그림 2-73)하였다. 매실의 저장 중 선도유지를 위하여 매실을 저밀도폴리에틸렌 필름 봉투에 포장하여 에틸렌 제거제를 넣고 20°C에 저장한 결과, 에틸렌 생성량은 낮은 수준으로 유지되었고 연화에 의한 품질저하가 현저히 억제되었으며 포장에 의한 호흡급등발생현상이 지연되었다.

표 2-64는 매실을 두께가 다른 필름에 포장한 후 25°C에서 8일간 저장한 과실의 장해정도와 중량 감소율을 측정한 결과이다. 중량 감소율은 무포장구에서 저장 8일만에 약 12%의 중량이 감소되었고, LDPE 30, 40 포장구는 변화가 거의 없었으나 다른 포장구에 비해 기체투과도가 높은 LDPE 20 포장구는 저장 8일만에 3% 정도 중량감소가 일어났다. 또한 장해율은 기체투과도가 낮은 LDPE 포장구에서 급격하게 발생

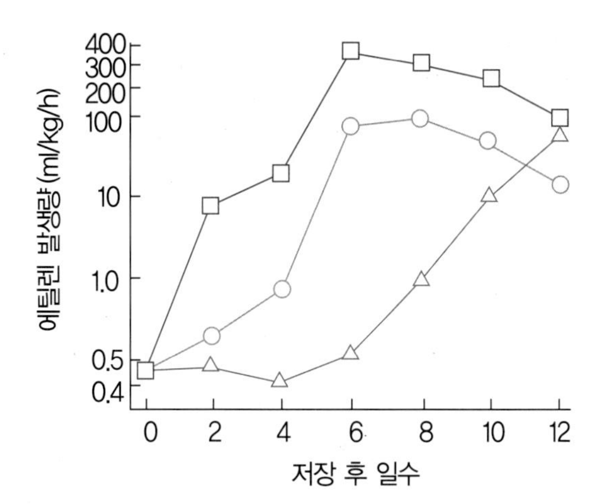

그림 2-74 • 매실 앵숙 품종의 폴리에틸렌 필름 포장에 의한 에틸렌 발생량(□ 다공성 필름, ○ 밀폐, △ 에틸렌흡착체 처리 및 밀폐)
(자료: Zhang 등, 1993, Nippon Shokuhin Kogyo Gakkaishi, 40:163)

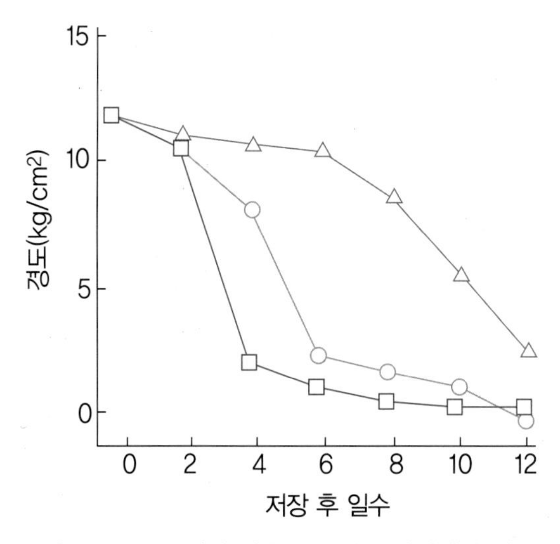

그림 2-75 • 매실 앵숙 품종의 폴리에틸렌 필름 포장에 의한 경도 변화(□ 다공성 필름, ○ 밀폐, △ 에틸렌흡착체 처리 및 밀폐)
(자료: Zhang 등, 1993, Nippon Shokuhin Kogyo Gakkaishi, 40:163)

하고 있음을 알 수 있으며, 무포장구는 저장 6일째부터 미생물에 의해 부패되었다. LDPE 20, 30 포장구는 저장 8일 만에 37%의 장해만 발생하여 가장 양호하였다. 따라서 이들 포장구는 수확 후 호흡열을 빠르게 제거해줄 수 있는 예냉 등의 전처리 방법이 적용될 경우, 상온에서 8일까지 매실의 선도를 유지시킬 수 있다고 판단된다.

따라서 매실의 녹색유지효과 및 선도유지에 가장 양호하였던 포장 방법은 LDPE 30 포장재에 매실과 함께 탄산가스흡수제, 에틸렌제거제를 각각 또는 혼합첨가하고 밀봉했던 포장인 것으로 조사되었다.

표 2-64 • 매실 남고 품종의 포장재별 중량 감소율과 장해정도

항목	포장재	저장기간(일수)				
		0	2	4	6	8
중량감소율 (%)	무처리	–	1.01	4.95	6.71	11.82
	LDPE 20	–	0.19	0.49	1.19	3.06
	LDPE 30	–	0.30	0.41	0.61	0.78
	LDPE 40	–	0.32	0.39	0.59	0.73
장해정도 (%)	무처리	–	–	–	13.30	36.67
	LDPE 20	–	–	–	–	3.33
	LDPE 30	–	–	–	–	6.90
	LDPE 40	–	8.67	20.20	46.67	66.87

주: LDPE = 저밀도폴리에틸렌

제3장

매실의 다양한 이용

I. 매실의 식품학적 특성과 효능

II. 매실의 구입, 보관 및 이용

III. 매실의 가공방법

최근 가장 큰 이슈 중의 하나가 멜라민 파동이었다. 시중에 팔리고 있는 가공식품에 대한 불신이 높아짐으로써 자연히 자기가 직접 만들어 먹는 것에 대한 관심이 높아지고 있다. 각종 공해나 성인병에 찌든 현대인들이 매실의 약리성에 대하여 많은 관심을 보이고 있으며 매실을 이용한 가공방법에 대해서도 관심이 높다. 하지만 막상 매실을 구입하여 가공을 하려고 해도 가공법이 체계화되어 있지 않아 많은 혼선을 빚고 있다. 어떤 이는 매실엑기스를 만들면서 설탕을 너무 적게 넣어 숙성과정에서 이상발효가 되어 안타깝게 모두 버리는 경우도 있으며, 반대로 설탕을 너무 많이 넣어 몇 달이 지나도록 설탕이 녹지 않는 경우도 있다. 또한 벌레나 곰팡이가 발생되어 당황하는 등 가공방법을 제대로 알았더라면 하지 않았을 실패를 많이 하게 된다.

매실엑기스(매실청)를 만들 때는 어떤 매실이 사용되는지, 매실주의 경우에는 씨알이 작은 것을 고를 것인지 아니면 굵은 매실을 고를 것인지, 매실 절임을 만드는데 덜 익은 청매를 고를 것인지 잘 익은 황매를 고를 것인지 체계화된 상식이 없어 고민하는 경우가 많다. 이러한 문제를 해결하기 위해 가공품목별로 체계적이고 구체적인 설명과 가공방법 등을 알아보고 매실 가공에 대한 이해도를 높이며, 다양한 매실 활용법을 통해 우리의 건강을 지키는데 보탬이 되었으면 한다.

I. 매실의 식품학적 특성과 효능

1. 매실의 특성

예부터 매실은 음식과 약으로 활용되어 왔다. 2000여 년 전에 쓰인 중국의 의학서 《신농본권경》을 보면, 이미 그 때부터 매실이 약으로 쓰였음을 알 수 있고, 한방 의학서인 《동의보감》과 《본초강목》에도 매실의 효능이 자세히 기록되어 있다.

매실의 가장 큰 특징은 과육에 유기산이 다량 함유되어 있어 신맛이 매우 강하다는 것이다. 다른 어떤 과일보다도 산 함량이 많은 것이 특징이며, 이러한 특징을 우리가 이용하게 되는 것이다. 매실에 함유되어 있는 유기산은 구연산과 사과산이다. 매실이 노랗게 익기 전에는 사과산의 함유 비율이 훨씬 높다. 덜 익은 매실이나 청매가 매우 강한 신맛을 나타내는 것은 바로 이 때문이다. 사과산은 유기산 중에서도 맛의 강도가 매우 강하다. 따라서 과일 주스를 만들 때는 신맛을 내는 첨가제로 사과산은 사용하지 않는다. 맛이 너무 강하기 때문이다.

유기산이 많다는 것은 산의 함량이 높다는 것이고 상대적으로 과즙의 pH가 낮다는 것이다. 일반적으로 배탈을 일으키는 유해 병원 미생물은 과즙의 pH가 낮은 환경에서는 살아갈 수 없다. 따라서 매실은 유해 병원균인 식중독균의 번식을 억제하는 데 사용될 수 있다. 즉 매실을 사용한 음식이나 가공품은 다른 것에 비해 잘 상하지 않으며, 식중독에 의한 배탈을 방지해 줄 수 있다.

2. 매실의 종류

매실은 보는 시각에 따라 홍매, 백매, 실매, 꽃매로 구분하기도 하며, 꽃받침의 색상에 따라 청매, 홍매, 황매 등으로 구분하기도 한다. 지역에 따라서는 이름을 달리 부르는 예도 있다. 매실은 수확시기와 가공방법에 따라 여러 가지로 분류하며 효능도 다르다. 수확시기에 따라서는 녹매, 청매, 황매로 구분하는데, 아직 익지 않아 핵이 단단하게 굳지 않은 상태로 껍질이 진한 녹색을 띄는 것을 녹매라고 하고, 껍질의 녹색이 옅어지면서 과피가 파랗고 과육이 단단한 상태로 신맛이 강할 때 수확한 것을 청매라고 하며, 노랗게 익어 향기가 매우 좋을 때 수확한 것을 황매라고 한다.

녹매는 과일이 아직 미숙한 것으로서 쓴맛과 풋내가 강하며 과육과 핵속에 아미그다린이라는 성분이 함유되어 있어 식용하는데 주의를 요한다. 청매는 과일이 익기 전에 수확한 것으로서 향기는 적으나 구연산과 사과산이라는 유기산이 다량 함유되어 있어 신맛이 강한 것이 특징이다. 황매는 가공시 과육이 무르기 때문에 쉽게 흠집이 생겨 다루기 어렵다는 단점이 있기는 하지만, 충분히 익었을 때 수확한 것이라 향이 매우 좋다는 장점이 있다.

덜 익은 풋매실(녹매)

완숙 전의 매실(청매)

잘 익은 매실(황매)

가공방법에 따라서는 금매, 오매, 백매 등으로 나눌 수 있다. 금매는 청매를 증기에 쪄서 말린 것으로서 금매로 술을 담그면 빛깔이 좋고 맛도 뛰어나다고 한다. 오매는 빛깔이 까마귀처럼 검다고 해서 붙여진 이름이다. 청매를 따서 껍질을 벗기고 나무나 풀 말린 것을 태운 연기에 그을려 만든다. 각종 해독작용이 있을 뿐만 아니라 해열, 지혈, 진통, 구충, 갈증방지 등에 탁월한 효과가 있어 한방에서 주로 많이 이용한다. 백매라고 하는 것은 옅은 소금물에 청매를 하루 밤 절인 다음 햇볕에 말린 것으로서 효능은 오매와 비슷하지만 오매보다 만들기 쉽고 먹기에도 좋다.

3. 매실의 주요 성분

매실은 과육과 단단한 핵, 그리고 핵 속의 씨앗으로 이루어져 있는데, 전체 매실에서 과육의 비율은 83~85%, 핵의 비율은 15~17% 정도 된다. 과육에 대한 과즙비율은 약 90% 정도이며, 매실전체에 대한 과즙비율은 약 75% 정도 된다. 과육 100 g 속에 들어 있는 일반성분 함량은 표 3-1과 같다. 과육 중의 수분함량은 약 90% 정도이며, 당분이 약 8%, 그리고 산의 함량이 4~5% 정도 된다. 매실에 들어있는 유기산으로는 구연산, 사과산이 주로 함유되어 있으며, 당질로서는 포도당과 과당이 주를 이룬다.

에너지는 당분이 적기 때문에 다른 과일에 비해 낮은 편이며, 과육에 대한 수분비율은 높은 편이다. 단백질이나 지질 성분은 다른 과종과 큰 차이를 보이지 않으며, 섬유소는 다른 과종보다 2~5배 많이 함유된 것이 특징이다. 섬유소는 잼이나 젤리를 만들 때 유효한 성분이며, 소화기 계통의 질환을 예방하거나 완화하는 데 중요한 역할을 한다.

다른 과종과 무기질 함량을 비교해 볼 때, 매실의 주요 무기질은 칼슘, 인, 철 그리고 칼륨이라고 할 수 있다. 사과와 비교했을 때 칼슘과 인, 철은 약 2배, 칼륨은 2.5배 많은 것으로 나타났다. 칼륨이 인체 내에 흡수되면 혈액 중의 일부 나트륨을 대신하기 때문에 혈액 중의 나트륨이 빠져나오게 되고, 따라서 혈액 중의 삼투압이 낮아진다. 혈액 중의 삼투압이 낮아진다는 것은 결과적으로 혈압이 낮아진다는 의미이다. 따라서 혈압이 높은 환자들은 매실과 같이 칼륨이 풍부하게 함유되어 있는 과일을 섭취함으로써 혈압 상승을 어느 정도 억제할 수 있다고 볼 수 있다.

비타민은 우리 몸의 신진대사를 조절하는 데 주로 이용되는 영양성분이다. 비타민의 섭취량이 줄거나 특정 비타민이 결핍되었을 때, 우리 몸에 큰 영향을 미친다. 다른 과종과 비교해 볼 때, 티아민, 리보플라빈, 나이아신, 피리독신 등에서는 큰 차이를 나타내지 않았으나 비타민 E는 사과에 비해 3.5배나 많이 들어 있다. 비타민 E는 항산화기능이 뛰어난 비타민으로서 우리가 흔히 알고 있는 '토코페롤'이다. 토코페롤은 우리 몸속에 생긴 활성산소를 무독화시키거나 산화된 비타민 C(아스코르빈

표 3-1 • 과육 100 g 중에 들어 있는 일반성분

과종	에너지 (Kcal)	수분 (g)	단백질 (g)	지질 (g)	회분 (g)	탄수화물 (g)	섬유소 (g)
매실	29	90.5	0.7	0.2	0.5	8.1	1.1
살구	28	91.4	0.9	0.2	0.4	7.1	0.6
복숭아	34	89.9	0.9	0.2	0.3	8.7	0.5
사과	57	83.6	0.3	0.1	0.2	15.8	0.5
배	39	88.4	0.3	0.1	0.3	10.9	0.6
포도	59	83.7	0.5	0.3	0.2	15.3	0.2
단감	83	72.3	0.9	0	3.8	23.0	0.9
감귤	42	87.8	1.0	0.1	0.3	10.8	0.2

※자료: 식품성분표, 제7개정판(2006), 농촌진흥청 농촌자원개발연구소.

표 3-2 • 과육 100 g 중에 들어 있는 무기질 함량

과종	칼슘(mg)	인(mg)	철(mg)	나트륨(mg)	칼륨(mg)
매실	7	19	0.6	4	230
살구	5	14	0.5	3	160
복숭아	3	21	0.2	2	139
사과	3	8	0.3	3	95
배	2	11	0.2	3	171
포도	4	29	0.5	108	5
단감	6	34	3.9	13	379
감귤	9	11	-	11	173

※자료: 식품성분표, 제7개정판(2006), 농촌진흥청 농촌자원개발연구소.

산)를 환원시켜 항산화성을 갖게 하는 등 다양하게 신진대사에 관여하는 중요한 성분이다. 비타민 E는 지용성 비타민의 하나이며 동물의 생산기능에 작용한다. 이것이 부족하면 불임증, 유산, 정자형성능력 저하를 일으키며, 또한 근육영양장애나 중추신경 장애를 일으킬 수 있다.

표 3-3 • 과종별 과육 100 g 중에 들어 있는 비타민 함량

과종	베타카로틴(μg)	티아민(mg)	리보플라빈(mg)	나이아신(mg)	아스코르빈산(mg)	피리독신(mg)	판토텐산(mg)	엽산(μg)	토코페롤(μg)
매실	123	0.03	0.02	0.4	6	0.06	0.35	8.0	3.5
살구	1,784	0.03	0.02	0.3	5	0.05	0.30	2.0	1.7
복숭아	120	0.01	0.01	0.6	4	0.03	0.13	12.3	0.6
사과	19	0.01	0.01	0.1	4	0.06	-	1.0	1.0
배	0	0.02	0.01	0.1	4	0.05	0.14	5.1	0.2
포도	0	0.04	0.02	0.5	0	0.05	0.10	1.9	0.5
단감	2,845	0.06	0.14	0.6	13	0.06	0.28	16.7	0.2
감귤	5	0.13	0.04	0.4	44	0.06	0.23	7.7	0.4

※자료: 식품성분표, 제7개정판(2006), 농촌진흥청 농촌자원개발연구소.

4. 매실의 효능

매실은 예로부터 음식과 약으로 사용되어 왔다. 2000여 년 중국의 의학서인 《신농본권경》을 보면 매실이 약으로 쓰였음을 알 수 있고, 《동의보감》과 《본초강목》에도 그 효능이 자세히 기록되어 있어, 매실이 예로부터 한방 및 민간요법으로 다양하게 이용되어오고 있음을 알 수 있다. 몇 년 전에는 허균의 일대기를 주제로 한 드라마에 매실이 등장함으로써 그 해에는 매실 품귀현상이 일어난 적도 있다. 매실을 구입하려는 사람은 많고 매실은 없으니 익지도 않은 매실이나 매실이라고 추정하기 어려운 것들(살구나 복숭아의 어린 풋열매)이 섞여서 유통되기도 했다. 일부 소비자들이 그 진위를 판별해 달라는 민원을 제기했고, 이를 밝히기 위해 동분서주한 일도 있었다.

매실은 열매 중 과육이 약 85%인데, 그 중에서 약 90%가 수분이며 가용성 고형분(대부분 당질임)이 약 8% 정도, 나머지 약 2%는 불용성 물질이라고 보면 된다. 매실에는 무기질, 비타민, 유기산(구연산, 사과산)이 풍부하고 칼슘, 인, 칼륨 등의 무기질과 베타카로틴도 다량 함유되어 있다. 유기산 중에 구연산(시트르산)은 당질의 대사를 촉진하고 피로를 풀어주는 기능이 있으며, 또한 유기산은 위장의 작용을 활발하게 하고 식욕을 돋우는 작용을 한다. 현대인들은 스트레스에 많이 시달리는데, 스트레스로 칼슘의 소모가 많아 체질이 산성화되는 경우가 많다. 체질이 산성화되면 초조감이나 불면증에 시달리기 쉬운데, 이러한 현대인의 산성체질을 약산성화로 개선시킬 수 있는 것이 바로 매실이다. 매실에는 무기질이 많이 함유되어 있어 산성화된 우리의 혈액을 중화하거나 약산성화로 유지시키는 기능을 한다.

매실의 효능은 수확시기나 가공방법에 따라서 다소 차이가 있기는 하지만, 일반적으로 피로회복, 체질개선, 간기능 향상, 해독작용, 위장장애 해소 등 다양하다고 알려져 있다. 매실이 이러한 효능을 나타내는 것은 매실에는 구연산을 포함한 각종 유기산과 비타민, 무기질이 풍부하게 함유되어 있기 때문이다. 매실은 신맛이 강한데다 많이 먹으면 치아를 상하게 하는 등 부작용이 있어 생으로는 먹을 수 없기 때문에 매실엑기스나 매실주, 매실절임 등으로 가공을 해서 이용하게 된다. 매실을 가공하게 되면 일 년 내내 매실을 이용할 수 있다는 장점이 있다.

- **피로회복에 좋다**

매실에는 구연산, 사과산, 호박산 등 유기산이 많이 함유되어 있다. 매실이 익어감에 따라 사과산의 비율은 급격히 줄어들며 상대적으로 구연산의 함량과 비율이 높아진다. 즉 청매의 강한 신맛은 주로 사과산이 좌우하며, 황매의 부드러운 신맛은 구연산이 좌우한다고 생각하면 된다. 구연산은 우리 몸의 피로물질인 젖산을 분해시켜 몸 밖으로 배출시키는 작용을 하며, 구연산이 몸속의 피로물질을 씻어내는 능력이 포도당보다 우수하다고 알려져 있다. 피로물질인 젖산이 체내에 쌓이게 되면 어깨결림, 두통, 요통 등의 증상이 나타나는데, 이럴 때 구연산이 풍부하게 들어 있는 매실 가공품을 섭취하면 이런 증상들이 한결 완화될 수 있다.

- **체질 개선 효과가 있다**

우리 몸의 혈액은 pH 7.4로 약알칼리성이다. 인체는 항상성이 있어 혈액의 pH가 급격하게 변하지는 않지만, 육류를 많이 섭취하게 되면 육류에 많이 들어 있는 황(S) 성분에 의해 체질이 산성으로 기울 수 있다. 체질이 산성으로 기울면 두통, 현기증, 불면증, 피로 등의 증상이 쉽게 나타난다고 알려져 있다. 매실은 신맛이 강하여 산성 식품이라고 생각할 수 있지만 실제로는 칼륨이나 칼슘 등 무기질이 풍부한 알칼리성 식품으로 분류된다. 매실을 꾸준히 먹으면 체질이 산성으로 기우는 것을 막아 약알칼리성 체질을 유지할 수 있게 된다.

참고로 산성 식품과 알칼리성 식품을 분류하는 기준은, 식품의 신맛으로 구분하는 것이 아니라, 그 식품을 완전히 연소시켰을 때 마지막으로 어떤 원소가 많이 남느냐에 따라 결정되는 것이다. 염소, 황, 인 같은 산성원소를 많이 남기면 산성식품으로, 칼륨, 칼슘, 나트륨과 같은 염기성 원소를 많이 남기면 알칼리성 식품이라고 분류한다. 대표적인 산성식품은 육류나 어류, 달걀, 치즈 등 단백질이 풍부한 동물성 식품이 대부분이고, 알칼리성 식품은 과일이나 채소, 콩, 감자 등 식물성 식품이 대부분이다.

• **간장을 보호하고 간 기능을 향상시킨다**

우리 몸에 들어온 독성물질을 해독하는 기관이 간이다. 매실에는 간의 기능을 상승시키는 피루브산이라는 성분이 있다. 따라서 늘 피곤하거나 술을 자주 마시는 사람에게 좋다. 또한 술을 마시고 난 뒤 매실엑기스를 물에 타서 마시면 다음날 아침에 한결 가뿐하다. 매실엑기스에는 다량의 유기산과 무기질, 당분이 들어 있어 음주로 피폐해진 몸을 회복하는 데 더할 나위 없이 유익하다.

• **항암작용이 뛰어나다**

매실에는 암을 예방 · 치료하는 데 도움이 되는 각종 비타민과 무기질, 폴리페놀 물질이 풍부하게 들어 있다. 이러한 물질들은 우리 몸의 신진대사를 촉진함으로써 병에 대한 저항성을 높이며, 폴리페놀의 활성산소 제거효과로 정상세포가 종양세포로 전이되는 것을 방지할 수 있다. 그리고 최근에는 항암식품으로서의 매실의 기능이 부각되고 있다. 매실에 들어 있는 아미그다린이라는 성분은 분해되었을 때 유독성분인 시안화수소(HCN)를 생성하는데, 이 성분이 암세포를 공격하게 하는 것이다. 아미그다린이 분해되려면 베타글리코시다아제라는 효소가 필요한데, 정상세포보다는 암세포에서 이 효소가 많이 생성된다고 한다. 따라서 아미그다린이 암세포를 선택적으로 공격할 수 있다는 것으로서, 아미그다린 성분의 항암치료제 이용 연구가 활발하게 진행되고 있다.

• **소화불량, 위장 장애를 없앤다**

매실을 장복한 사람들은 매실이 위장에 좋다는 것을 실감한다. 매실의 신맛은 소화기관을 자극하여 위장, 십이지장 등에서 소화액을 내보내게 한다. 또한 매실즙은 위액의 분비를 촉진하고 정상화시키는 작용이 있어 소화불량에 효험을 보인다. 식사를 하기 약 30분 전에 매실청을 물에 타서 마시게 되면 위나 장을 자극하게 되어 소화효소액의 분비가 촉진되고, 수분섭취로 인하여 식사 중에 물을 덜 마셔도 되기 때문에 소화를 잘 시킬 수 있는 여건을 만들게 된다. 자주 소화불량이 생기는 사람에게는 식사 30분 전에 매실음료를 마시는 것이 어떤 다른 약보다도 유용하다고 할 수 있다. 하지만 위산과다인 사람이 신맛이 강한 매실가공품을 먹게 되면, 매실의 신맛에 의해 위산이 과다하게 분비되어 위산과다증이 더 심해질 수 있기 때문에 주의를 기울여야 한다. 아무리 좋은 음식이라도 자기 체질이나 현재의 몸 상태에 따라 맞지 않을 수 있다는 것을 염두에 두며 무조건 좋다고 해서 먹는 것은 오히려 큰 화를 부를 수도 있다는 것을 명심해야 한다.

• **만성 변비를 없앤다**

매실 속에는 강한 해독작용과 살균효과가 있는 폴리페놀 물질의 일종인 카테킨산과 섬유질이 풍부하게 들어 있다. 카테킨산은 장 안에 살고 있는 나쁜 균의 번식을 억제하고 장내 살균성을 높여 장의 염증과 이상 발효를 막는다. 동시에 섬유질 성분은 장의 연동운동을 활발하게 해 장을 건강하게 유지시켜 준다. 장이 활발히 움직이면 변비는 자연히 치료되는 데, 변비가 오래 지속되면 변이 부패할 때 생기는 많은 나쁜 물질들이 혈액 속으로 흡수되고, 이렇게 흡수된 물질들이 전신에 돌아다니며 몸 전체에 좋지 않은 영향을 준다. 만성 변비를 없앤다는 것은 각종 암을 사전에 예방하는 효과가 있다고 할 수 있다.

• **피부미용에 좋다**

매실을 꾸준히 먹다보면 피부가 탄력 있고 촉촉해지는 것을 느낄 수 있다. 매실 속에 들어 있는 유기산과 비타민, 무기질 등 풍부한 각종 성분이 신진대사를 원활하게 해 주기 때문이다. 각종 유기산과 비타민이 혈액순환을 도와 피부에 좋은 작용을 한다. 피부가 좋다는 것은 장이 건강하다는 것이다. 위에서 언급하였듯이 매실의 폴리페놀과 섬유질 성분이 장의 연동운동을 촉진시킨다는 것과 일맥상통한다. 잘 먹는 것도 중요하지만 배설 또한 중요하다. 장에 노폐물이 쌓이게 되면 거기에서 생긴 나쁜 유해물질들이 소장이나 대장의 벽을 통해서 흡수되고 그런 물질들이 각종 혈관 질환을 유발하고, 또한 피부를 나쁘게 하는 요인이 되는 것이다.

• **열을 내리고 염증을 없애준다**

매실에는 통증을 줄여주는 효과가 있다. 매실을 불에 구운 오매의 진통효과는 《동의

보감》에도 나와 있다. 곪거나 상처 난 부위에 매실농축액을 바르거나 습포를 해주면 화끈거리는 증상도 없어지고 빨리 낫는다. 놀다가 다치고 들어온 아이에게 매실농축액 한두 방울이면 다른 약이 필요 없을 정도다. 감기로 인해 열이 날 때도 좋다고 한다.

- **칼슘의 흡수율을 높인다**

매실 식품은 임산부와 폐경기 여성에게 매우 좋다. 매실 속에 들어 있는 칼슘의 양은 포도의 2배, 멜론의 4배에 이른다. 우리가 흔히 잘못 알고 있는 것 중의 하나는 칼슘을 많이 섭취하면 우리 몸이 칼슘을 대부분 흡수할 거라는 것이다. 하지만 칼슘을 잘 흡수하려면 단독으로 섭취할 것이 아니라 이온화되기 쉬운 다른 물질과 함께 섭취해야지만 소장의 벽을 잘 통과할 수 있으며 우리 몸에 쉽게 전달된다.

체액의 성질이 산성으로 기울면 인체는 그것을 중화시키려고 하는데, 이 때 칼슘이 필요하다. 칼슘은 장에서 흡수되기 어려운 성질이 있으나 구연산과 결합하면 흡수율이 높아진다. 매실에는 다량의 칼슘과 구연산이 함께 들어 있기 때문에 칼슘의 흡수가 그만큼 높아지며, 칼슘이 많이 필요한 성장기 어린이, 임산부, 폐경기 여성에게 매우 좋다고 할 수 있다.

- **강력한 살균, 살충 작용이 있다**

음식물을 통해 위로 들어온 유해균은 위 속의 염산에 의해 대부분 죽지만 위의 활동이 원만하지 못할 때는 살아서 장까지 내려간다. 소장은 약알칼리성으로 살균효과가 거의 없다. 이때 발생하는 것이 배탈, 설사, 식중독이다. 그러나 매실농축액을 먹으면 장내가 일시적으로 산성화되어 유해균을 억제한다. 또한 매실농축액은 이질균, 장티푸스균, 대장균의 발육을 억제하고 장염 비브리오균에도 효과가 있는 것으로 알려져 있다. 전염병이 유행할 때나 전쟁터에서 매실이 유용하게 쓰였던 것도 이러한 살균효과 때문이다. 특히 오매는 간디스토마에 효험이 있다고 알려져 있다. 이웃 일본에서는 매실 염절임 가공품인 우메보시를 도시락에 하나씩 넣는 경우가 많은데, 여름철 도시락 안에서 쉽게 번질 수 있는 미생물의 성장을 억제하여 도시락을 안전하게 보존하는 데 도움이 된다고 한다.

매실의 항균작용은 매실에 많이 들어 있는 유기산의 작용 때문이라고 할 수 있다. 유기산이 많다는 것은 pH가 낮다는 것을 의미한다. pH가 낮은 환경에서는 미생물이 제대로 자랄 수 없다. 미생물은 자기에게 맞는 적정 pH에서만 잘 생육할 수 있으며, 적정 pH를 벗어나게 되면 시스템이 붕괴되어 세포막 투과가 어려우며 세포내외의 물질이동에 지장을 초래하게 되어 결국 사멸하게 된다.

II. 매실의 구입, 보관 및 이용

1. 매실의 성숙과 구입

가 매실의 성숙에 따른 품질 특성 변화

앞에서도 언급했듯이 매실이 익기 전에는 사과산이 많이 함유되어 있으나, 매실이 익어감에 따라 사과산은 급격히 줄어들고 상대적으로 구연산의 비율이 높아진다. 청매의 경우 산의 함량이 약 4~5% 정도 되며, 잘 익은 매실의 경우에는 산의 함량이 3~4% 정도 된다. 당분의 경우는 매실이 익어감에 따라 점점 높아진다고 보면 된다. 청매의 경우 6~7°Brix 정도이며, 노르스름하게 익으면 8~10°Brix 정도 된다.

°Brix(블릭스)란 과즙의 가용성고형물을 측정하는 단위로서 10°Brix라고 하면, 과즙 100 g에 가용성고형물이 10 g 들어 있다고 보면 된다. 일반적으로 과즙에 있어서 가용성고형물은 대부분이 당분이기 때문에 °Brix로 측정된 것을 당도라고도 표현한다. 측정방법은 굴절계를 이용하는데 일반적으로 굴절당도계라고 알려져 있는 것이다. 당분의 함량에 따라 빛이 굴절되는 정도에 차이가 있는데, 이 원리를 이용하여 굴절계로서 과즙의 당도를 측정하게 된다.

매실은 구연산을 포함한 각종 유기산을 풍부하게 함유하고 있으며 비타민, 무기질도 다량 함유하고 있는데, 현대에 와서는 그 효능이 과학적으로 증명되고 있다. 그러나 아무리 좋아도 매실을 날로 먹을 수는 없다. 신맛이 강한데다 이를 상하게 하는 등의 부작용이 있기 때문이다.

매실은 보드라운 털로 싸여 있고 수확적기는 털이 1/3 정도 벗겨지는 시기가 청매로서는 최적의 수확기이다. 여기서 중요한 것은 매실이 털로 싸여 있기 때문에 농약을 치게 되면 흡착이 잘 된다는 것이다. 매실은 봉지 씌우기를 하지 않기 때문에 가능한 한 농약을 적게 쳐서 재배해야 한다. 매실은 꽃이 피는 대로 결실을 하게 되는데 성장이 불량한 매실은 자연적으로 떨어지게 된다. 이러한 현상을 생리적 낙과라고 하며 꽃이 진 후 수확 때까지 3차에 걸쳐 생리적 낙과를 하게 된다. 3차 때의 생리적 낙과는 제법 열매가 굵어졌으나 아직 핵이 완전히 굳지 않은 풋매실이며 여기에는 아미그다린이라는 청산배당체가 함유되어 있어 독성이 있다고 알려져 있다. 5월경에 시중에 유통되는 매실의 대부분은 이렇게 생리적으로 낙과된 매실인 경우가 많다고 할 수 있다.

나 매실의 구입 시기

앞에서도 언급했듯이 매실은 봉지를 씌우지 않기 때문에 재배시 농약을 사용하게 되면 그대로 과실에 묻게 된다. 따라서 매실을 구입할 때는 가능한 한 무농약 품질인증을 받은 것을 구입하는 것이 좋다. 풋매실에는 청산배당체(아미그다린)라는 성분이 들어 있는데 풋매실을 구별하는 쉬운 방법은 매실을 과도로 잘라보아 핵이 단단하게 굳어 잘라지지 않으면 먹어도 되는 매실이고, 쉽게 싹둑 잘라지면 아직 익지 않은 풋매실이라고 생각하면 된다. 풋매실에는 아미그다린이라는 성분이 많이 들어 있어 이 물질이 우리 몸에서 분해되면 시안화수소(청산)을 생성하는데 시안화수소는 독성이 강하기 때문에 과량 섭취시 중독증상이 일어날 수 있다. 그리고 매실을 구입할 때 작은 것이 토종매실이라고 잘못 알고 있는 경우가 많은데, 토종이라도 영양분을 충분히 공급하면 50 g 이상의 크기로 열매가 커진다. 다만 방치목으로 버려두고 과일만 수확하면 매우 잔 매실이 된다.

• **아미그다린(청산배당체)에 대한 올바른 이해**

아미그다린(Amygdalin)은 최초 살구씨에서 발견된 물질로 식물에 광범위하게 존재하는 물질이다. 살구와 사촌격인 매실과 복숭아의 종자에 많이 함유되어 있으며, 버찌의 종자, 비파의 열매나 잎 등에도 많다고 알려져 있다. 아미그다린은 '레토릴'이라는 이름으로도 알려져 있으며, 비타민 17이라고도 한다. 아미그다린을 청산배당체라고도 하는데, 청산배당체라고 하는 것은 아미그다린이 분해되면 시안화수소(HCN)가 생성되는데, 이 시안화수소를 일본말로 청산이라고 하며, 포도당이 붙어 있다고 하여 배당체라고 한다. 시안화수소가 청산으로 불리는 것은 시안화수소 가스가 푸른빛을 띠기 때문이다. 아미그다린이 몸에 해롭다는 것은 바로 아미그다린이 분해되면서 시안화수소가 나오기 때문이다. 시안화수소는 독성 물질이다. 따라서 아미그다린은 좋지 않은 물질로 취급되어져 왔다.

아미그다린은 벤즈알데히드와 시안화수소 포도당으로 구성된 물질이다. 아미그다린은 가수분해되면서 1분자씩의 벤즈알데히드와 시안화수소, 2분자의 포도당을 생성한다.

$$\underset{\text{(아미그다린)}}{C_{20}H_{27}NO_{11}} + \underset{\text{(물)}}{2H_2O} \rightarrow \underset{\text{(벤즈알데히드)}}{C_6H_5 \cdot CHO} + \underset{\text{(시안화수소)}}{HCN} + \underset{\text{(포도당)}}{2C_6H_{12}O_6}$$

아미그다린이 분해되면 독성이 있는 시안화수소를 생성하기 때문에 먹어서는 안 되는 물질로 여겨져 왔으나, 최근에는 아미그다린을 항암치료제로 사용하는 경우도 있으며 그에 대한 연구가 활발하게 진행되고 있다. 아미그다린은 배당체이므로 베타글리코시다아제(β-glucosidase)에 의해 분해되는데, 암세포는 정상세포와는 다르게 베타글리코시다아제를 다량 분비하는 것으로 알려져 있다. 과학자들은 이러한 사실을 이용하여 혈액 중에 아미그다린을 투여함으로써 아미그다린이 암세포를 선택적으로 공격하게 한다. 아미그다린은 정상세포에서는 분해되지 못하지만 암세포 주변의 베타글리코시다아제에 의해 분해됨으로써 시안화수소와 벤즈알데히드가 생성되고 이 물질들이 상승작용을 일으켜 암세포를 공격한다는 것이다.

아미그다린이라는 성분을 무서워하는 것은 시한화수소라는 물질이 명백히 독성 물질이기 때문이다. 하지만 아미그다린에서 얻을 수 있는 유익함을 간과할 수는 없다. 우리는 예부터 살구씨를 약으로 이용해 왔다. 살구씨에는 아미그다린이 함유되어 있지만 그것을 적당히 섭취함으로써 오히려 병을 물리치는 약재로 사용하였던 것이다.

여기서 우리가 주목해야 할 것은 아미그다린이 우리 몸에 해를 끼칠 수도 있지만 득이 될 수도 있다는 것이다. 이는 결국 섭취량의 문제로 귀결된다. 과량으로 섭취하면 해를 끼치고, 적당히 섭취하면 약이 될 수 있다는 것이다. 아미그다린이라는 똑같은 물질을 두고 매실에서는 독성이 있는 부정적인 이미지로, 비파에서는 암을 치료하는 획기적인 물질로 소개되어 있다. 분명한 것은 과량 섭취 시에는 반드시 중독증상이 있다는 것이며, 아직 연구되어야 할 부분이 많다. 특히 매실에 있어서는 아미그다린의 효과에 대한 연구가 선행되어야지만 소비자의 불안감을 해소하고 매실의 아미그다린을 적절하게 이용할 수 있는 길이 열릴 것이다.

다 매실 구입시 주의 사항

매실은 5월 중순부터 출하되기 시작하는데 5월경에 출하되는 것은 매실의 씨앗을 둘러싸고 있는 핵이 단단하게 굳지 않은 것이 섞여 있다. 따라서 매실 씨앗에 들어있는 아미그다린이라는 성분이 용출될 수 있기 때문에 5월경에 유통되는 매실을 사용하는 것에 주의를 기울여야 한다. 특히 익지 않은 것이라 가공을 하더라도 쓴맛이 강하기 때문에 좋은 가공품을 얻기는 힘들다. 청매가 좋다는 것이 많이 알려져 있지만 5월 중순경은 아직 매실이 유통되는 물량이 적으며, 고가로 팔 수 있다는 얄팍한 상술에 의해 익지도 않은 풋매실인 녹매가 청매라는 이름으로 팔리고 있는데 주의해야 한다. 소비자들은 각별히 5월달에 팔리고 있는 매실을 구입할 때는 반드시 매실의 핵이 딱딱하게 굳었는지를 확인한 다음 구입하는 것이 필요하다. 청매가 좋다고 하여 여물지도 않은 매실을 구입한다면 온 가족에게 독을 먹이는 꼴이 될 수도 있다는 것을 알아야 한다.

우리가 흔히 잘못 알고 있는 것 중의 하나가 매실에는 구연산이 많다는 것이다. 실제로 분석해 보면 녹매나 청매에 들어 있는 대부분의 산은 사과산이다. 사과산은 특히 신맛의 강도가 강하기 때문에 음료를 만드는 공장에서는 신맛을 낼 때 사과산은 쓰지 않고 부드러운 신맛을 내는 구연산을 이용한다. 매실이 익어감에 따라 사과산은 줄어들고 구연산은 높아지는 것이다. 즉 구연산이 많이 함유된 것을 고르려면 청매보다는 황매 쪽이 좋다.

매실의 구입 시기는 6월경이 가장 좋다. 잘 여문 청매는 6월 초순이나 중순경에, 황매는 6월 하순경에 구입할 수 있다. 외관상 흠집이 없고 크기가 고른 것을 골라야 한다. 크기가 다르다는 것은 여러 품종이 섞여 있거나 숙도가 다른 매실이 혼합되어 있다는 것을 의미하기 때문에 주의해야 한다. 깨물어 보았을 때 핵이 단단하게 굳어 있어야 하고 신맛과 단맛이 나며, 씨는 작고 과육이 많은 것으로 고른다. 씨알이 굵은 것은 엑기스나 장아찌류로 가공하면 좋고, 씨알이 작은 것은 매실주를 담그는 것이 작업하기에 유리하다.

2. 매실의 보관

가 매실의 수확 후 품질변화

매실은 다른 과실과는 달리 후숙이 빠르고 수확 후 호흡열이 대단히 많은 작물이기 때문에 수확 후 2~3일 내에 과실의 색상이 황색으로 변하고 조직이 급격히 연화되어버리는 특징이 있다. 따라서 매실은 수확시기에 일시 유통되다가 일주일만 지나도 시장에서는 찾아보기 힘들 정도로 유통기간이 매우 짧은 과실 중의 하나이다.

일반적으로 매실은 생과로는 거의 이용되고 있지 않으며 대부분 가공용으로 이용되고 있다. 가정에서도 매실을 구입해 두었다가 매실주나 매실엑기스, 매실조청 등에 이용하는 경우가 많은데, 바쁜 생활에 쫓겨 상온에 그대로 두면 며칠이 지나 누렇게 색이 변하고 물러져 가공에 부적합해지는 경우가 종종 발생한다.

우리나라에서 매실이 가장 많이 유통되는 시기는 6월 중순경이라고 할 수 있다.

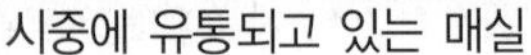

시중에 유통되고 있는 매실

상온에서 3~4일 보관한 매실

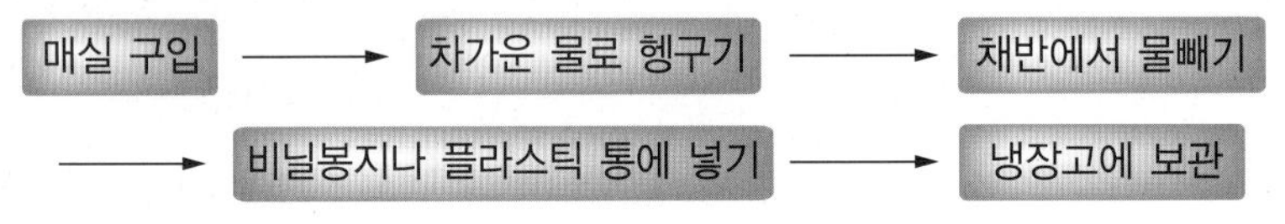

그림 3-1 • 매실을 오랫동안 보관하기 위한 처리

이 시기는 장마철이 시작될 무렵으로 한낮의 기온이 30℃ 정도를 오르내리는 더운 계절이다. 따라서 시장에서 구입한 매실의 품온을 빠른 시간 내에 낮추어 주고, 표면에 붙어 있는 부패 미생물을 제거하기 위해서는 찬물에 2~3회 씻어주는 것이 좋다. 이때 상처가 나지 않게 가볍게 헹구어 주는 정도가 좋다고 할 수 있다.

나 매실 가공전 보관 방법

(1) 차가운 물로 헹구기

매실이 주로 유통되는 시기는 6월경으로 외기 온도가 30℃ 정도로 높은 시기이다. 과일의 경우 호흡이 왕성하게 일어나 쉽게 품질이 떨어질 수 있다. 따라서 매실의 품온을 낮추고 병원균의 수를 감소시키기 위하여 구입한 매실을 가능한 한 빠른 시간 내에 차가운 물로 헹구어 주는 것이 필요하다. 차가운 물로 헹구어 줌으로써 매실의 품온을 급격히 떨어뜨려 호흡 속도를 낮추어 주면 품질의 변화를 방지할 뿐만 아니라, 매실 표피에 붙어 있는 이물질이나 나쁜 균들의 수를 감소시켜 쉽게 곰팡이가 번식하는 것을 막을 수 있다. 이때 주의해야 할 것은 흐르는 물에 헹구어 주는 것이다. 가정에서는 수돗물을 틀어놓고 조금씩 헹구어주면 된다. 물을 받아놓고 헹구어 줄 경우 품온을 낮추어 주는 데는 흐르는 물과 별반 차이가 없지만 부패균이 매실 전체로 퍼져 오히려 여러 군데에서 곰팡이가 발생할 수 있다. 매실을 헹구다 보면 일부 과피가 손상을 입게 되는데 이런 곳에 유해균의 침입이 쉽게 일어날 수 있기 때문에 매실을 흐르는 물에 가볍게 2~3회 헹구어 주는 것이 가장 좋다.

(2) 채반에서 물빼기

매실을 헹구고 난 다음 매실 과피에 있는 물기를 제거해 주기 위해 그늘진 곳에서 채반에 펴 놓고 물기를 빼 주어야 한다. 물기가 있게 되면 곰팡이나 효모가 쉽게 번식할 수 있기 때문이다. 물빼기를 할 때 주의해야 할 것은 반드시 서늘하고 그늘진 곳에서 물빼기를 해주어야 한다는 것이다. 온도가 높은 곳에 놓아둘 경우 매실의 품온이 다시 올라가게 되어 호흡이 빨라짐으로써 매실과육에 함유되어 있는 유기산이나 당분 등 유효성분들이 매실자체의 호흡에 의해 소진됨으로 오랫동안 보관할 수 없게 된다. 물빼기를 하는 가장 좋은 방법은 매실을 채반에 늘어놓고 선풍기를 이용하여 신속하게 바람으로 말리는 것이다. 선풍기 바람이 매실 표면의 수분을 증발시킴으로써 매실의 품온을 더욱더 떨어뜨리는 효과가 있다.

(3) 비닐봉지에 넣기

일반적으로 매실의 저장에 영향을 미치는 것은 온도, 습도, 미생물 오염정도 그리고 매실을 보관하고 있는 용기의 공기조성이라고 할 수 있다. 이들 중에서 가장 크게 영향을 미치는 것이 바로 보관 온도라고 할 수 있다. 일단 온도가 낮으면 그만큼 과실의 호흡속도가 떨어지기 때문에 과실의 노화를 줄여주어 장기간 보관할 수 있게 되는 것이다. 매실을 가장 잘 보관할 수 있는 온도는 10°C 정도라고 할 수 있다. 매실은 더운 여름에 수확되는 고온성 과일이라 4°C 정도의 냉장고에 보관할 경우 세포벽이 장해를 받아 과육이 물러지는 저온장해를 받기 쉽다. 2~3일 정도라면 냉장고에 보관하는 것이 큰 문제는 없을 것으로 생각되나, 좀 더 오랫동안 보관하려면 저온장해를 방지하기 위해서 약 10°C 정도의 온도에 두는 것이 좋다.

앞에서도 언급했듯이 짧은 기간 동안 보관하기 위해서는 가정집에서 흔히 보유하고 있는 일반 냉장고를 이용할 수 있다. 하지만 일반 냉장고를 이용할 경우, 함께 넣어서는 안 되는 과일이 있다. 그것이 바로 사과다. 사과는 저장시에 다른 과일보다 다량의 에틸렌 가스를 발생한다. 에틸렌 가스는 다른 과실과 마찬가지로 매실을 급속하게 노화시키는 천연 노화호르몬이다. 따라서 매실을 넣어둔 냉장고에 사과를 함께 넣어두어서는 안 된다.

(4) 매실 보관 방법에 따른 변색 정도

보관용기나 보관 장소의 습도도 매실의 저장 기간에 영향을 미치는데, 보관하는 곳의 습도가 너무 낮을 경우, 매실 자체의 수분이 증발되어 쪼글쪼글해지기 때문에 수분이 가능한 한 증발되지 않게 하는 것이 좋다. 특히 매실을 구입하여 냉장고에 넣어둘 경우 수분이 증발되어 매실 자체의 신선도가 크게 떨어지곤 한다. 따라서 매실을 보관할 때에는 수분증발을 방지하기 위해서 비닐봉지나 플라스틱 용기를 이용하는 것이 좋다. 이때 밀폐를 하게 되면, 매실 자체에서 발생되는 에틸렌에 의해 매실의 노화가 촉진되거나 고농도 이산화탄소에 의해 생리적 장애를 입기 때문에 완전히 밀폐하지 말고 공기가 빠져 나갈 수 있게 구멍을 내 주어야 한다. 가장 좋은 방법으로는 공기의 유통성이 조금 있는 0.03 mm 정도의 비닐 필름에 넣고 에틸렌 가스 흡착제를 함께 넣어두면, 매실에서 발생되는 에틸렌을 흡착함으로써 매실을 장기간 보관할 수 있게 된다.

매실은 수확시기에 홍수 출하되는 경우가 많은데, 한창 수확이 되는 시기에 대량으로 구입해 두었다가 시간을 두고서 가공을 한다면, 좀 더 많은 물량을 장기간에 걸쳐 처리할 수 있게 될 것이다. 그리고 매실이 생식용보다는 대부분 가공용으로 이용되는 것을 감안한다면, 가정에서도 매실을 저장하는 방법을 잘 활용하여 바쁜 일정을 피해 좀 더 느긋한 시간에 매실을 가공할 수 있을 것이다.

3. 매실의 가공적성과 활용

가 매실의 가공적성

매실은 분류학적으로 핵과류에 속한다. 핵과류란 살구나 복숭아처럼 과육의 중간에 핵이 있고 그 속에 싹을 틔울 수 있는 씨앗이 들어 있는 과실을 말한다. 매실에 있어서 과육의 비율은 약 85%이며, 나머지 15%는 씨앗을 둘러싸고 있는 핵이라고 보면 된다. 매실 과육에 있어서 과즙비율은 약 90% 정도 된다. 과즙의 대부분은 가용성고형물이며 여기서 당분은 약 8°Brix 정도이고 산의 함량은 3~5% 정도가 된다.

유기산의 함량이 많다는 것은 또한 무기물의 함량이 많다는 것을 의미한다. 과육 중에 유기산은 단독으로 존재하는 것이 아니라 항상 무기질인 칼륨이나 칼슘 등과 함께 존재하기 때문에 일반적으로 신맛이 강한 과일은 무기질도 풍부하게 들어 있다고 보면 된다.

매실에는 좋은 성분이 많지만 그렇지 않은 성분도 들어 있다. 대표적인 것이 아미그다린이라는 성분이다. 아미그다린은 청산이라고 불려지는 CN화합물을 함유하고 있다. 따라서 이 성분을 과도하게 섭취하면 건강에 심각한 악영향을 줄 수 있다. 매실 중에 아미그다린이라는 성분은 핵 속에 들어 있는 씨앗에 많이 함유되어 있으며, 덜 익은 풋매실에도 들어 있다고 알려져 있다. 따라서 아미그다린이라는 성분을 먹지 않으려면 덜 익은 풋매실은 사용하지 말아야 하며, 특히 매실의 핵이 여물지 않은 것을 사용해서는 안 된다. 매실을 구입할 때 이 점을 유의해서 반드시 핵이 여물었는지를 확인해야 한다.

나 매실의 활용

매실의 가장 큰 특징은 과육에 유기산이 다량 함유되어 있어 신맛이 매우 강하다는 것이다. 다른 어떤 과일보다도 산 함량이 많은 것이 특징인데 이러한 특징을 우리가 이용하는 것이다. 매실에 함유되어 있는 유기산은 구연산과 사과산이다. 매실이 노랗게 익기 전에는 사과산의 함유 비율이 훨씬 높다. 덜 익은 매실이나 청매가 매우 강한 신맛을 나타내는 것은 바로 이 때문이다. 사과산은 유기산 중에서도 맛의 강도가 매우 강하다. 따라서 과일 주스를 만들 경우 신맛을 내는 첨가제로서 사과산은 사용하지 않는다. 맛이 너무 강하기 때문이다. 유기산이 많다는 것은 산의 함량이 많다는 것이고 상대적으로 과즙의 pH가 낮아지게 된다. 일반적으로 배탈을 일으키는 유해 병원 미생물은 과즙의 pH가 낮은 환경에서는 살아갈 수가 없다. 따라서 매실은 유해 병원균인 식중독균의 번식을 억제하는 데 사용될 수 있다. 즉 매실을 사용한 음식이나 가공품은 다른 것에 비해 잘 상하지 않으며, 식중독에 의한 배탈을 방지해 줄 수 있다.

(1) 가공 전에 해야 할 일

일단 농약이 의심되는 매실은 12시간 이상 물에 담가 잔류농약성분을 충분히 우려내는 것이 좋다. 특히 꼭지 부분에 농약이 잔류할 가능성이 높기 때문에 꼭지 부분을 깨끗이 손질하는 것이 중요하다. 물로 깨끗이 헹군 후 채반에 매실을 펴서 물기가 완전히 제거되면 원하는 가공을 한다.

(2) 가공용 용기 구입하기

매실은 산이 많기 때문에 산에 강한 소재를 용기로 써야 한다. 특히 금속성 용기는 매실에 다량 함유되어 있는 유기산과 화학반응을 일으켜 매실 가공품을 변화시킬 뿐만 아니라, 금속 성분이 용출되거나 용기에 구멍이 날 수도 있다. 산과 반응성이 없는 유리, 도자기, 옹기를 이용하는 것이 좋으며, 경우에 따라서 밀폐를 시켜야 하는 경우가 있으므로 용기 선택은 무엇을 만들 것인가를 생각하고 면밀히 선택해야 한다. 또한 용기는 사용 직전 소주로 소독을 해주는 것이 좋으며, 가공 전에는 손도 깨끗이 씻는 것을 잊지 말아야 한다. 손을 소주로 깨끗이 소독하면 더욱 안전한 가공품을 만들 수 있다.

(3) 매실의 숙도별 이용방법

매실 구입시에는 무엇보다 상처가 없고 멍이 들지 않은 깨끗한 것을 골라야 한다.

상처가 난 부위에서는 과즙이 나오기 때문에 쉽게 미생물에 오염이 되며, 멍이 든 것은 과육 중에 들어 있는 유효성분들이 쉽게 산화를 일으킨다. 이러한 것들이 혼합되어 있으면, 가공을 하는 도중에 문제를 일으킬 소지가 많기 때문에 가능한 한 구입 전에 이러한 것들을 확인하며 구입 후에도 상처가 났거나 멍이 든 것은 골라내는 것이 좋다. 청매는 상온에서 며칠 놔두면 황매가 되는데 이렇게 된 황매는 이미 효과가 많이 떨어진 후이므로, 청매는 청매대로, 황매는 황매대로 사용하는 것이 좋다.

※ 매실꽃(매화)의 이용

매화꽃은 내년에 피울 꽃눈을 8월 초순에서 중순 사이에 형성한다. 낙엽이 진 후 작은 꽃눈과 잎눈으로 형성되어 겨울을 난 뒤 다른 꽃보다 가장 일찍 꽃을 피운다. 여러 종류 형태의 꽃이 있지만 대표적으로 5편화에 암술 하나이며, 수술이 여러 개가 구성되어 수정이 되면 암술의 씨방이 부풀어 커지는 것이 매실이다.

이른 봄에 피는 매화는 7~8분도 핀 꽃을 따다가 녹차 등에 띄우면 바로 꽃이 피는 것을 육안으로 볼 수 있으며, 차를 마실 때에 매화 향을 함께 느낄 수 있어 전통차회에서는 매화차, 일명 풍류차라 하여 봄의 향취를 느끼는 차법으로 많이 이용하고 있다. 또한 냉동실에 보관하였다가 여름철 얼음 속에 꽃을 하나씩 넣어두면 얼음 속의 매화로 멋진 칵테일을 만들 수도 있다.

매화 중에는 붉은 색을 띠는 것도 있는데, 이것이 바로 홍매이며 붉은 꽃이 피고

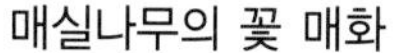
매실나무의 꽃 매화

열매가 익으면 붉은 색을 띠게 된다. 국내에서는 홍매보다 청매를 더 선호하며 홍매는 열매 목적이 아니라 주로 관상용으로 화단에 심는 경우가 많다.

(4) 설탕의 역사와 정제 및 이용

매실가공에 있어서 무엇보다도 많이 이용되는 것이 설탕이다. 매실주, 매실청, 매실당절임 등 매실염절임이나 건조를 제외한 대부분의 매실 가공에는 설탕이 사용된다. 따라서 매실가공에 있어서 그림자처럼 따라다니는 설탕에 대하여 알아보기로 하겠다.

① 설탕의 역사

알렉산더 대왕의 부하인 네아쿠스(Nearchus) 장군은 기원전 325년 인더스강을 따라 인도 동부 지역을 답사한 후 수수와 갈대에서 '꿀 같은 것' 이 자란다고 기록했다. 알렉산더 대왕의 병사들은 인더스 계곡에 사는 원주민들이 사탕수수의 즙을 발효시켜 나눠 먹는 것을 보았는데 그리스인들과 당시의 기본 식품이었던 꿀과 소금에 빗대어 설탕을 설명했다. 그들은 '인도소금' 혹은 '꿀벌이 만들지 않은 꿀' 이라 불렀고, 소량에 엄청난 값을 치러야 했다. 헤로도토스는 '인조 꿀' 이라 했고, 플리니우스는 '사탕수수에서 딴 꿀' 이라고 했다. 사탕수수 발효액은 꿀처럼 약으로 쓰이기도 했다. 네로 황제 시대의 기록에 비로소 라틴어 명칭인 '사카룸' 이 등장하는데, 역사가 디오스코리데스는 "인도와 아라비아 지방의 사탕수수로 만든 딱딱하게 굳힌 꿀의 일종으로 사카룸이라는 것이 있으며, 소금과 질감이 비슷하고 입 속에서 쉽게 녹는다"고 적고 있다.

귀한 약품을 가리키던 중세 라틴어 '사카룸' 이 세월이 흘러 설탕의 대체물(사카린)을 뜻하게 됐고, 원래는 '자그마한 달콤한 조각' 이라는 뜻의 산스크리트어 '칸다' 가 달콤하다는 의미만 남아 이슬람어와 라틴어를 거치는 언어상의 변천을 겪고 캔디라는 단어로 살아남았다. 기원전 6,000년경 뉴기니에서 사탕수수를 재배했다는 기록이 전해지며, 설탕의 영어명인 Sugar의 어원은 인도 범어의 Sarkara인 것으로 알려져 있다. 기원전 200년경 인도에서 소금과 같은 형태로 설탕을 제조하였으며, 7세기경 아라비아 상인들에 의해 설탕이 지중해와 중국으로 전파되었고, 14~15세기 때 십자군

기사에 의해 유럽에 전파되었다고 한다. 16~17세기 때 신대륙으로 설탕산업의 중심이 이동하였으며 18세기에 사탕무우당이 독일에서 처음으로 만들어지기 시작했다고 한다. 현재 사탕수수당과 사탕무당의 비율은 약 6 : 4 정도로 생산되고 있다.

② 설탕의 제조과정

설탕의 원료인 사탕수수를 분쇄하여 착즙, 중화, 농축 과정을 거치면 비정제당인 흑설탕이 만들어진다. 우리가 흔히 알고 있는 흑설탕의 유익한 점은 바로 비정제당인 흑설탕의 기능성을 말하는 것이다. 이런 비정제 흑설탕이 정제과정을 거치게 되는데 정제과정에서 침전물인 당밀을 뽑아내고 나면 원당이 되는데 일반적으로 제당업계에서는 이러한 원당을 수입하게 된다. 수입된 원당은 탈색이나 탈취 과정을 거쳐 곧바로 백설탕이 된다. 우리가 흔히 접할 수 있는 바로 그 설탕이다. 제당업계에

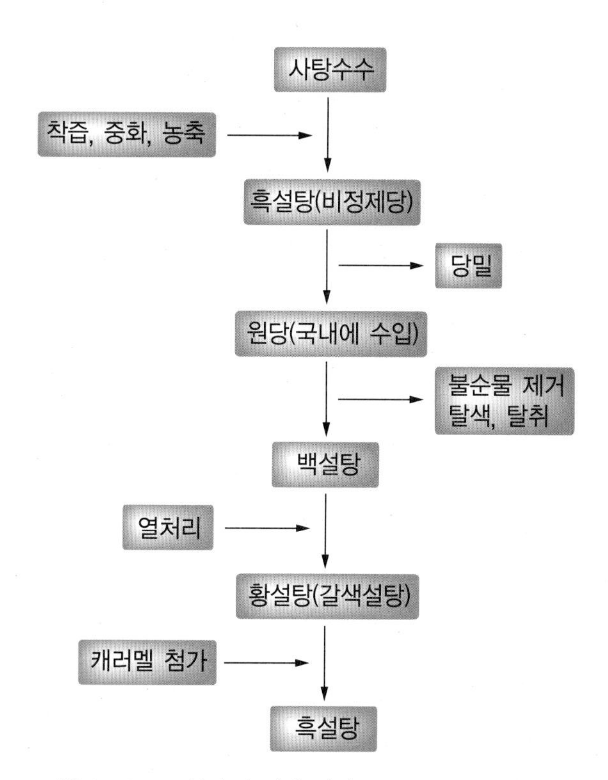

그림 3-2 • 설탕의 정제 과정

서는 이러한 백설탕을 원료로 우리가 흔히 시장에서 볼 수 있는 갈색설탕(황설탕)이나 흑설탕을 만드는 것이다.

③ 설탕의 이용

백설탕은 부드럽고 담백한 단맛을 느끼게 하기 때문에 요리용은 물론 커피나 홍차 등 식품의 본래 지닌 맛을 내고 싶을 때 사용한다. 그러나 갈색설탕은 회분 등이 소량 함유되어 특유의 풍미와 단맛을 지니고 있기 때문에 강한 단맛, 감칠맛과 원료당의 냄새를 내고 싶은 경우에 사용하게 된다. 외국에서 수입한 원당의 색깔은 노란색에서 암갈색의 색을 띠고 있다. 정제 과정을 거쳐 처음으로 나오는 것이 순도 99%의 흰설탕(정백당)이다. 이 정백당을 시럽화하여 재결정 과정을 거치면 열에 의해서 갈변화되면서 정백당 안에 있던 원당의 향이 되살아나게 되는데, 이것이 황설탕(중백당)이다. 순도는 흰설탕보다 떨어지나 원당의 향이 들어 있고 색상도 노란색이어서 커피용으로 많이 이용된다. 시중에서는 흑설탕도 팔고 있다. 흑설탕은 제당회사에서 삼온당이라고 하는데 흑설탕은 황설탕에다 캐러멜을 첨가하여 색깔이 더욱 짙게 보이는 것이다. 독특한 향과 색상 때문에 수정과나 약식 등에 이용된다.

III. 매실의 가공방법

1. 매실주 담그기

가 매실주용 매실 고르기

매실주는 맛과 향이 중요하다. 매실은 덜 익은 청매일 때에는 향이 나지 않다가 황매로 진행되면서 향긋한 매실향을 뿜어낸다. 매실향은 매화향과는 다른 향으로 매실이 노랗게 익어가면서 달콤하고 향긋한 향기가 더욱 진해진다. 매실주용 매실은 청매보다 약간 더 익은 것을 사용하는 것이 좋으며, 익기 시작하여 매실의 반 정도가 노르스름하게 황매로 변한 것을 사용하는 것이 가장 좋다. 매실향을 최대한 살리는 것이 가장 큰 포인트다. 즉 술 담기에 가장 알맞게 익은 매실은 하지(6월 22일) 전후에 채취한 것이 가장 좋다고 할 수 있다. 그래야 맛과 향기, 그리고 효과가 제대로 난다고 알려져 있으며, 설익은 매실로 술을 담그면 술에서 풋내가 날 수 있다. 5월 매실은 녹색이고 망종을 지나면 청색으로 변했다가 하지 전후에 장맛비를 맞으면 표면 한쪽 볼이 누르스름해지게 된다. 이런 매실은 구연산과 사과산이 알맞게 함유되어 있어 술을 담기에 가장 알맞게 익은 매실이라고 할 수 있다. 이것을 하룻밤 맑은 물에 담구어 깨끗이 씻어낸 다음 물기가 완전히 없어진 뒤에 항아리(유리나 도자기)에 담으면 된다.

매실 나무가 정원에 있다면 매실 꽃이 만발했을 때, 매화를 따다가 매화주를 담그면 매화주 그대로 쓰기도 하고, 이것을 매실주에 섞기도 한다. 특히 청매로 매실주를 담글 경우에는 향기가 그다지 많지 않은데, 이런 매실주에 만들어둔 매화주를 혼합하면 더욱 향기로운 매실주를 만들 수 있다. 시중에서 청매를 구입했을 때, 청매를 실온에서 2일 정도 놓아두게 되면 표면이 노랗게 변하면서 매실의 향이 강하게 뿜

시장에서 구입한 청매(왼쪽)와 후숙 과정을 거쳐 매실향이 강한 노랗게 물든 황매(오른쪽)

어져 나오는데 이것을 이용하면 청매로 담는 것보다는 향기로운 매실주를 만들 수 있다.

청매로 매실주를 담으면 향기는 좀 못하더라도 실패할 확률이 적고 또한 깨끗한 매실주를 만들 수 있다는 장점이 있는 반면, 신맛이 너무 강하기 때문에 소주를 많이 부어 희석을 해 주어야 먹을 만한 매실주를 만들 수 있다. 황매로 담글 경우에는 향기가 진한 매실주를 만들 수 있다는 장점이 있는 반면, 소주의 희석 비율을 잘못하거나 관리를 조금만 잘못하더라도 혼탁한 매실주가 되기 쉽다.

일반적으로 매실주는 소주를 이용한 침출주가 대부분이지만 침출주 외에 매실과육을 이용한 발효주도 만들 수 있다. 적당한 알코올 도수를 만들기 위해서는 당분을 많이 첨가해 주어야 하며 발효 중에 혼탁해질 수 있으므로 매실 발효주가 완성된 후에는 청징을 해주는 것이 좋다.

나 소주를 이용한 매실 침출주 만들기

소주를 이용한 매실 침출주는 매실에 들어 있는 영양성분을 그대로 술에 우려낸 것으로서 영양적으로 우수할 뿐만 아니라, 일반 가정에서도 쉽게 만들어 마실 수 있어 널리 애용되고 있는 방법이다. 매실 원료의 특성을 잘 이해한다면 누구나 맛있는 매실주를 만들어 먹을 수가 있다. 우선 매실주에 있어서 가장 크게 영향을 미치는 것이 매실 속에 들어 있는 매실의 신맛을 나타내는 유기산이다. 매실에는 구연산과 사과산이 많이 들어 있는데 매실이 익어감에 따라 사과산의 함량이 급격히 줄어들게 된다. 즉 청매는 사과산의 비율이 높아 신맛이 매우 강한 반면, 황매는 구연산의 비율이 더 높아 부드러운 신맛을 내게 된다. 따라서 청매를 이용할 경우에는 매실의 산이 너무 높기 때문에 희석배수를 높게 해야 적당한 신맛을 내는 매실주가 만들어진다.

맛있는 매실주의 적정 산 함량은 0.5~0.6% 정도이다. 청매의 경우 산의 함량이 4~5% 정도, 황매의 경우는 3~4% 정도이므로 청매로 담을 경우 황매로 담을 때보다 훨씬 더 많이 희석해 주어야 한다.

(1) 사용되는 재료 및 기구

매실 침출주를 만들려면 우선 잘 익은 매실(황매), 과실주 담금용 소주, 침출용 유리병이나 항아리, 매실주를 거르기 위한 채반, 벌꿀 또는 설탕, 숙성용 유리병이 필요하다.

침출주에 사용되는 매실은 매실 향이 물씬 풍기는 황매가 좋다. 청매로 담을 경우 깨끗한 매실주를 얻을 수는 있으나 향이 적고 산의 함량이 높아 소주를 많이 넣어 희석을 시켜야 신맛이 적은 매실주가 만들어진다. 따라서 희석배수가 높을수록 향이 적어지므로, 좋은 매실 침출주를 만들기 위해서는 청매를 2~3일간 후숙시켜 이용하는 것이 매실주의 향기를 높이고 강한 신맛을 내는 사과산의 함량을 떨어뜨려 부드러운 매실주를 만드는데 도움이 된다.

잘 익은 매실 원료 5 kg에 대하여 30도 소주 8 L, 물 5 L가 필요하므로 약 20 L의 용기가 필요하다. 매실에는 굉장히 많은 산이 들어 있으므로 매실의 산에 의해 쉽게 부식될 수 있는 금속용기는 절대적으로 피해야 한다. 스테인레스 용기의 경우는 상관없으나 이 경우에도 용기가 클 경우에는 이음매가 스테인레스가 아닌 경우가 있으므로 각별히 유의해야 한다. 플라스틱의 경우에도 매실의 강한 산에 의해 환경호르몬

청매를 구입한 경우 상온에서 3~4일간 후숙시켜 향기를 물씬 풍기는 황매로 만든다.

물질들이 침출될 수 있기 때문에 가급적 유리병이나 항아리를 이용하는 것이 좋다. 채에 거른 매실주는 숙성이 필요한데 이때 사용될 용기는 공기의 접촉을 가급적 피할 수 있는 용기가 좋다. 즉 입구의 주둥이가 좁은 것이 유리하다고 할 수 있다. 흔히 사용하는 주둥이가 넓은 광구 유리병은 미세하게 공기가 유통될 수 있으므로 매실주를 장기간 보관하는 데는 불리하다. 따라서 매실주를 오래 보관하려면 마개로 확실히 잠글 수 있는 유리병이 가장 적당하며, 숙성을 하기 전에 입맛에 맞게 벌꿀이나 설탕을 가미하는 것도 좋다. 설탕을 3~5% 정도 첨가하면 달콤한 매실주가 되며, 벌꿀을 사용할 경우에는 설탕보다 1.2배 정도 더 넣어주어야 설탕과 비슷한 정도의 단맛을 낼 수 있다.

(2) 매실 침출주 제조공정

소주를 이용하여 매실 침출주를 만드는 과정은 다음 그림과 같다. 먼저 매실을 선별하고 세척하면서 이물질을 제거하고 물기를 뺀 다음 항아리에 넣는다. 미리 준비한 소주를 적당량 붓고 서늘한 곳에 3~5개월 놓아둔 다음 맑게 침출된 매실주를 걸러 준다. 이때의 매실주는 단맛이 거의 없는 드라이 타입의 매실주로서 입맛에 맞게 꿀이나 설탕을 넣어 숙성시키면 달콤새콤한 매실주가 된다. 바로 마실 수도 있으나 3~6개월 더 숙성시키면 더욱 부드러운 매실주가 된다.

(3) 단계별 매실 침출주 제조방법

• 선별 및 세척

구입한 매실을 선별하고 세척하고 하룻밤 채반에 늘어두어 물기를 뺀 다음 꼭지를 제거한다. 이때 양이 많을 경우에는 꼭지를 제거하지 않더라도 침출 후 거르기 공정에서 자연스럽게 꼭지가 제거되기 때문에 꼭지제거가 반드시 필요하지는 않다.

• 유리병에 담기 및 소주 붓기

깨끗하게 물기가 제거된 매실을 유리병이나 항아리에 담고 소주를 붓는다. 위에서도 언급했듯이 추출용 용기는 금속성을 피해야 한다. 일반적으로 가장 많이 이용

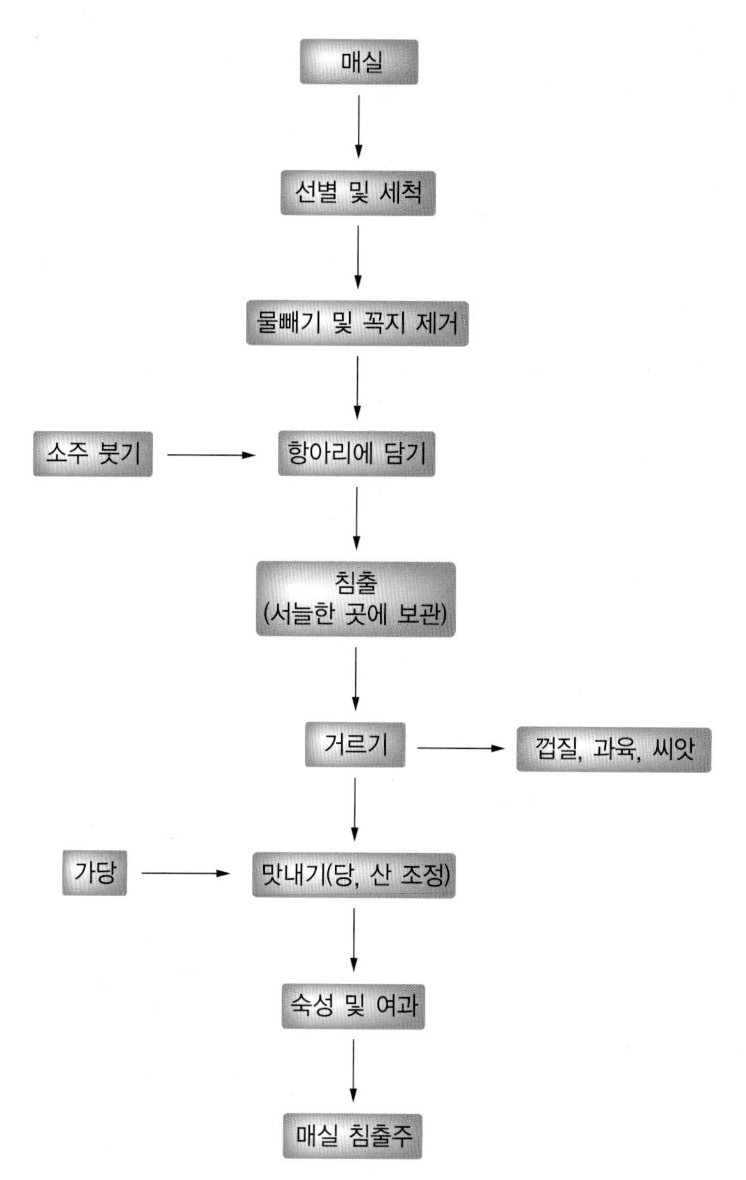

그림 3-3 • 소주를 이용한 매실주 제조 과정

되는 것이 항아리이며 양이 적을 경우에는 유리병을 사용하는 것이 좋다. 사용하는 용기는 사용 전에 반드시 깨끗이 씻어 놓고 말려두는 것이 좋다. 소주를 이용하기 때문에 잡균이 생길 가능성은 거의 없지만 용기에 냄새가 배어 있었다면 치명적으

매실을 선별 세척하고 채반에 널어 물기를 빼낸다.

로 술에 영향을 미칠 수가 있다. 따라서 사용하는 용기는 씻고 말린 다음 반드시 코로 냄새를 확인하는 것이 좋다. 특히 항아리의 경우는 다른 것들을 담아두는 경우가 많으므로 좋지 않은 냄새가 배어 있을 가능성이 대단히 높다. 락스를 이용하여 깨끗이 소독하고 따뜻한 물로 락스 냄새가 완전히 가실 때까지 헹구어 주어야 한다. 항아리를 소독하는 또 다른 방법으로는 짚불을 펴 놓고 거기에다 항아리를 뒤집어 연기를 쏘이면서 살균과 냄새를 제거하는 것도 좋은 방법이다.

유리병에 매실을 넣고 소주와 물을 섞어 적당한 알코올 농도를 만든 다음 부어주면 된다. 이때 소주만을 부을 경우에는 가능한 한 알코올 도수가 낮은 것을 이용하는 것이 좋고, 과실주 담금용 30도 소주를 이용할 경우에는 최종 매실주의 알코올 농도가 너무 높으므로 미리 물로 희석하여 넣는 방법과 먼저 매실 침출주를 만든 후 물로 적당히 희석하는 방법이 있다. 후자의 방법을 사용할 경우에는 침출시킨 매실을 거르고 난 뒤 남은 매실에 물을 넣고 1주일 정도 추출한 다음 먼저 걸러낸 액과 합치면 적당한 농도의 산미와 알코올 농도를 만들 수가 있다.

잘 익은 황매 5 kg에 대하여 과실주 담금용 30도 소주 10 L와 물 5 L를 희석하여 부어줄 경우 총산 약 0.6%에 알코올 농도 16~18%의 매실주를 만들 수 있다. 이때

깨끗이 씻어 물기를 완전히 뺀 황매를 유리병에 넣고 소주를 붓는다. 원료 5 kg에 대하여 20도 소주 15 L를 붓는다.

20도 소주를 이용할 경우에는 물을 넣을 필요 없이 15 L를 넣어주면 위에서 만든 매실주와 같은 총산과 알코올 농도의 매실주를 만들 수 있다. 즉 20도 소주를 이용할 경우 매실과 소주의 희석비율이 약 1 : 3 정도라고 보면 된다. 20도보다 높은 알코올 농도의 소주는 20도로 희석하여 배합한다고 생각하면 된다.

- 침출 및 거르기

항아리에 담은 매실주는 집안에서 비교적 시원한 곳에 두어야 한다. 매실의 생산 시기가 여름이기 때문에 침출시 매실주의 온도가 쉽게 올라갈 가능성이 높다. 매실의 향은 휘발성이 강하므로 온도가 높을 경우 쉽게 휘발되어 매실의 향기가 그다지 나지 않는 매실주가 되기 쉽다. 따라서 매실주의 침출 장소로 가장 좋은 곳은, 아파트의 경우 김치냉장고를 이용하거나 햇볕이 들지 않는 시원한 북쪽 창고에 두는 것이 좋으며, 일반 단독주택의 경우에는 지하실이나 햇볕이 들지 않고 시원한 창고에 두는 것이 좋다.

김치 냉장고에 넣을 경우에는 밀봉에 각별히 주의를 기울여야 하는데, 이때 매실주 병은 완전히 밀폐를 해야 한다. 공기가 통할 경우 김치 냄새가 매실주에 녹아 들어가 매실주를 완전히 망칠 수 있다. 조그마한 틈이라도 있으면 김치냄새가 서서히 장시간에 걸쳐서 유입될 수 있기 때문이다. 그리고 김치 냉장고의 경우에는 온도가 낮으므로 추출 시간이 좀 더 소요된다. 일반적으로 3개월 정도 담금을 하는데 김치 냉장고의 경우는 이보다 좀 더 오래 침출시킬 필요가 있다.

침출이 완료된 매실은 면포나 거름망을 이용하여 매실과 매실주를 분리한다. 원료 5 kg에 대하여 처음부터 20도 소주 15 L를 사용하거나 30도 소주 10 L에 5 L의 물을 붓고 침출을 한 경우는 침출이 완료되는 즉시 적당한 알코올과 산미가 있는 매실주가 만들어졌다고 할 수 있다. 다만 원료 5 kg에 대하여 30도 소주 10 L를 붓고 침출을 한 경우에는 1차 거름을 하고난 뒤 남은 매실에 생수를 5 L 붓고 1주일 정도 더 침출시킨다. 이것을 다시 2차 거름을 하고 받은 것과 1차 거름시 채취한 매실주를 혼합해야 적당한 알코올과 산미있는 매실주를 얻을 수 있게 된다.

- 맛내기 및 숙성

일반적으로 매실주량에 대하여 무게로 1% 되게 설탕을 넣으면 단맛이 거의 느껴지지 않으나 원주(침출주 원액)보다는 부드러운 매실주가 되며, 2% 정도의 설탕을 넣으면 약간 단맛이 나는 정도인데, 3% 정도의 설탕을 가미할 경우에는 단맛이 확실히 느껴진다. 일반적으로 가정에서 담그는 매실주의 당 농도는 3~15% 정도로, 당 농도의 폭이 대단히 큰 편이다. 단맛이 약간 도는 매실주를 만들기 위해서는 침출한 원주의 양에 대하여 3~5%의 설탕을 넣어주거나 벌꿀을 4~6%를 첨가하면 적당한 단맛의 매실주가 된다. 이렇게 당을 가미하여 3개월 이상 숙성시키면 새콤한 신맛과 단맛이 잘 어우러진 노르스름한 황금빛 매실주가 만들어진다.

숙성 중에는 공기를 최대한 차단하는 것이 좋으며, 장소는 서늘한 곳이어야 한다. 온도가 높을 경우 침출시와 마찬가지로 매실의 향긋한 향기가 날아가 버리고 산화도 더 쉽게 일어날 수 있기 때문이다. 매실의 숙성 기간이 길어질수록 매실주의 색은 점점 더 진해지다. 이것은 매실주 속에 녹아 있는 폴리페놀 성분이 장기간에 걸쳐 공기와 접촉하기 때문에 일어나는 현상이다.

혹 매실주의 색이 너무 엷다면 오히려 공기를 넣어 줌으로서 매실주의 색을 진하

청매를 이용하여 담근 매실주(왼쪽)와 황매를 이용하여 담근 매실주(오른쪽), 담금 직후

담근지 3개월 정도 지나면 매실 성분이 침출되어 소주의 색이 연한 갈색으로 변한다.

충분히 침출시킨 매실을 채반에 걸러 매실주와 매실을 분리시킨다.

게 만들 수도 있다. 하지만 산화가 너무 많이 진행되면 매실주의 향은 사라지고 산화취가 나게 되어 품질이 급격히 떨어져 버린다. 매실주는 알코올 농도가 높고 산이 많이 들어 있어 가능한 한 6개월 이상 숙성을 시켜 마시는 것이 좋으며, 공기를 차단하고 시원한 곳에 보관한다면 5년 이상 장기간 숙성도 가능한 술이 된다.

다 완숙된 황매를 이용한 매실 발효주 만들기

매실이 완숙되면 살구나 복숭아와 같이 물러지고 쉽게 씨가 분리되는 상태로 되는데, 이러한 원료를 이용하여 발효 과정을 거친 매실주를 만들 수 있다. 제조방법은 적포도주를 만드는 방법과 흡사하며, 만든 매실주는 백포도주와 같이 색이 엷은 과실주가 된다.

(1) 필요한 것들

매실 발효주를 만들려면 매실의 과육을 쉽게 채취할 수 있는 완숙된 황매가 필요하며, 발효를 위한 유리병, 효모, 설탕, 숙성용 유리병 등이 갖추어져 있어야 한다.

(2) 매실 발효주 제조공정

완숙된 매실을 선별 세척하고 물기를 제거한 다음 과육을 으깨어 과즙을 조정한 다음 효모를 접종하고 발효시킨다. 발효가 완료되면 압착을 하여 발효액을 분리하고 숙성시키면 새콤한 향기로운 발효매실주가 된다.

(3) 단계별 매실 발효주 제조방법

- 선별 및 세척

이 방법에 사용되는 매실은 완숙되어 어느 정도 물러진 원료를 이용하기 때문에 선별이나 세척을 하는데 있어서 과육이 터지지 않도록 각별히 유의해야 한다. 과육이 터지면 잡균에 오염되기 쉽고 처리하는 데 있어서도 좋지 않다.

- 으깨기 및 아황산 첨가

으깨기를 할 때는 과육에 들어 있는 폴리페놀의 산화를 방지하기 위하여 아황산을 첨가해 주어야 한다. 아황산 처리는 주로 분말 형태인 메타중아황산칼륨을 많이 이용한다. 메타중아황산칼륨 100 g은 이론적으로 57 g의 아황산(SO_2)을 생성한다. 그런데 메타중아황산칼륨을 처리하면 일부는 아황산으로 변해 날아가고 과즙 속의 다른 물질과 결합하여 활성을 잃어버리게 되므로 통상 메타중아황산칼륨의 약 55%가 미생물 살균이나 폴리페놀의 산화방지에 역할을 하는 것으로 알려져 있다. 따라서 초기에 매실 과육을 으깰 때 메타중아황산칼륨 150~200 mg/kg 농도로 처리하는 것이 일반적이다. 으깨기를 할 때 매실 핵을 분리할 수도 있으나 이 공정에서 분리하지 않더라도 발효 후에 압착을 하기 때문에 종자는 다른 과육이나 껍질과 더불어 쉽게 분리가 된다.

아황산의 처리 목적은, 매실의 과피에 붙어 있는 잡균을 없애고 매실 파쇄시 용출되는 폴리페놀의 산화를 방지하는 데 있다. 처리방법은, 식품첨가물용 메타중아황산칼륨(피로아황산칼륨,메타카리, $K_2S_2O_5$)을 원료량에 대하여 미리 계산해 두었다가 매실 파쇄시 매실 100 kg당 10~15 g(아황산(SO_2)으로서 50~75 ppm 상당)을 골고루 뿌려준다. 아황산을 처리하면, 처리 초기에 과즙 속에 함유되어 있는 아세트알데히드, 피루브산 등과 결합하여 무독성 물질이 되며 남아 있는 유리 아황산이 미생물에 대하여 살균작용을 한다. 아황산 처리 후 효모는 최소한 5시간 이후에 접종하는 것이 좋다. 너무 빨리 효모를 접종할 경우 효모가 아황산에 의해 활성을 잃을 수 있다. 아황산은 사람의 감각기관을 자극하여 재채기나 숨 막힘과 같은 증상을 일으킬 뿐만 아니라 매실주의 향이나 맛을 손상시키기 때문에 첨가량을 최소로 하는 것이 좋다.

- 당, 산 조정

매실은 다 익더라도 다른 과실보다는 산이 높은 편이다. 일반적으로 포도는 산의 함량이 0.5~0.7%(w/v) 정도이며 사과는 0.3~0.5% 정도, 감이나 배는 아주 적어서 0.1~0.2% 정도이다. 하지만 매실의 경우 덜 익은 것이 4.5~5.0% 정도 되며 완숙된 것이라도 2.5~3.5% 정도 된다. 따라서 잘 익은 황매를 사용하더라도 과즙을 6배 정도는 희석을 해야 약 0.5% 산도를 가진 매실주가 만들어진다. 그리고 알코올 12% 내외의 발효 매실주를 만들려면 초기 당 농도가 22°Brix 정도는 되어야 하기 때문에

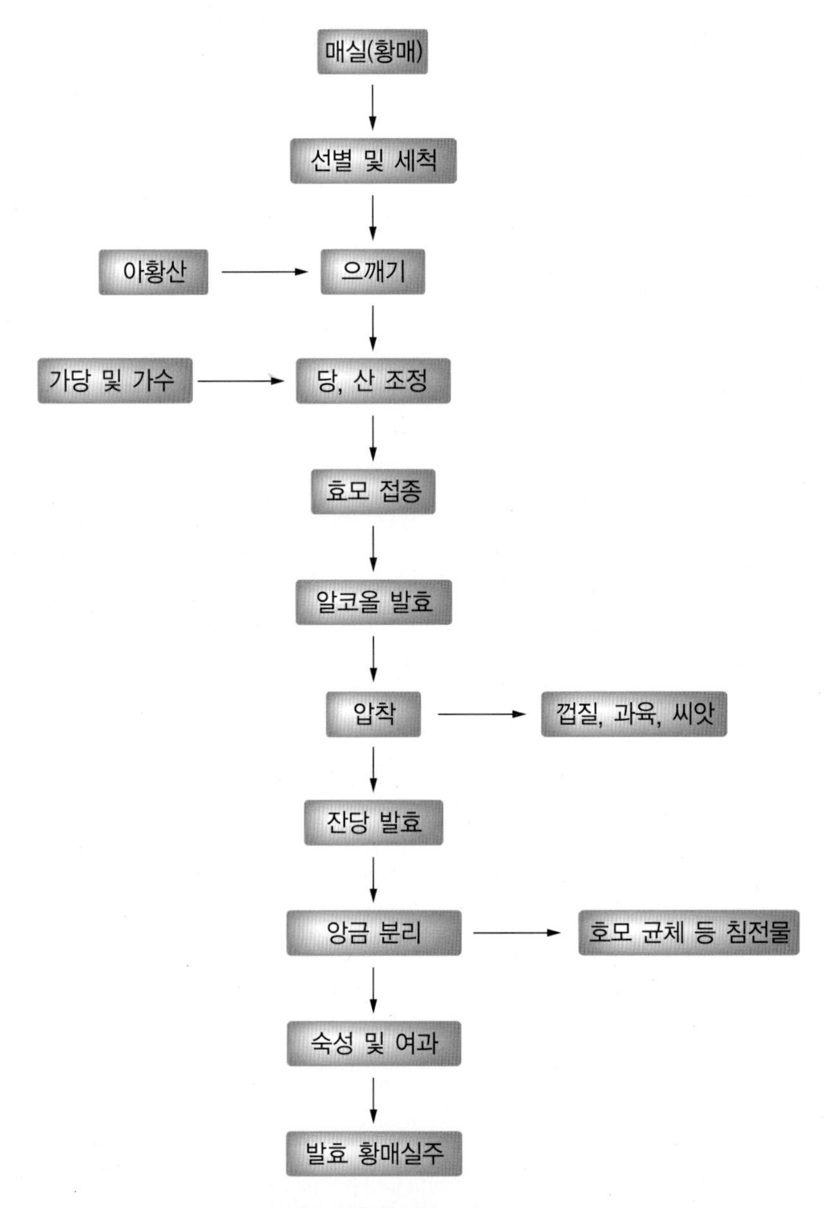

그림 3-4 • 완숙된 황매를 이용한 발효 매실주 담그는 과정

매실 발효주의 경우 많은 양의 설탕을 보충해 주어야 한다.

먼저 산을 조정하고 난 다음 당을 조절해 주어야 한다. 산을 조정하는 데 있어서 원료 매실과즙의 산도를 측정할 수 있다면 그 측정치를 기준으로 최종 산도를 0.5%

되게 희석을 하면 된다. 그런데 일반가정에서는 산도를 측정할 수 없으므로 잘 익은 황매의 과즙 산도를 약 3%로 보고 최종 과즙이 0.5% 되게 물로 희석해 준다. 예를 들어 매실 으깸이가 5 kg이라면 그 중에 들어 있는 매실과즙은 원료 무게의 약 75%인 3,750 mL 정도 된다고 보면 된다. 따라서 과즙 3,750 mL를 6배 희석하기 위해서는 약 22.5 L의 물을 첨가해 주어야 한다. 즉 매실 원료 무게인 5 kg에 대하여 약 4.5배의 물을 넣어주는 셈이다.

완숙 매실의 당도를 8%라고 본다면 원료 5 kg 속에 들어있는 과즙의 양은 3,750 mL로 매실의 당도를 감안한다면 그 속에 들어 있는 당분의 양은 약 300 g 정도밖에 되지 않는다. 따라서 물로 희석된 뒤의 당도는 약 1% 정도로 추정할 수 있다. 따라서 과즙의 당도를 22°Brix까지 맞추어 주기 위해서는 약 7 kg의 설탕을 넣어주어야 한다.

즉 원료인 황매를 으깬 다음 원료무게(씨 포함)의 4.5배량의 물을 가하고(산의 농도를 맞추기 위함), 여기에다 원료무게의 1.4배량의 설탕을 넣어 당의 농도를 22°Brix로 맞추어 준다. 이렇게 과즙을 조정하여 발효시키면 알코올 농도 약 12%, 총산함량 약 0.5%인 매실발효주로 만들 수 있다. 만약 원료의 산도가 더 높다면 희석배수를 좀 더 높여야 되며 가당량도 더 늘려주어야 한다.

매실 과육을 으깬 다음 물로 적당히 희석시킨 매실 으깸이의 당 농도를 맞추기 위한 가당량 계산은 아래와 같이 할 수 있다.

$$\text{가당량(kg)} = \frac{\text{원하는 당도} - \text{과즙의 당도(°Brix)}}{100 - \text{원하는 당도}} \times (\text{희석 후 무게} \times 0.95)$$

기본적으로 과즙의 당도(°Brix)에 0.55~0.57를 곱한 값이 최종발효 후의 알코올 농도가 되므로 약 12 %(v/v)의 매실주를 생산하려면 22~23°Brix로 과즙의 당도를 맞추어 주어야 한다. 따라서 원하는 당도는 22 또는 23이 되며, 과즙의 당도는 매실 으깸이를 물로 희석시킨 후 과즙의 당도를 의미한다. 이때의 당도는 위에서도 언급했듯이 매실 원료에 대하여 4.5배량의 물을 넣었을 때 1% 정도라고 보면 된다. 희석 후 무게는 매실 원료 무게와 첨가한 가수량을 합한 값이 된다. 즉 매실 원료 5 kg에 대하여 22.5 L의 물을 첨가하였다면 희석 후 무게는 27.5 kg이 되는 것이다.

- **효모 접종 및 알코올 발효**

효모 접종: 배양효모를 사용할 경우 관리하는 데 어려움이 많으므로 건조효모를 이용하는 것이 편리하다. 건조효모는 보통 5 g 또는 500 g 단위로 판매되고 있으며, 4°C에 저장할 경우 1~2년 사용이 가능하다. 건조효모는 아황산에 대한 내성이 있어 35~75 mg/L의 아황산에서 발효가 무난히 진행된다. 접종하는 효모의 양은 원료 전체량에 대하여 0.01~0.02% 정도 접종한다. 즉 0.02%를 접종할 경우 전체량이 10 kg일 경우 건조효모는 2 g을 사용한다. 건조효모의 사용방법은 먼저, 물로 2배 정도로 희석한 과즙을 40°C로 온도를 조정하고 여기에다 건조효모를 넣고 30분간 방치한 다음 접종한다. 효모활성화에 사용하는 과즙의 양은 효모 1 g에 대하여 20 mL 정도면 충분하다. 건조효모는 오래 보관할수록 활성이 떨어지기 때문에 개봉 후 1년 이상 경과된 건조효모는 첨가량을 늘려 주어야 한다.

일반적으로 과육이 들어 있는 으깸이의 경우에는 질소질이나 기타 영양물질이 풍부하기 때문에 인위적인 발효영양제를 첨가해 주지 않아도 발효가 잘 진행된다. 하지만 물로 희석시킨 원료를 이용하여 발효주를 제조할 경우에는 발효액 내의 영양 결핍으로 발효가 지연되거나 발효가 도중에 멈출 수 있다. 이러한 문제점을 보완하기 위하여 효모를 접종하기 전에 효모의 질소원으로서 인산암모늄($(NH_4)_2HPO_4$)이나 시판되고 있는 효모영양제를 원료 전체 무게에 대하여 약 0.02% 정도 첨가해주는 것이 좋다.

발효탱크: 주로 많이 사용하는 것은 스테인리스 탱크로서 고가이기는 하나 산이나 알코올에 대한 내구성이 강하기 때문에 장기적인 측면에서 보면 결코 비싼 가격이 아니다. 발효조는 발효기간이 짧기 때문에 다른 용기를 이용해도 상관없지만 저장 · 숙성용 용기는 장기간 사용해야 되므로 반드시 내구성이 강한 재질의 탱크를 이용하는 것이 좋다. 탱크의 용량은 큰 용량의 경우, 단위 용량당 가격은 싼 편이지만 매실주를 저장할 경우 용기에 꽉 채우지 않으면 매실주가 산화되는 문제가 발생한다. 따라서 탱

크류는 주로 사용하는 것 외에 소량의 탱크(0.5~3톤 정도)도 꼭 필요하다.

발효경과: 당 함량이 25% 이상이면 발효는 지연되고 휘발산류(초산)의 생성이 증가한다고 알려져 있다. 매실주의 경우 총산 함량이 0.5~0.6% 정도라면 적당하다. 산도가 높을 경우 산도가 낮은 과즙을 희석하여 조정하거나 알코올 발효 종료 후 말로락틱발효 방법으로서 산도를 낮출 수 있다. pH는 3.5 이하가 적당하며, 3.5 이상인 경우에는 유리아황산의 비율이 낮아져 아황산의 살균효과가 저하된다. 매실주의 발효는 먼저 포도당이 효모에 의해 섭취되고 분해되면서 알코올과 이산화탄소 그리고 열을 내는 과정을 거친다. 효모에 의해 섭취되는 당의 약 50%가 생성되는 알코올의 무게가 되며, 나머지 약 50%는 이산화탄소가 되어 공중으로 날아가 버린다.

$$C_6H_{12}O_6 \rightarrow C_2H_5OH + CO_2 + 56\ \text{Kcal}$$
$$100\ g \qquad 51.1\ g \qquad 48.9\ g$$

발효온도 및 기타 관리: 매실주의 발효온도는 15~25°C 정도가 적당하다. 발효온도가 30°C를 넘을 경우, 향기성분의 휘발이나 초산균과 같은 유해균의 번식으로 매실주의 품질이 급격이 저하되며, 효모의 활성도도 떨어지기 때문에 발효가 제대로 이루어지지 않을 수 있다. 매실의 향을 보존하기 위해서는 가능한 저온에서 발효시키는 것이 유리하다. 알코올 발효는 대량의 열을 발생하므로 알코올 발효시 반드시 냉각을 시킬 필요가 있다. 과즙의 당이 1% 소비될 경우 온도가 1.3°C 올라간다. 우리나라에서 매실을 주로 생산하는 시기인 6월의 평균 외기온도가 25~30°C인 것을 감안한다면 발효조의 냉각대책은 반드시 필요하다.

2중 냉각자켓 발효조의 경우, 외벽에 단열처리를 하면 안 할 때보다 약 5배 정도 냉각효과가 높아진다. 물로 희석한 매실과육 으깸이를 착즙한 다음 오크통에서 발효를 시킬 경우, 오크통은 냉각이 어렵기 때문에 발효실은 자체 온도가 조절되는 곳이라야 한다. 사용한 오크통은 세척을 하여 재사용 할 수 있는데, 이때 사용하는 세척수는 구연산 0.8% 용액에 메타중아황산칼륨을 100 L당 50 g 넣어서 사용하면 된다. 세척은 이 세척수를 3~5회(1개월마다 교환) 갈아주고 물로 여러 번 헹군 다음 사용하면 된다.

알코올 발효는 혐기성 발효로서 산소가 필요하지 않지만, 발효초기 균체 증식기에는 어느 정도 산소를 공급함으로써 효모의 생육을 촉진시키고 알코올 내성을 강화시킬 필요가 있다. 산소공급은 하루 2회 정도 뒤집어 주는 것으로 충분하다.

발효의 종료: 발효가 완료된 것은 당이나 알코올 함량을 분석하여 알아볼 수도 있으나, 통상 경험적으로 기포발생이 더 이상 진행되지 않거나 매실주 발효액에 단맛이 없으면 발효가 완료된 것으로 볼 수 있다. 단맛이 어느 정도 남아 있는 매실주를 만들기 위해서는, 발효 도중 당이나 알코올을 분석하여 발효 종료점을 인위적으로 조절해 주어야 한다. 발효를 멈추는 방법은 아황산을 100 L 매실주에 10 g 정도를 첨가한 뒤 발효액의 온도를 빙점 이하로 낮추거나 발효액을 60~63°C로 가열처리한다. 매실주 속에 잔당이 있을 경우 입병하고도 발효가 진행될 수 있으므로 단맛이 있는 매실주를 만들 경우에는 최종제품의 살균에 각별히 유의하여야 한다.

- 압착 및 잔당발효

압착은 발효가 진행되고 있는 중이나 발효가 완료된 다음에 할 수도 있다. 매실주의 산화를 방지한다는 측면에서 발효가 끝나기 전에 압착을 함으로써, 이산화탄소에 의한 착즙액의 공기 접촉을 어느 정도 막을 수 있다는 장점이 있다. 발효가 완료된 다음 압착을 할 경우에는 과육으로부터 폴리페놀 성분이 충분히 추출된다고 볼 때, 앞서 착즙한 것보다는 더 무거운 타입의 매실주를 만들 수 있다. 매실주 제조시 떫은 맛이 너무 강하면 전 발효 시간을 가능한 앞당겨 떫은 맛이 강한 폴리페놀의 추출을 방지하여야만 하고, 떫은 맛이 약하여 무게감이 적으면 전 발효를 오랫동안 하는 것이 좋다.

발효 도중에 압착을 하였다면 남아 있는 당(잔당)을 발효시키기 위하여 5~7일을 더 발효시켜야 하는데 이것이 잔당발효이다. 잔당발효가 완료되면 발효주는 단맛이 전혀 없는 드라이 타입의 매실주가 만들어진다.

매실 5 kg에 대하여 22.5 L의 물로 희석하고 설탕을 7 kg 넣어주었다면 약 30 L의 발효매실주를 얻을 수 있다. 매실주를 거를 때 초기에는 압착을 하지 않더라도 발효액이 흘러나오는데 이것을 자연매실주라고 하며, 이것과 과육을 압착하여 나오는 압착 매실주는 따로 분리해 두는 것이 좋다. 압착 매실주에는 고농도의 폴리페놀이 함유되어 있어 떫거나 쓴맛이 강하므로, 이것은 따로 보관해 두었다가 매실주의 맛을 조절하는 블렌딩용이나 증류주용으로 사용하는 것이 유용하다.

- **앙금분리 및 숙성**

압착 후 잔당의 발효를 위하여 온도를 20~23°C로 낮추어서 3~5일 발효시키면 발효는 완전히 끝나게 되고 효모와 기타 미발효성 물질이 발효조 바닥으로 가라앉는데, 말로락틱발효를 하지 않는다면 가능한 빨리 앙금을 제거하는 것이 좋다. 앙금제거가 늦어질 경우, 침전된 효모의 분해로 인하여 곰곰한 냄새가 날 수 있으며 매실주의 부영양화로 유산균이나 초산균, 산막효모 등의 잡균이 번식하기 쉬워진다.

매실주의 저장과 숙성에 가장 많이 이용되고 있는 용기는 유리병이나 스테인리스가 일반적이며, 밀폐가 잘 된다면 발효에 사용된 용기라도 무방하다. 공장 규모의 저장용 매실주라면 더 이상 열이 발생되지 않으므로 단열재를 잘 피복하고 온도 조절이 가능한 저장탱크를 사용한다면 옥외에 두어도 상관없다. 저장시 가장 유의해야 할 점은 매실주가 공기와 접촉되는 것을 막아야 한다는 것이다. 만약 매실주가 용기에 가득 들어 있지 않으면 저장 또는 숙성용기의 빈 공간을 질소나 탄산가스로 채워서 매실주의 산화를 방지하여야 한다.

매실주의 적정 숙성온도는 15~20°C 정도이며 가능한 온도 변화가 적은 곳이 좋은 저장장소라고 할 수 있다. 습도는 60~70%로 좀 건조한 편이 좋은데, 습도가 높으면 곰팡이가 많이 발생하고 저장고의 곰팡이 냄새는 장기간에 걸쳐 매실주 속으로 녹아 들어갈 수 있기 때문에 저장고 관리를 철저히 할 필요가 있다.

- **여과 및 입병**

여과기는 매실주로부터 효모, 식물의 파편 등을 제거한다. 주로 많이 사용하는 여과기는 규조토 여과기나 패드형 시트를 이용한 여과기이다. 미생물의 제거를 위하여 멤브레인 필터를 사용하는 곳도 있지만, 기술적인 면이나 유지비가 많이 들기 때문에 소규모 공장에서 이용하는 데는 어려움이 있다. 패드형 필터를 이용할 때는 술을 여과하기 전에 미리 5분 정도 따뜻한 물을 통과시켜 필터에 배여 있는 나쁜 냄새를 제거해 주어야 한다. 매실주의 경우 여과 중에 주의해야 할 것은 매실주가 공기에 노출되어 과도하게 산화될 우려가 있으므로 질소를 사용하는 등의 노력이 필요하다.

입병은 병에 매실주를 채운 후 거기에 마개를 하고 상표를 붙이는 과정을 말한다. 여기에는 수동식, 반자동식 혹은 자동 병입 장치가 있다. 병입 장치는 많이 사용하는 기계가 아니므로 구입시 많은 자금을 투입하면 그만큼 손해를 보게 된다. 따라서 이러한 기계는 소규모 양조업자끼리 이동식 입병장치나 고정식이라도 함께 구입하여 사용하는 것이 생산비를 줄일 수 있는 한 방법이다. 여과나 입병시 사용해야할 필수기기로 펌프를 들 수 있는데, 펌프에 휴대용 원격제어장치가 있으면 과즙이나 매실주의 손실을 방지하고 사용하기에 편리한 점이 있다.

- **매실주의 오염**

매실주 제조시 흔히 발생하는 오염균으로는 초산균, 산막효모, 유산균들이 있다. 초산균이나 산막효모는 호기성균이기 때문에 발효나 저장 중에 공기가 자유로이 들어갈 경우에 많이 발생한다. 방지방법은 발효시 온도를 25°C 이상 되지 않게 조절해 주고, 저장시 용기에 매실주를 꽉 채우고 밀폐시키는 것이다. 유산균의 경우는 원료가 깨끗하지 않고 발효완료 후 앙금제거가 불충분할 경우 발생을 하는데, 유산균은 아황산에 대한 내성이 약하기 때문에 발효종료 후 아황산을 처리하고 앙금을 빨리 제거하면 쉽게 방지할 수 있다.

곰팡이는 알코올에 내성이 없기 때문에 매실주에는 생기지 않지만, 청소를 잘 하지 않을 경우 양조장의 벽이나 저장용기, 다공질의 기구나 기타 물건의 표면에 잘 번식한다. 특히 오크통을 사용할 경우 오크통의 표면에 곰팡이가 잘 번식하는데 곰팡이가 매실주에 직접 영향을 미치지는 않지만 곰팡이 냄새가 매실주 속에 녹아 들어갈 수 있으므로 각별히 주의해야 한다.

- **기타 매실주 가공관련 기술**

- 펙티나아제 처리

펙틴은 물에는 잘 녹지만 알코올이 들어있는 용액에서는 용해성이 떨어져 혼탁해지기 쉬우며 매실주의 혼탁원이 되는 원인물질이다. 따라서 매실에 펙티나아제를 사용하는 가장 큰 목적은, 매실주의 혼탁을 방지하며 착즙을 용이하게 하는 것이며, 매실주의 잡내 발생 감소나 폴리페놀류의 추출이 용이하다는 장점도 있다. 처리방법은 펙티나아제의 생산 메이커에 따라 차이가 나지만 일반적으로 매실 파쇄물 100 kg에 대하여 20~50 g 처리하며 2~10시간 방치한 다음 압착한다.

- 여과보조제 처리

벤토나이트 – 벤토나이트는 단백질과 결합하여 침전되면서 기타 혼탁물질도 제거한다. 주로 과즙이나 매실주가 단백질에 의해서 혼탁해질 경우에 많이 처리한다. 매실주는 높은 폴리페놀(탄닌) 함량 때문에 좀 더 이른 단계에서 폴리페놀 단백질 복합체가 만들어져 침전으로 제거되기 때문에 사실상 단백질 혼탁은 잘 일어나지 않는다. 벤토나이트는 철분을 함유하고 있기 때문에 처리 후 24시간 이내 여과하는 것이 좋다. 처리방법은 매실주 100 L당 10~120 g을 처리하는데 벤토나이트를 곧바로 처리하지 않고 소량의 물과 잘 혼합(5% 용액, 물 1 L에 50 g을 넣는다)하여 크림상으로 하고 벤토나이트를 충분히 팽창시키기 위하여 24시간 정도 방치하고 한 번 더 섞어준 다음 매실주에 첨가한다.

달걀 흰자위 – 달걀의 흰자위는 단백질 성분으로 폴리페놀과 결합하여 침전되면서 다른 혼탁물질도 제거한다. 주로 매실주 제조시 과량의 폴리페놀이 함유되어 있을 경우 처리한다. 처리방법은 먼저 싱싱한 달걀을 깨뜨려 흰자위만 모아서 소량의 물과 잘 섞어준 다음 이것을 매실주 100 L당 2~4개의 비율로 처리하며, 처리 후 2~3일이 지나면 침전이 완료된다. 건조난백의 경우 매실주 100 L당 8~16 g이 필요하다.

–말로락틱발효(유산발효)

말로락틱발효란 매실주 속에 함유되어 있는 사과산(malic acid)을 유산균이 섭취하여 유산(lactic acid)과 이산화탄소로 분해하는 것을 말한다. 이 처리의 주 목적은 매실주의 산도를 내려(0.1~0.3%) 맛을 부드럽게 해주는 것이다. 말로락틱발효를 수행하려면 유산균이 아황산 내성이 약하므로 아황산을 가능한 적게 처리(총 아황산량이 메타카리로서 60 mg/L 이하가 되도록 처리요망)하여야 하며 유산균의 영양원이 풍부하게 용해되도록 발효 후 앙금제거를 늦추어야 한다. 사용방법은 2 g의 건조유산균을 25~30°C의 물 20 mL에 현탁하여 30분간 방치하고 250 L의 매실주에 접종한다. 유산균의 발효온도는 20~25°C이며 2~3주 정도 발효시킨다. 발효시 탄산가스가 발생하므로 발효조를 밀폐해서는 안 된다.

라 매실 설탕엑기스를 활용한 매실 발효주 만들기

청매의 경우, 일반가정에서는 매실의 과육을 분리시키기가 매우 어렵기 때문에 다른 과일과 달리 과육을 활용하여 발효주를 만드는 것이 매우 어렵다. 하지만 이러한 어려운 점을 효과적으로 극복할 수 있는 방법이 매실 설탕엑기스를 활용하여 발효 매실주를 만드는 방법이다. 먼저 설탕엑기스를 만들고 그 추출액을 적당히 희석한 후 발효를 시켜 발효주를 만드는 것이다.

(1) 필요한 것들

매실 설탕엑기스를 이용한 발효주 제조에 필요한 것은 발효를 시키기 위한 발효조와 효모 그리고 효모영양제가 구비되어야 한다. 매실엑기스를 희석시켜 곧바로 발효시킬 수 있는데, 엑기스의 총산이 높기 때문에 희석을 많이 해주어야 하므로 정상적인 효모의 생육을 위해서는 효모영양제를 따로 첨가해 주는 것이 좋다.

(2) 제조공정

앞에서도 언급했듯이 설탕 엑기스를 활용한 발효 청매실주 제조과정은 설탕엑기스를 만드는 과정과 발효 매실주를 만드는 과정이 융합된 형태의 제조과정을 거친다. 이렇게 만드는 이유는 청매는 과육을 채취하기가 매우 어려운 과일이기 때문이다. 청매는 과육이 매우 단단하기 때문에 과육을 채취하려면 하나하나 손작업을 통하여 칼로 도려내거나 방망이로 두들겨 깨거나, 절구에 넣고 찧어서 과육을 얻는 방법이 있기는 하지만 많은 노력이 필요하다. 물론 기계가 있으면 쉽게 과육을 얻을 수 있는 방법이 있겠지만, 일반가정에서 매실 과육과 매실 핵을 분리시키기란 쉬운 일이 아니다. 이렇게 어려운 과정을 단번에 해결한 것이 바로 설탕엑기스를 활용한 매실주 제조방법이다.

(3) 단계별 제조방법

① 매실엑기스 만들기

선별 세척하고 물기를 제거한 매실을 유리병이나 항아리에 넣고 매실과 설탕을 버무려 매실 과육의 유효 성분을 설탕의 삼투압으로 추출해 내는 것이다. 매실 엑기스를 만드는 과정은 동일하나 발효주용 엑기스 제조에는 다만 설탕을 첨가하는 비율이 좀 차이가 날 뿐이다.

매실엑기스를 음용하려면 물에 희석 후 최종 산의 농도가 0.3~0.4% 정도이고 당의 농도는 12~15% 정도 되게 하는 것이 중요한 포인트이다. 하지만 발효주용 매실엑기스의 경우 희석한 후 총산이 0.5~0.6% 정도이고 당은 22~24°Brix 정도 되게 하여야 한다. 따라서 일반적인 매실엑기스보다 설탕을 좀 더 넣어주어야 한다.

청매의 특성을 보면 매실 원료에 대한 과즙의 비율이 약 75% 정도 된다. 따라서 청매 5 kg은 과즙이 3,750 mL가 된다. 청매에 있어서 산의 함량은 과즙의 약 5% 정도이며 당의 함량은 약 7%정도 된다. 따라서 과즙 3,750 mL에는 산이 약 180 g, 당이 약 260 g 정도 들어 있는 셈이 된다. 이러한 청매에 매실의 1.4배인 7 kg의 설탕을 넣을 경우 최종 엑기스의 예상 산도는 약 2.0%이며 당도는 약 80°Brix가 된다. 이러한 엑기스를 3.5배 희석하게 되면 산의 함량이 0.6%, 당의 함량이 약 23°Brix가 되어 일반적으로 발효 과실주를 담는 수준이 된다. 그런데 원료 매실 5 kg에 7 kg의 설탕

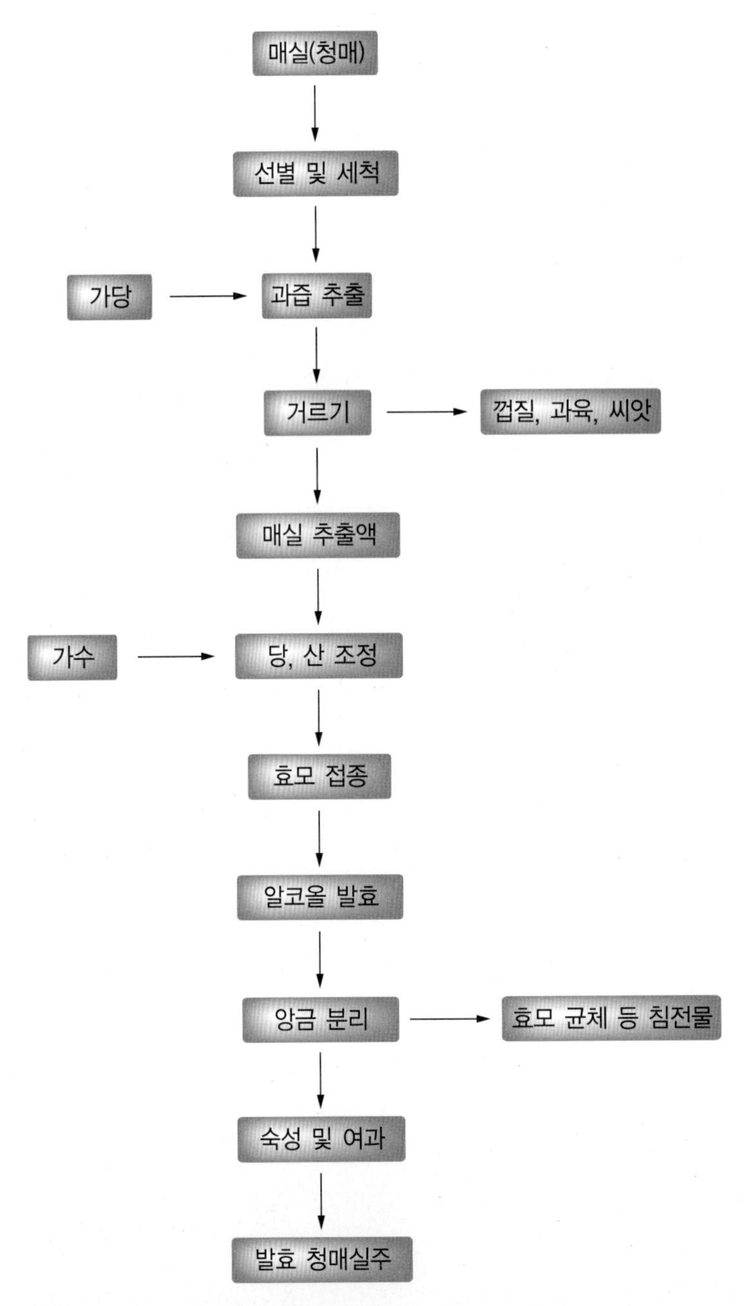

그림 3-5 • 매실엑기스를 활용한 발효 청매실주 제조 과정

을 넣으면 설탕이 잘 녹지 않으므로 자주 섞어주어 매실 추출이 용이하게 해야 한다.

참고로 일반적인 과실주의 경우 초기 원료의 산도가 0.5~0.7% 정도이며 당도는 22~24 Bx 정도 맞추어 준 다음 효모를 접종하여 발효를 시킨다.

이렇게 만든 엑기스는 산도와 당도가 높기 때문에 저장성이 좋고 냉장고에 둘 경우 살균을 하지 않더라도 오랫동안 보관하면서 시간이 날 때마다 발효주를 만들 수 있다는 장점이 있다. 또한 음료수로 사용할 수도 있는데 이렇게 만든 엑기스를 물로 약 5배 정도 희석하게 되면 산 함량이 0.4%, 당 함량이 16°Brix 정도 되는 당 · 산비가 잘 어우러진 새콤달콤한 음료수가 된다.

- **과즙 조정(당, 산 조정, 아황산 및 효모영양제 첨가)**

매실량에 대하여 1.4배의 설탕을 넣을 경우, 위에서 언급하였듯이 산은 약 2.0%, 당은 80°Brix 정도로 이것을 3.5배의 물로 희석해주면 우리가 흔히 담그는 포도주 원료의 성상과 거의 비슷한 당이나 산의 함량이 된다. 원료에 따라 좀 다르게 나올 수도 있는데, 이때에는 앞에서 언급했듯이 산은 0.5~0.6%를 기준으로, 당은 22~24°Brix를 기준으로 조절해 주면 된다. 산이 모자랄 경우에는 구연산을 보충해 주며 당이 모자랄 때는 설탕을 좀 더 보충해 준다.

매실엑기스에는 매실 과육으로부터 추출된 다량의 폴리페놀이 함유되어 있는데 이것을 살아있는 채로 유지시키기 위해서는 폴리페놀의 산화를 방지하여야 한다. 폴리페놀의 산화를 방지하기 위하여 가장 일반적으로 사용하는 것이 바로 아황산이다. 매실엑기스를 적당한 농도로 희석한 다음, 그 총량에 대하여 150 ppm 정도 되게 메타중아황산칼륨을 첨가해주는 것이 좋다. 첨가한 메타중아황산칼륨의 약 57%가 아황산으로 변하여 매실엑기스의 폴리페놀 산화를 방지하며, 또한 엑기스에 들어 있는 잡균을 살균하는 효과도 있다. 메타중아황산칼륨을 넣어주게 되면 처음에는 색이 엷어지나 시간이 지남에 따라 원래 색으로 돌아온다. 메타중아황산칼륨을 넣었을 때 색이 엷어지는 것은 아황산의 탈색효과 때문이다. 아황산은 강력한 환원제로서 산소와의 결합력이 강하여 폴리페놀의 산화를 방지해 준다. 메타중아황산칼륨을 넣어주고 약 5시간 이상 경과한 다음에 효모를 접종해주는 것이 좋다. 아황산의 살균 효과가 효모에도 영향을 미칠 수 있기 때문이다. 아황산을 첨가한 시간이 저녁때라면 그 다음날 효모를 접종하는 것이 바람직하다.

과즙 조정시에 해야 할 또 하나의 포인트는 발효가 원만하게 진행되도록 효모영양제를 넣는 것이다. 일반적으로 과육에는 충분한 양의 질소질이 있기 때문에 효모가 생육하는 데는 거의 지장이 없으나, 매실엑기스를 이용할 경우 3.5배 정도 희석을 해야 하기 때문에 그 엑기스 속에 녹아 있는 효모의 영양분도 그만큼 희석이 되는 것이다. 따라서 발효가 도중에 정지되는 것을 방지하기 위하여 질소질과 인성분을 보충해 주어야 되는데, 일반적으로 질소질과 인성분이 한꺼번에 들어 있는 인산암모늄을 전체량에 대하여 약 0.02% 정도 넣어주면 된다. 시중에는 인산암모늄 외에 효모의 발효영양제가 유통되고 있는데 이것도 비슷한 양을 넣어주면 된다.

② 효모접종 및 알코올 발효

효모의 접종은 앞에서 말한 매실 과육을 활용한 발효 매실주 만들기와 같다고 보면 된다. 매실엑기스를 물로 희석한 다음 이 양에 대하여 0.02%의 효모를 접종해 주어야 한다. 이때 효모는 충분히 활성화시켜서 접종을 하는 것이 좋다. 건조효모를 활성화시키는 방법은, 먼저 접종할 분량의 건조효모를 계량한 다음 10% 정도 되는 설탕물이나 매실엑기스를 10배 정도 희석한 액을 40°C로 따뜻하게 온도를 올린 다음, 여기에 건조효모를 천천히 녹이면서 넣는다. 건조효모를 활성화시키는 액의 양은 건조효모 10 g에 대하여 약 200 mL 정도를 사용하면 된다. 액의 양이 적을 경우 온도가 빨리 내려갈 수 있으므로 약 40°C 정도 되는 물에 10분 정도 보온을 해주는 것이 좋다. 이렇게 활성화시킨 건조효모는 약 20분 정도가 지났을 때 기포를 발생하게 되는데, 활성화시킨지 30분 정도 지나면 희석한 매실엑기스에 접종을 하면 된다. 활성화시킨 건조효모는 시간이 지났을 때 활성이 떨어질 수 있으므로 가능한 한 30분 이상을 넘기지 않는 것이 포인트다. 시간이 지나면 비커에서 기포가 넘칠 수 있으므로 주의해야 한다.

매실엑기스는 매실 향이 진한데, 이러한 매실의 향을 살리는 방법으로는 발효온도를 낮게 하는 것이 좋다. 저온에서 발효를 하게 되면 향기가 그만큼 덜 빠져나가기 때문에 최종 발효주에 있어서 향이 더 많이 잔존하게 되는 것이다. 일반적으로 백포도주의 발효온도인 15°C 정도에서 발효시킬 경우 발효하는데 약 25~30일 정도 소요된다. 발효온도가 이보다 높을 경우 발효시간은 더 단축되며 발효가 왕성하게 일어나기 때문에 매실의 향긋한 향기(아로마)는 그만큼 더 날아가 버리게 된다. 발효온도가 약 25°C 정도라면 처음 효모를 접종한 지 10일 정도 지나면 발효가 끝나게 된다.

③ 앙금분리

발효가 완료되면 효모나 기타 과육의 파편들이 바닥으로 가라앉게 되는데 이때 맑은 상등액과 바닥의 앙금을 분리하는 과정을 양금분리라고 한다. 15°C 정도에서 발효를 하였다면 효모를 접종하고부터 약 30~40일 후에 하는 것이 적당하며, 발효온도가 25°C 정도였다면 약 15일 후에 하는 것이 적당하다. 앙금분리를 하지 않고 오래 두게 되면 바닥에 가라앉은 효모가 자체적으로 분해되어 발효주 속으로 용출되어 발효주가 혼탁하게 되는 원인이 되기도 하고, 다른 미생물들의 영양원으로 사용될 수 있으므로 잡균이 생길 가능성이 높아진다. 따라서 앙금분리는 발효가 완료되면 가능한 한 빠른 시간 내에 하는 것이 좋다. 이때 상등액에 소량의 아황산을 넣어주는 것이 좋은데, 발효를 시키기 전에 첨가한 아황산은 발효 도중에 날아가 버리거나 효모에 의해 거의 활성이 없는 상태가 되기 때문에 발효가 완료된 액에는 폴리페놀의 산화를 방지할 수 있는 아황산이 거의 없다고 보면 된다. 이때 넣어주는 아황산 양의 분리한 상등액에 대하여 메타중아황산칼륨으로 약 100 ppm을 첨가해 주면 된다. 즉 10 L에 대하여 1 g을 넣어주고 잘 섞어주면 매실주의 색이 갈색으로 변하는 것을 막을 수 있다. 만약 매실주의 색이 갈색인 것을 더 선호한다면 앙금분리 후 아황산을 첨가해 주지 않는 것이 좋다. 매실주 속의 폴리페놀이 서서히 산화하면서 진한 갈색으로 변하게 되는데, 오래 두지 않고 마실 것이라면 굳이 아황산을 넣지 않아도 된다. 다만 오랫동안 보관하고 산화를 방지하려면 아황산을 넣어주는 것이 유리하다.

혹 매실발효주의 산도가 너무 높아 말로락틱발효를 원한다면 오히려 앙금분리를 하지 않는 것이 좋으며, 앙금 속에 녹아 있는 효모가 분해되어 젖산균의 영양원으로 사용되기 때문에 이때에는 아황산도 첨가하지 않아야 한다. 젖산균은 아황산의 내성이 낮기 때문에 아황산을 첨가하고 젖산균을 접종하면 젖산균이 제대로 생육될 수 없는 환경이 된다. 따라서 말로락틱발효를 원한다면 아황산을 첨가하지 말고 앙금분리도 보류한 채 발효액의 온도를 25°C 정도로 유지하면서 젖산균을 접종하여 말로락틱발효를 유도하는 것이 바람직하다.

④ 숙성 및 여과

앙금분리를 한 매실주를 공기가 들어가지 않게 한 다음 냉암소에 보관하면서 숙성을 시킨다. 숙성시 온도는 15~20°C 정도로 유지한다. 숙성시 유의해야 할 것은 매실주의 품온이 급격히 변하는 곳이나 직사광선이 들어오는 곳, 떨림이 있는 곳 등은 피하는 것이 좋다.

숙성에 들어가기 전에 해야 할 중요한 것 중의 하나가 매실주의 맛을 내는 것이다. 맛을 보고 단맛이나 신맛을 자신이 원하는 정도로 맞추어 줄 필요가 있다. 신맛이 강할 경우는 시판되고 있는 소주를 약 2배의 물로 희석시킨 다음 조금씩 넣어주면서 신맛의 정도를 맞추어 준다. 매실 발효주의 경우, 발효가 완료된 매실주에서는 단맛을 느낄 수 없을 정도로 당분이 거의 없는 상태가 된다. 따라서 단맛이 있는 매실주를 원한다면 숙성하기 전에 적당히 당분을 첨가하여 숙성시키는 것이 좋다. 당분의 첨가량은 최종 매실주 양에 대하여 설탕을 3~5% 되게 첨가해 주거나 벌꿀을 4~6% 정도 넣어 주면 단맛이 있는 부드러운 매실주를 만들 수 있다.

이렇게 당분을 첨가시킨 매실주를 냉암소에 3개월 이상 보관하면 더욱더 부드러운 매실주로 거듭나게 된다. 매실주는 숙성이 진행될수록 색이 진해지는데, 이것은 매실 과육으로부터 추출된 폴리페놀성 물질이 산소와 접촉되면서 서서히 산화되거나 이들 물질들이 중합되면서 색이 점점 진해지는 것이다.

(4) 매실주의 효능

매실주는 담근 지 적어도 6개월에서 1년쯤 지나야 부드럽게 숙성된 매실주가 된다. 매실주에는 매실과육에 들어 있는 유기산이 풍부하게 들어 있으며 과육에서 우러나온 폴리페놀성 성분도 다량 함유되어 있다. 매실주에 들어 있는 유기산으로는 매실 원료 유래의 구연산과 사과산이 많이 들어 있다.

매실주의 효능은 매실의 효능과 별반 차이가 없다고 생각할 수 있으나, 매실주에는 매실에는 없는 알코올 성분과 장기간 숙성에 의한 폴리페놀의 산화물이 더 들어 있기 때문에 매실 자체에는 없는 훨씬 더 다양한 효능이 있다고 할 수 있다. 적당한 알코올 섭취는 중추신경을 억제하여 기분이 좋아지고 스트레스가 풀리며 편안하고 느긋한 기분을 느끼게 해 준다. 즉 술의 알코올 성분은 신경안정제 역할을 하게 되어 피곤할 때 매실주를 한 잔 마시게 되면 깊은 숙면을 취할 수 있게 된다.

육류를 섭취할 때 매실주를 마시게 되면 매실주의 신맛이 침의 분비를 촉진하고 소화에 도움이 되며, 또한 매실주의 알코올 성분이 육류 속에 들어 있는 지방질 성분을 녹이기 때문에 육류의 소화흡수를 촉진시켜주는 역할을 한다. 우리 선조들은 각종 중독 증세나 심한 피로를 매실주 몇 잔으로 말끔히 풀었으며, 가래가 많은 사람이 장복하게 되면 가래가 삭고 폐와 기관지가 맑아진다고 한다.

일본의 요시즈미 교수 연구팀은 매실주에 함유된 항산화작용 성분만을 추출한 후, 화학구조를 해석하기 위한 연구를 진행해 왔는데, 그 과정에서 리그난(식물성 에스트로겐)류의 일종인 리오니레시놀이라는 물질이 존재한다는 사실을 알게 됐다. 더욱이 이 리오니레시놀에는 비타민 C · E라든가 베타카로틴처럼 항산화작용이 있다는 것이 밝혀져 암 억제의 지표가 되는 항 변이원성이 있다는 사실도 확인되었다고 한다. 일정한 시간 동안 리놀레산과 알파토코페롤(비타민 E)의 산화를 억제하는 힘을 비교한 결과, 항산화물질 무첨가의 경우와 비교해 모두 효과적으로 리놀레산의 산화를 억제했음을 밝혀냈다.

추가 실험으로 매실주에 함유되어 있는 정도의 리오니레시놀에서도 프리라디컬과 활성산소 같은, 세포의 노화나 암에 관련된 물질의 잔존율이 크게 줄어드는 것을 확인할 수 있었다고 한다. 또한 항 변이원성 작용을 알아보는 실험에서도 분명한 항 변이원성 작용을 확인할 수 있었다고 한다.

매실주에는 알코올과 당분에 의해 매실의 껍질과 씨앗에 함유되어 있는 성분이 효율적으로 추출되었으며, 리오니레시놀 이외에도 플라보노이드류라든가 폴리페놀류 같은 항산화작용을 하는 성분이 함유되어 있는 것으로 알려져 있다. 때문에 여러 가지 성분이 복합적인 작용을 일으키며, 일반적으로 알고 있는 암 억제작용보다 더 강한 기능이 숨겨져 있을 것으로 생각된다.

매실주의 알코올 농도는 보통 15% 정도이므로 하루 중의 적당량은 100 mL(종이컵으로 2/3) 정도이다. 매일 꾸준히 마시면 암을 억제하는 효과가 있지만, 알코올에 약한 분들은 한 번에 많은 양을 마시지 않도록 주의해야 한다.

2. 매실주스 · 매실차용 엑기스(매실청) 만들기

매실엑기스는 매실에 설탕을 넣어 버무린 다음 설탕의 삼투압을 이용해 매실의 유효성분들을 추출하는 것을 말한며, 당의 농도가 높기 때문에 미생물이 쉽게 증식할 수 없어 장기간 보관이 가능하다. 매실엑기스는 매실의 기능성 성분을 그대로 함유하고 있으며 산과 당이 높아 매실엑기스를 희석하면 곧바로 매실차 또는 매실음료가 된다.

만드는 방법이 간단하고 저장이 잘 되기 때문에 일반 가정에서 쉽게 제조하여 이용할 수 있다. 하지만 설탕의 첨가비율이 맞지 않아 엑기스 추출 도중에 발효가 일어나거나 잡균에 오염되어 버리는 일도 종종 발생하며, 저장 중에도 발효로 인한 혼탁이나 변질이 되는 경우도 있다. 하지만 매실의 특성과 가공원리를 알고 조금만 주의를 기울인다면 이러한 실패는 얼마든지 없앨 수 있다.

가 매실엑기스용 매실과 설탕 구입하기

(1) 매실 구입하기

매실엑기스 제조에 사용될 매실은 무르지 않은 청매가 좋다. 청매라고 하여 전혀 익지도 않은 녹색 매실(녹매)을 사용해서는 안 된다. 매실엑기스는 장시간 추출을 해야 하기 때문에 씨가 덜 여물었을 경우 씨에 많이 함유되어 있는 아미그다린이 용출될 수 있기 때문이다. 청매는 익지 않은 풋매실을 뜻하는 것이 아니라 노란빛이 들기 직전의 푸르스름한 매실을 뜻한다. 매실을 칼로 잘라보아 잘리는 것은 익지 않은 녹매이므로 사용해서는 안된다. 5월달에 유통되고 있는 매실의 상당량이 전혀 익지 않은 풋매실을 청매라 하여 판매하는 경우가 있는데 이것은 사용하기에 부적합하다.

매실엑기스용으로 청매를 권하는 이유는 청매의 경우 산의 함량이 높을 뿐만 아니라 과육이 단단하기 때문에 설탕으로 추출시 깨끗하게 추출되는 장점이 있다. 반면 황매를 사용할 경우, 과육이 물러져 엑기스가 혼탁해지거나 효모에 의해 발효가 일어나는 경우도 있다. 이러한 것을 피하기 위해서는 청매를 사용하는 것이 바람직하다.

다시 한 번 강조하지만 매실을 구입할 때는 매실의 핵이 충분히 딱딱하게 굳은 것을 확인하고 구입하기 바란다. 건강에 좋은 매실엑기스를 만들려다 오히려 독을 만들어 마시는 것을 방지하기 위해서다.

(2) 설탕 구입하기

설탕은 백설탕, 황설탕, 흑설탕 등이 있는데 개인적으로 매실엑기스의 원하는 색택을 고려하여 선택하면 된다. 다만 황설탕이나 흑설탕이 백설탕보다 몸에 좋으니까 하는 생각은 잘못된 것이다. 시중에서 판매되고 있는 백설탕과 황설탕(갈색설탕), 흑설탕의 제조과정을 보면 원당에서 제일 먼저 백설탕이 나오고 다음에 열처리에 의한 황설탕이 나오며, 최종적으로 여기에 캐러멜의 까만 옷을 입히면 흑설탕이 나온다. 따라서 흑설탕이 백설탕보다 특별히 건강에 좋다고는 하기가 어렵다. 다만 흑설탕은 색이 진하기 때문에 매실엑기스를 만들면 최종 엑기스의 색이 진하다는 특징이 있다.

혹 인터넷이나 당을 전문적으로 취급하는 가게에서 비정제 흑설탕을 구입해서 사용한다면 순도가 낮기 때문에 일반 백설탕을 사용하는 것보다 좀 더 많이 사용하여야 한다. 그리고 비정제 흑설탕은 당밀을 분리하지 않은 상태이기 때문에 미네랄 등 영양분이 풍부하게 들어 있어, 매실엑기스 추출 중이나 보관 중에 잡균의 오염 가능성이 높기 때문에 각별히 신경을 써야 한다. 가장 좋은 방법으로서는 매실엑기스를 만들고 난 다음 살균을 해두면 오랫동안 변하지 않고 보관이 가능하다. 그리고 비정제 흑설탕은 그 나름의 특유한 향이 있기 때문에 매실의 향긋한 향을 그르칠 수도 있으므로 사용하는 데 유의하여야 한다.

- **흑설탕의 진실**

몸에 좋지 않은 것으로 인식되고 있는 백색 식품의 대표격인 백설탕과 대조적으로, 미네랄과 비타민이 풍부하여 우리 몸에 좋은 당으로서 인식되어지고 있는 것이 흑설탕이다. 정말 흑설탕이 백설탕보다 몸에 좋을까? 간단하게 말해서 답은 '그렇지 않다' 이다. 우리가 흔히 시중에서 구입하고 있는 흑설탕은 정제하지 않은 비정제 설탕과는 거리가 먼, 가공 설탕 중의 하나이다.

건강과 관련된 많은 책자 중에는 백설탕에 비해 흑설탕이 좋다는 점을 부각한 것이 많다. 따라서 당연히 흑설탕이 좋다고 인식하는 것은 무리가 아니다. 하지만 우리가 알아야 할 것은 책자에서 소개되고 있는 비정제당인 흑설탕과 현재 시중에 판매되고 있는 흑설탕은 단지 같은 이름일 뿐 내용물은 전혀 다르다. 즉 '동명이물' 이라고 할 수 있다.

비정제 설탕이란, 말 그대로 정제하지 않은 설탕을 말한다. 사탕수수 산지에서 수숫대 즙액을 그대로 졸여서 만든다. 당연히 미네랄과 비타민 같은 천연 영양분들이 보존되어 있을 수밖에 없다. 문제는 우리나라에서는 비정제 설탕을 구하기가 쉽지 않다는 사실이다. 일반 식품 매장에서는 팔지 않는다. 우리가 흔히 알고 있는 흑설탕이 그게 아니냐고 반문할 수 있지만, 이는 우리나라 소비자들이 가장 많이 착각하고 있는 사항이다. 유감스럽게도 국내에서는 비정제 설탕이 생산되지 않는다.

외국에서 수입한 원당의 색깔은 노란 색에서 암갈색의 색을 띠고 있다. 정제 과정을 거쳐 나오는 것이 순도 99%의 흰설탕(정백당)이다. 이 정백당을 시럽화하여 재결정 과정을 거치면 열에 의해 갈변화되면서 정백당 안에 있던 원당의 향이 되살아나게 되는데 이것이 황설탕(갈색설탕, 중백당)이 된다. 백설탕이나 갈색설탕은 모두 원료당을 정제한 설탕이므로 영양학적으로 큰 차이가 나지는 않는다고 보아야 한다.

흑설탕에는 '삼온당(三溫糖)' 이란 또 다른 용어가 있다. 식품업계가 슬며시 숨기는 바람에 지금은 거의 쓰이지 않지만, 몇 년 전까지만 해도 사용됐던 용어다. 한자어가 의미하듯 이 말은 '세 번 가열했다' 는 뜻을 함축한다. 당류는 열을 받으면 갈변하는 법이다. 따라서 삼온당은 누런색을 띨 수밖에 없는데, 이것이 바로 유색 설탕의 비밀이다. 그렇다면 조금 변색된 놈은 갈색 설탕이고, 많이 변색된 놈은 흑설탕이란 점까지도 유추가 가능하다.

'어! 설탕에 왜 캐러멜이 들어 있지?' 혹시 이 사실을 발견한 소비자라면 전문가라고 자부해도 좋다. 그렇다. 시판되는 흑설탕에는 빠짐없이 캐러멜이라는 표기가 들어 있다. 가열에 의한 갈변으로는 흑설탕이라고 부르는 색깔을 내기에는 미흡해 색소로 변장시킨 것이다. 그러고 보면 결론은 자명해진다. 우리가 알고 있는 흑설탕, 즉 삼온당은 백설탕과 크게 다르지 않다. 다만 캐러멜의 검은색 옷만을 입혀놓아 색깔만 다를 뿐이다. 지금이라도 당장 흑설탕 봉지를 한번 자세히 읽어 보기 바란다. 캐러멜을 넣었다는 표시를 발견할 수 있을 것이다. 매실주나 매실엑기스 등 매실로 만든 제품의 색을 진하게 보이려고 흑설탕을 썼다면 흑설탕을 제대로 쓴 것이다. 하지만 몸에 좋은 당을 사용하기 위해 백설탕 대신에 흑설탕을 사용했다면, 캐러멜이 몸에 얼마나 좋은 것인지를 알아보고 흑설탕을 사용하는 것이 바람직하다고 하겠다.

나 매실엑기스 제조공정

매실엑기스의 제조 원리는 매실과육에 들어 있는 유효성분을 설탕의 삼투압으로 장시간에 걸쳐서 빼내는 것이다. 따라서 설탕의 농도가 높을수록 매실의 유효성분을 잘 빼낼 수 있다. 먼저 매실을 세척하고 물기를 제거한 다음 설탕으로 버무려두면 매실 과육으로부터 즙액이 빠져나오고, 그 즙액이 설탕을 녹여 당 농도가 올라감으로써 연속적으로 추출이 이루어지는 것이다. 추출이 다 된 엑기스는 매실과 분리하여 냉암소나 냉장고에 두면서 일 년 내내 먹을 수 있게 된다.

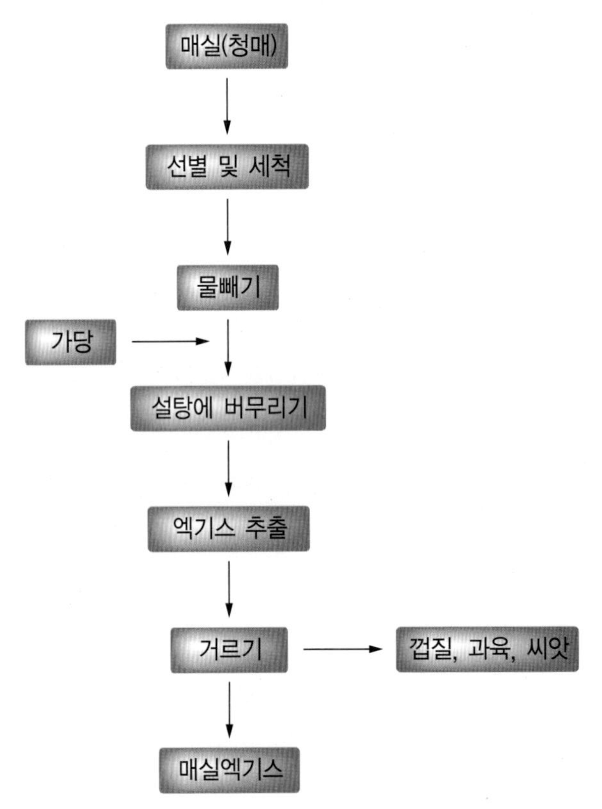

그림 3-6 • 매실엑기스 제조 과정

다 단계별 매실엑기스 제조방법

(1) 재료 및 기구 준비

매실엑기스를 제조하는 데 필요한 재료로는 매실과 설탕이 전부이며 기구로는 추출을 할 수 있는 통과 엑기스 추출이 끝났을 때 추출액과 매실을 분리할 수 있는 망이 고작이다. 따라서 원료만 있다면 누구나 만들 수 있는 것이 매실엑기스이다. 그런데 제대로 만들려면 매실의 특성을 알고 거기에 맞게 당을 첨가해 주어야 한다.

매실을 청매로 5 kg 구입하였다면 설탕도 5 kg이 필요하며 이를 담을 10 L들이 유리병이나 항아리, 그리고 매실엑기스와 매실을 분리할 수 있는 거름망이 필요하다.

(2) 매실엑기스 제조 원리 및 설탕 첨가량

매실은 익어감에 따라 사과산의 비율이 줄어들고 구연산의 비율은 높아진다. 청매의 경우도 전체적으로는 사과산의 비율이 조금 높은 편이고 노랗게 황매가 되었을 때는 구연산의 비율이 더 높아진다.

청매의 경우 산의 함량이 4~5% 정도 된다. 일반적으로 매실음료를 가장 맛있게 마실 수 있는 산의 농도는 0.4~0.5%이며 당의 농도는 13~15°Brix 정도 된다. 매실엑기스를 5배 희석하여 음용한다고 가정할 때 매실엑기스 원액의 산도는 2.0~2.5% 정도 되어야 하며, 당의 농도는 65~75% 정도가 되어야 희석 후에 알맞은 당과 산의 농도가 된다. 자, 그러면 어떻게 하면 이런 매실엑기스를 만들 수 있을까? 간단히 말해서 매실과 설탕을 무게비로 1 : 1로 섞어서 두면 서서히 매실엑기스가 우러나오고 설탕이 완전히 다 녹았을 때 그 진액의 최종 산도는 약 2.3%, 당도는 약 70°Brix가 된다. 이것을 차나 음료수로 드시려면 뜨거운 물이나 생수로 5배만 희석하면 산도 약 0.46%, 당도 약 14% 정도의 새콤하면서도 단맛이 잘 어우러진 차나 음료수가 되어 마시기에 적당한 수준이 된다.

자, 그러면 어떻게 하면 이런 매실엑기스가 만들어질까? 매실의 원료 특성과 설탕의 특성을 고려하여 한번 원료의 배합비와 매실엑기스의 특성을 알아보도록 하겠다. 청매의 과즙률은 약 75% 정도 된다. 원료 5 kg을 사용했을 때 이들 원료 중에 들어있는 과즙의 양은 약 3,750 mL가 되고 이 과즙 속에 약 4.5%의 산이 함유되어 있다고 가정하면 170 g 정도의 산이 들어 있는 셈이다. 설탕이 다 녹았을 때 부피비로 환산하면 약 76%가 된다. 즉 설탕 5 kg은 부피로 3,800 mL가 되는 셈이다. 매실 5 kg과 설탕 5 kg을 섞었을 때 매실 핵과 순수 과육을 제외한 총량이 약 7,550 mL가 된다. 이쯤에서 산도를 한번 계산해 보기로 하자. 7,550 mL 속에 170 g의 산이 들어 있으니 산도는 계산상 2.3%가 된다. 당도도 한번 계산해 보기로 하자. 매실엑기스 속에 들어 있는 당의 총량은 청매에 있어서 당의 함량을 약 7°Brix 정도라고 보면, 매실과즙 3,750 mL(매실 5 kg) 속에는 260 g의 당분이 함유되어 있다고 볼 수 있다. 여기에 설탕을 5,000 g을 넣어줌으로써 당함량은 총 5,260 g이 된다. 이 5,260 g의 당이

7,550 mL에 녹아 있으므로 당도는 계산상 69.7%가 되어 약 70%의 당도가 되는 셈이다.

매실청을 만들 때 생매실을 이용하는 대신 매실을 냉장고에 얼려두었다가 이용하게 되면, 매실의 유효성분의 추출률이나 추출속도를 높일 수 있다. 냉장고에서 서서히 얼리게 되면 매실의 세포내에서 얼음결정이 생기고 점점 커지게 되는데, 이렇게 커진 얼음 알갱이가 매실 세포를 파괴하므로 매실 성분이 빨리 용출되는 것이다. 설탕의 첨가비율이나 제조방법은 생매실을 이용하는 방법과 크게 다를 바 없지만, 동결 매실을 이용하면 추출속도가 빠르기 때문에 20~30일이면 추출이 완료되어 사용할 수 있는 매실엑기스가 만들어진다.

(3) 매실엑기스 만들기의 실제와 유의사항

앞에서도 언급했듯이 매실과 설탕의 비율을 1:1로 준비한다. 즉 매실 5 Kg에 설탕 5 Kg을 준비하면 된다. 매실은 씨앗이 단단히 여문 노란빛이 들기 직전의 청매가 가장 좋으며, 물러지기 시작한 황매는 추출이 잘 되지 않거나 추출 중에 발효가 일어날 수 있어 다루기가 쉽지 않다.

준비한 용기에 먼저 매실을 한 벌 깔고, 그 위에 설탕을 넣어 빈 공간을 채워주고 다시 매실과 설탕을 한 벌 씩 층층이 깔아주고, 마지막에 설탕을 두껍게 덮어 공기와의 차단을 최대한 막아주도록 한다. 옹기인 경우에는 접시 등으로 누름판을 해주어 매실이 추출액 속에 잠기도록 하여 공기와의 접촉을 최대한 막는 것이 좋다. 유리용기인 경우에는, 발효에 의한 가스 때문에 유리병이 폭발하는 것을 방지하기 위하여 완전 밀봉은 피해야 한다. 일반적으로 주둥이가 넓은 5~10 L 유리병은 잠가두더라도 미세하게 공기구멍이 있기 때문에 폭발의 위험성은 없으나 안전을 위해서 약간 덜 잠그는 것이 좋다.

기본적인 요령은 매실과 추출된 엑기스가 공기에 최대한 노출 되지 않아야 좋은 엑기스를 만들 수 있다. 녹지 않은 설탕이 밑바닥에 깔리는 경우에는 설탕을 위로 끌어 올려 골고루 잘 녹도록 가끔 섞어주어야 한다. 특히 항아리를 사용할 경우에는

매실과 설탕을 약 1 : 1 비율로 혼합한 상태이며 맨 위쪽에 설탕을 두껍게 깔아준다.

매실과 설탕과 혼합하고 2~3일 정도 경과하면 매실엑기스가 나오기 시작하고 설탕이 녹기 시작한다.

매실엑기스가 제법 추출되면 설탕이 아래로 가라앉기 때문에 가끔씩 저어주어야 한다.

약 3~5개월 정도 지나면 설탕이 거의 다 녹으면서 엑기스가 잘 추출되고 매실은 위쪽으로 떠오른다.

바닥에 설탕이 녹지 않고 고여 있는 것이 보이지 않기 때문에 저어주는 것을 잊어버릴 수가 있는데, 꼭 10일에 한 번씩은 저어주어 설탕이 잘 녹게 해야 한다. 설탕이 잘 녹아야 추출이 잘 되고 잡균에 의한 오염도 방지할 수 있다. 저어줄 때 잡균의 오염방지를 위해 작업 전 손을 청결히 하는 것을 잊지 말아야 한다.

보관 장소는 가능하다면 햇볕이 들지 않는 서늘한 곳이 좋다. 따뜻한 곳에 두면 설탕이 빨리 녹아 추출속도는 빠르지만 위쪽 표면에서 야생효모에 의한 발효가 일어날 수 있다. 따라서 추출속도는 느리지만 안전한 추출을 위해서는 서늘한 낮은 온도에 두는 것이 좋다. 이렇게 재워두고 2~3일이 지나면 매실과육으로부터 엑기스가 나오는데, 이렇게 우러나온 엑기스가 설탕을 녹이게 되며, 당도가 높아지고 삼투압이 올라감으로써 연속적으로 매실과육의 모든 것들이 서서히 추출된다. 과즙이 우러나오면 설탕이 아래쪽으로 쌓이게 되는데, 이것을 그대로 두면 설탕이 잘 녹지 않아 위쪽은 당농도가 낮아지기 때문에 이상발효의 원인이 될 수 있다. 따라서 초기 1개월간은 1주일에 한 번 정도 섞어주어 설탕이 잘 녹게 해주어야 하며 설탕이 어느 정도 녹은 후에는 가끔 한 번씩 저어주면 된다. 약 3~5개월 정도 지나면 설탕이 완

추출이 불확실한 것(왼쪽)과 추출이 잘 되어 매실 엑기스가 완벽하게 빠진 것(오른쪽)

전히 녹고 매실과육도 거의 완벽하게 추출이 되어 매실이 앙상한 뼈만 남은 것처럼 보이는데 이때 매실과 엑기스를 분리한다.

초기에 설탕량이 모자라면 당 농도가 낮기 때문에 효모에 의한 이상발효가 일어나기 쉽다. 설탕량은 최소한 매실무게의 80% 이상은 넣어주어야 한다. 이보다 적게 넣을 경우는 매실 표면에 붙어 있는 야생효모에 의해 알코올 발효가 서서히 일어나게 되어, 매실 엑기스의 추출효율도 떨어질 뿐 아니라 과육이 물러지는 경우가 많다. 3달이 지났는데도 매실과육이 통통하게 남아 있는 것이 많다면 당의 농도가 낮거나 잘 섞어주지 않아 추출이 덜 된 상태라고 볼 수 있다. 너무 익어버린 매실을 사용해도 추출이 잘 되지 않고 과육이 통통하게 그대로 있거나 물러지는 경우가 많다.

(4) 매실엑기스의 여과 및 보관

설탕이 완전히 녹고 매실엑기스가 충분히 추출되어 매실이 쪼글쪼글해지면 매실과 엑기스를 분리한다. 일반적으로 매실을 설탕과 혼합한 지 3개월 정도 지나면 매실엑기스는 충분히 추출된다. 매실과 분리된 매실엑기스는 가능한 한 낮은 온도에서 보관하는 것이 좋다. 물론 매실엑기스는 산도와 당도가 높기 때문에 미생물이 생육하기에는 부적합한 환경이다. 하지만 효모에 의한 발효나 곰팡이의 생육을 완전히 막을 수는 없다. 특히 일반 아파트의 실내 온도가 25°C 정도인 것을 감안한다면, 속도가 느리기는 하지만 발효가 일어날 수 있는 적절한 온도이기도 하기 때문에 매실엑기스의 보관에 각별히 주의를 기울여야 한다. 특히 매실로부터 엑기스 추출이 불확실한 경우에 발효가 일어나 가스가 차는 경우가 많다.

가장 안전하게 매실엑기스를 보관하는 방법은 엑기스를 살균을 해 두는 것이다. 분리한 엑기스를 한 번 살짝 끓여두면 몇 년간이라도 보관할 수 있다. 양이 많아 냉장고에 두기가 어렵다면 약한 불로 살짝 끓인 다음 과실주스용 PET병이나 유리병에 담아두면 된다. 이때 식혀서 담는 것이 아니라 뜨거운 상태에서 그대로 병에 담는 것이 중요하다. 식혀서 담게 되면 공기 중의 효모나 곰팡이가 다시 들어가기 때문에 살균 효과가 떨어진다. 주의해야 할 것은 유리병을 사용할 경우에 뜨거운 엑기스를 너무 갑자기 붓지 말고 처음에 조금만 넣어 유리병이 충분히 팽창하게 한 다음 넣어주어야 유리병이 깨지는 것을 막을 수 있다. 그리고 과일주스용 PET병을 사용할 경우에는 반드시 내열성인 것을 사용하여야 한다. 콜라나 사이다 등 탄산음료수용이나 생수용 플라스틱 병은 내열성이 아니다. 이런 류의 플라스틱 병을 사용하게 되면 뜨거운 매실 엑기스에 의해 플라스틱이 변형된다. 따라서 반드시 과일주스용 내열성 PET병을 사용해야 된다.

라 매실엑기스의 이용

매실엑기스는 설탕이 다 녹고 30일 정도 더 지나면 추출이 완전히 끝나게 되어 이용할 수 있는 매실엑기스가 된다. 겨울에는 매실엑기스를 따뜻한 물에 희석하여 매실차로 마시면 매실의 향긋한 향과 함께 새콤한 신맛을 즐길 수 있고, 여름에는 시원한 생수로 매실엑기스를 희석하면 시원한 음료수로도 마실 수 있다. 이때 희석배수는 매실차나 매실음료 모두 원액에 대하여 4~5배의 물을 가하면 마시기에 적당한 단맛이나 신맛이 된다. 물론 단맛이나 신맛을 더 부드럽게 하려면 희석배수를 좀 더 높이면 간단히 해결된다. 매실엑기스 원액을 초고추장이나 고기양념, 채소 겉절이 나물무침 등, 단맛과 신맛이 필요한 곳에 사용하면 음식의 맛을 훨씬 높일 수 있다.

또한 매실엑기스를 원료로 발효 매실주도 만들 수 있다. 원료 매실 5 kg에 설탕을 5 kg 섞어 주었다면 최종적으로 매실엑기스는 약 6,000 mL이 나온다. 이렇게 만든 매실엑기스를 4배 희석하면 산도가 약 0.57%, 당도는 약 17.5°Brix가 되는데, 이렇게 희석시킨 매실엑기스 5,000 mL를 이용하여 매실 발효주를 담는다고 가정할 때, 여기에다 설탕을 300 g만 더 넣어주면 당도가 약 22°Brix, 산도는 0.55% 정도가 되어 과실 발효주를 담기에 적당한 당도와 산도가 된다. 이렇게 만든 매실발효주는 잔당이 거의 없는 상태로 최종 산도는 약 0.55%, 알코올은 약 12% 정도가 되어 매실의 향이 그윽하고 새콤한 맛이 일품인 매실발효주가 된다. 이때 좀 더 달콤한 맛을 원한다면 꿀이나 설탕을 3~5% 정도 가미하여 숙성시키면 드시면 훨씬 부드러운 매실주를 즐길 수 있다. 상세한 제조방법은 발효매실주 만드는 법을 참고하기 바란다.

- **매실엑기스를 이용한 마늘장아찌 만들기**

원리－마늘장아찌의 조미액으로 매실엑기스를 이용하는 방법으로 새콤한 매실의 신맛이 어우러진 마늘장아찌가 된다. 마늘은 통마늘을 소금에 절이고 매실조미액은 매실엑기스를 희석하여 사용한다. 즉 소금에 절인 마늘에 매실엑기스를 조미액으로 사용하여 매실의 향과 신맛을 마늘에 가미한 것이라고 보면 된다.

재료－필요한 재료는 매실엑기스, 마늘, 소금이다. 매실엑기스 원액은 단맛이 강하기 때문에 약 2~3배로 희석하여 사용한다. 마늘장아찌에 어울리는 매실엑기스용 매실은 신맛이 강한 청매가 어울린다. 마늘의 조미액으로 사용하는 것이기 때문에 신맛을 많이 추출하는 것이 관건이다. 마늘은 햇마늘의 뿌리부분을 잘 다듬고 물에 씻어 두며, 소금은 마늘 1 kg에 대하여 200 g 정도를 준비해 둔다.

마늘 소금절임－준비한 통마늘 1 kg을 절이기 위해서는 약 1 L의 소금물이 필요하다. 따라서 물 1 L에 소금 200 g를 넣어 미리 소금물을 만든 다음 여기에 통마늘을 넣어 마늘이 소금물에 잠기게 한다. 소금물에 침지시킨 마늘을 햇볕이 들지 않는 서늘한 곳에 15~20일 정도 놓아두면 마늘이 충분히 절여진다. 소금 절임시 온도가 상승하면 발효가 될 수 있기 때문에 온도는 가능한 한 20°C 이상 올라가지 않게 하는 것이 좋다. 절임이 완료되면 통마늘을 건져내어 껍질을 깨끗하게 벗기고 반으로 갈라놓는다.

- **매실 조미액 제조 및 숙성**

제조된 매실엑기스를 2~3배의 물로 희석한 다음 반으로 갈라놓은 염절임 마늘에 붓는다. 마늘이 약 1 kg이라면 희석한 매실엑기스도 약 1 L 정도 필요하게 된다. 이렇게 혼합해 두고 2~3일이 지나게 되면 매실엑기스의 당분과 효모에 의해 발효를 하게 되는데, 발효를 방지하기 위해서는 3일에 한 번씩 마늘을 침지해 둔 매실엑기스 희석액을 따라내어 끓인 다음 차게 식힌 후 다시 마늘에 부어주어야 한다. 이런 작업을 4~5회 정도 반복한다. 보름 정도 지나면 매실의 신맛과 엑기스의 단맛, 그리고 마늘의 알싸한 맛이 어우러진 독특한 마늘장아찌가 된다.

수확을 기다리는 염절임용 매실에 적합한 잘 익은 황매

3. 매실 염절임(우메보시) 만들기

가 염절임용 매실 고르기

매실 염절임 우메보시는 일본에서 우리의 김치처럼 일상적으로 식탁에 올라오는 매실 가공품이다. 매실 염절임에 사용되는 매실은 청매나 황매 둘 다 사용이 가능하다. 매실 염절임을 청매로 만들 경우 과육의 모양이 잘 살아 있으며, 주로 소매를 가공할 때 청매를 사용하며, 과실이 큰 경우에는 주로 황매를 사용한다. 염절임 후에는 육질이 어느 정도 물러지는 경우가 많다. 황매라 하더라도 원료 자체가 물러진 것을 사용해서는 안 되고 노란빛이 들기 시작하는 매실을 이용하는 것이 가장 좋다.

나 매실 염절임을 위해 필요한 재료 및 기구

매실 염절임 가공에서는 먼저 매실 1 kg에 대한 소금 150 g, 매실을 소금에 절이기 위한 절임용 항아리나 유리병 또는 스테인리스 용기가 필요하다. 절임이 끝나면 햇볕에 말려야 되므로 염절임 매실을 늘어놓을 채반이 필요하며, 매실을 빨갛게 물들이기 위해서는 차조기잎 100 g 정도가 필요하다.

다 매실 염절임 제조공정

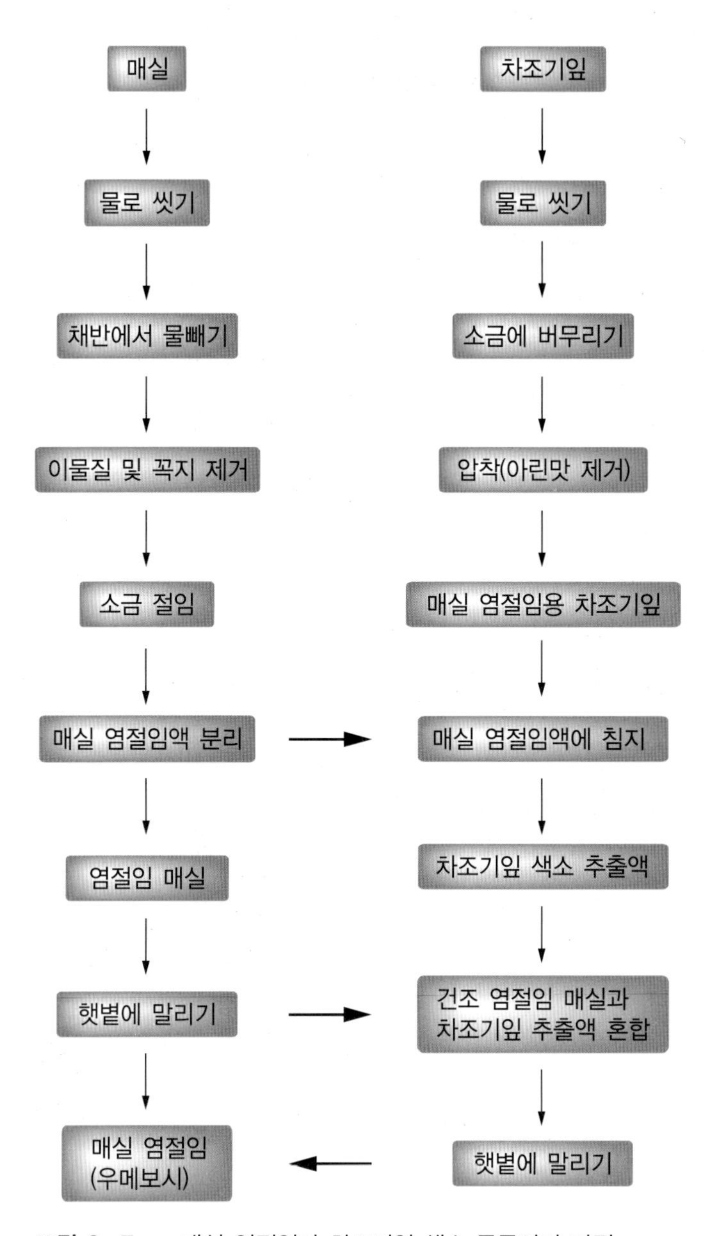

그림 3-7 • 매실 염절임과 차조기잎 색소 물들이기 과정

라 매실 염절임 제조방법

먼저 수확시 깨지거나 표면에 곰팡이가 생긴 것들을 골라내고 외관이 양호한 것만을 골라 물로 2~3회 헹구어 준다. 물로 헹군 매실의 물기를 제거한 다음 매실을 소금에 버무려 소금에 절인다. 소금의 양은 원료 매실 무게의 약 15% 정도를 사용한다. 이때 소금이 매실에 잘 묻고 곰팡이가 발생되는 것을 방지하기 위하여 소주(35도)를 사용하는 것도 좋은 방법이다. 매실 표면을 소주로 한 번 적신 다음 소금을 묻혀 차곡차곡 절임통에 넣는다. 소주의 양은 매실 무게에 대하여 5% 정도면 충분하다. 염절임 후 40일 정도 지나면 매실에서 우러나온 매실초가 생기는데, 이것은 따로 분리해 두었다가 차조기의 붉은 물을 들이는 데 다시 이용한다. 소금에 30~50일간 염장을 하고 건져낸 염절임 매실은 3~5일간 햇볕에 잘 말린다. 혹시 햇볕에 말리다가 비를 맞은 경우에는 앞서 염절임에서 우러나온 매실초에 몇 시간 정도 넣었다가 꺼내어 다시 말린다. 이렇게 만든 염절임 매실을 통속에 보관해 두고 그대로 이용할 수도 있으나 보통 차조기의 붉은 색소로 물들이는 경우가 많다. 염절임 매실의 색소를 보강하기 위하여 차조기에서 추출한 색소를 조미액으로 사용하면 염절임 매실은 차조기의 안토시아닌 색소로 붉게 물들여지게 된다.

그림 • 매실을 깨끗한 물로 2~3회 씻어 껍질에 붙어 있는 미생물과 이물질을 제거한다.

그림 • 매실을 깨끗이 씻은 후 햇볕에 1시간 정도 말려 물기를 빼준다.

소금을 골고루 묻혀 차곡차곡 잰다.

부패를 방지하기 위해 윗부분에는 소금으로 덮는다.

소금의 삼투압에 의해 매실에서 즙이 빠져나오고 30~50일이 지나면 매실이 충분히 절여진다.

충분히 절여진 매실을 건져내어 염절임 매실은 햇볕에 말리고 매실염절임액(매실초)은 분리하여 둔다.

염절임 매실은 3~5일 정도 건조시키며 매일 뒤집어 주어 골고루 건조되게 한다.

적당히 건조된 염절임 매실은 용기에 차곡차곡 재어놓고 서늘한 곳에 보관하여 먹는다.

마 차조기 색소추출 방법과 염절임 매실 물들이기

• **차조기잎 아린 맛 제거**

염절임 매실을 차조기의 붉은 색소로 물들이려면, 먼저 차조기를 깨끗이 씻고 채반에서 물기를 뺀 다음 차조기의 잎을 따낸다. 잎을 볼이 넓은 사발에 넣고 소금을 뿌린 다음 손으로 한참 버무려 주면서 즙을 낸다. 이때 손에 차조기 잎의 붉은 색이 들지 않게 반드시 고무장갑을 끼고 하는 것이 좋다. 차조기의 잎에는 아린 맛을 내는 성분이 있어 이것을 제거하기 위한 공정이 필요하다. 이렇게 버무린 다음 즙이 나오면 손으로 꼭 쥐어짜 즙을 제거한다. 소금을 좀 더 뿌려 2회 정도 즙을 짜내고 난 것을 색소 추출용으로 사용하면 된다.

• **염절임 매실 붉은색 물들이기**

이렇게 준비한 차조기 잎을 미리 준비해둔 매실 염절임액(매실초)에 넣어 차조기의 붉은 색소를 추출한다. 여기에 3~5일 정도 건조시킨 염절임 매실을 넣고 충분히 잠길 수 있도록 누름판을 놓고 그 위에 무거운 유리병이나 돌을 얹어 서늘한 곳에 둔다. 7~10일 정도 지나면 차조기의 붉은 색소가 염절임 매실에 배어드는데, 비가 오지 않는 맑은 날을 골라 염절임 매실을 채반에 널어 3~5일 정도 말려준다. 이때 차조기잎도 즙을 꼭 짠 다음 함께 말려준다. 처음 1일째에는 서로 붙지 않게 떼어 주어야 하며, 2일째부터는 매실을 전체적으로 골고루 건조시키기 위해서 뒤집어 주어야 한다. 혹시 비를 맞힌 경우에는 염절임 매실을 차조기 추출액에 다시 넣었다가 맑은 날에 말려주면 된다. 비를 맞지 않았더라도 2~3일 정도 말리던 염절임 매실을 차조기 추출액에 담가 두었다가 다시 말리게 되면 염절임 매실의 껍질이 굳어지는 것을 방지할 수 있다. 이렇게 어느 정도 말린 염절임 매실을 깨끗한 용기에 차곡차곡 넣어서 보관하는데, 이때 색소 추출용으로 사용한 차조기 잎도 함께 넣어두고 식용으로 이용한다.

차조기 줄기를 깨끗이 씻고 잎을 하나하나 따면서 물기를 털어낸다.

차조기의 아린 맛 빼기(차조기 500 g, 소금 50 g, 매실 염절임 액 200 mL)

차조기의 붉은 색소로 물들인 염절임 매실을 채반에 널어 가끔 뒤집어 주면서 햇볕에 골고루 말린다.

건조한 염절임 매실을 차조기의 붉은 색소가 우러나온 매실 염절임액(매실초)에 침지시켜 10일 정도 차조기의 색소를 물들인다.

차곡차곡 쌓아놓은 염절임 매실(우메보시)과 차조기잎이 식탁에 오를 날만을 학수고대하고 있다.

바 차조기의 특성과 활용

• 식물학적 특성

차조기는 한방에서 약명으로 자소라고 부르며 물고기의 독을 풀고 소화를 잘 되게 한다. 방부작용이 있어 간장을 썩지 않게 하는 데도 쓴다. 식물학적으로 차조기는 꽃풀과에 딸린 한해살이풀로 우리나라 여러 지방에서 저절로 나서 자라기도 하고 밭에 심어 가꾸기도 한다. 줄기는 네모지고 잎이나 꽃 등이 들깨를 닮았다. 다만 줄기와 잎이 보랏빛이 나는 것이 들깨와 다르다. 키는 30~60 cm쯤 자라고 전체에 털이 있다. 잎은 둥근 모양이고, 마주 난다. 여름과 가을에 보랏빛이 섞인 빨간색의 작은 꽃이 이삭을 이루며 피고 가을에 겨자씨를 닮은 씨가 익는다.

염절임 매실을 붉게 물들이는 데 사용되는 차조기

• 약성 및 활용법

잎은 보랏빛이 진한 것일수록 약효가 높고 잎 뒷면까지 보랏빛이 나는 것이 좋다. 잎에 자줏빛이 나지 않고 좋은 냄새가 나지 않는 것을 들차조기라고 하며 약효가 훨씬 낮아 하품으로 친다.

차조기 잎은 향기가 좋아서 식욕을 돋우는 채소로도 좋고, 여름철에 오이, 양배추로 만든 반찬이나 김치에 넣어 맛을 내는 데 쓴다. 일본에서는 매실장아찌인 우매보시를 만들 때에 착색제, 방부제로 많이 쓴다. 차조기는 입맛을 돋우고 혈액순환을 좋게 하며 땀을 잘 나게 하고, 염증을 없애며 기침을 멎게 한다. 소화를 잘 되게 하고 몸을 따뜻하게 하는 등의 효능도 있다. 또한 물고기의 독을 푸는 것으로 이름이 높고 영양도 풍부하다. 비타민 A, 비타민 C, 칼슘, 인, 철 등 비타민과 미네랄이 많이 들어 있어 식욕증진, 이뇨, 해독, 정신안정, 무좀, 두통 등 여러 질병에 다양하게 쓸 수 있다. 이외에도 기침, 가래, 인후염, 소화불량, 부스럼, 불면증, 마비증세, 당뇨병, 요통 등의 여러 질병에 다양하게 쓸 수 있다. 그리고 차조기의 붉은 색소는 폴리페놀의 일종인 안토시아닌으로서 항산화성이나 항암 등 다양한 기능을 가지고 있다.

차조기의 씨에서는 기름을 짜는데, 이 기름에는 강한 방부작용이 있어 20 g의 기름으로 간장 180 L를 완전히 썩지 않게 할 수 있다. 차조기 기름에는 좋은 향이 있어서 과자와 같은 식품의 향료로도 쓴다. 차조기 씨앗 기름에 들어 있는 시소알데히드 안키티오슘이라는 성분은 설탕보다 무려 2,000배나 단맛이 강하다. 그러나 물에 풀리지 않고 열을 가하면 분해되며 독성이 있어서 많이 먹으면 몸에 해롭다.

• 증상별 적용 및 복용법

－차조기는 감기에 유용하게 쓰인다. 오한으로 온몸이 쑤시고 콧물이 나오며 가슴이 답답하고 목이 마를 때 차도기 잎을 40~50 g 달여 마신 후 땀을 푹 내고 나면 개운해진다. 이때 귤껍질 10 g 정도를 넣고 같이 달여도 좋다.

－기침이 심하고 가래가 끓을 때에는 차조기 잎과 도라지 뿌리를 달여서 마신다. 또는 차조기 잎으로 생즙을 내어 마신다. 기관지염, 천식에도 효험이 있다.

－습관성 유산을 다스리는 데에도 유효하다. 향부자 10 g, 차조기잎 20~30 g을 물로 달여서 하루 2번에 나누어 식후 2시간 뒤에 먹는다. 또는 이 두 가지 약초를 각각 같은 양으로 가루를 내어 한 번에 5~10 g씩 하루 세 번 먹는다. 차조기는 태아를 안정시키고 기를 잘 통하게 하는 작용이 있어서 유산의 위험이 있을 때 쓰면 효과가 있다고 알려져 있다.

–당뇨병에도 효과적으로 작용하는데, 차조기 씨, 무씨를 반씩 섞어서 볶은 후에 가루를 내어 한 번에 5~10 g씩 하루 세 번 먹는다.

–불면증과 신경쇠약 증세에는 차조기 잎으로 생즙을 내어 한 잔씩 마신다. 또는 차조기잎 날 것을 베개 밑에 넣고 잔다.

–호흡이 곤란할 때에 차조기 씨 20 g, 무 씨 10 g을 물에 달여 하루 세 번에 나누어 먹는다. 여러 가지 원인으로 숨이 찰 때에 효과가 있다.

–물고기나 게를 먹고 중독되었을 때는 차조기 20~30 g을 진하게 달여서 마시면 곧 풀린다고 한다.

4. 매실장아찌 만들기

매실장아찌를 만드는 방법에는 매실을 어떤 형태로 절이는가에 따라 가공방법을 두 가지로 나눌 수 있다. 첫째는 매실을 통째로 매실 설탕이나 소금에 절임을 해두었다가 절임액을 분리하고 매실과육을 도려내는 것이고, 또 다른 하나는 처음부터 매실 과육을 분리한 다음, 과육을 설탕이나 소금으로 절임하고 간단한 제조공정을 거쳐 매실장아찌로 만드는 것이다. 어느 것이나 절임을 하고 침출액을 먼저 분리한 다음 매실과육을 이용하는 것이다. 매실은 산이 많기 때문에 매실에 들어있는 산을 어느 정도 추출해내야지만 장아찌로 쓰일 과육의 산이 적당한 수준이 된다.

가 매실장아찌용 매실 구입하기

매실장아찌용 매실은 과육이 단단한 청매가 적합하다. 청매라고 하여 전혀 익지 않은 녹색 매실을 사용해서는 안 된다. 매실 핵이 딱딱하게 굳은 것을 사용하는 것이 좋은데, 시기적으로 우리나라 남부 지방의 경우 6월 초중순경에 청매가 생산되며, 중부지방에서는 6월 중하순경에 생산된다. 5월달에 생산되는 매실은 가능한 한 사용하지 않는 것이 좋다. 매실장아찌나 매실청(엑기스) 등 매실 가공에는 청매가 좋다고 널리 알려져 있어 농가에서 매실의 핵이 여물지도 않은 덜 익은 풋매실을 출하하는 경우가 있다. 이런 매실은 산도가 굉장히 높은데, 구연산보다는 사과산이 훨씬 많이 들어 있다. 내실이 익어감에 따라 사과산이 급속히 줄어들면서 구연산의 비율이 높아진다. 덜 익은 매실을 칼로 잘라보면 그대로 잘릴 정도인 것도 있는데, 이런 매실을 사용한다면 그야말로 독약을 정성스럽게 만들어 먹는 거나 다름없다. 매실을 구입할 때는 반드시 핵이 단단하게 여물었는지를 확인해야 한다.

덜 익은 열매는 생물학적으로 동물들이 싫어하는 식이 저해성 물질을 많이 함유하고 있다. 신맛이 강한 사과산이나 떫고 쓴맛을 내는 물질을 다량 함유하고 있는데, 이런 식이 저해성 물질들이 없다면 다른 동물이나 벌레들이 과육과 종자를 먹게 되고, 따라서 종족을 번식시킬 종자를 만들어 내지 못하게 된다. 매실이 익어감에 따라 산이 낮아지고 당이 높아지는 것은 인간을 위해서가 아니라 매실 핵이 단단하게 굳은 다음에는 이것을 다른 동물들이 먹고 자기의 종자를 많이, 그리고 멀리 퍼뜨려 자기 종족을 널리 번식시키려는 자연의 오묘한 섭리이다.

나 매실장아찌 제조 공정

매실장아찌를 만드는 방법에는 절이는 재료에 따라 2가지로 나눌 수 있다. 과육을 설탕에 절이는 방법과 소금에 절이는 방법이다. 둘 다 제조공정은 거의 비슷하다. 다만 절임을 설탕으로 할 것인가 소금으로 할 것인가의 차이이다. 물론 만들어 놓은 장아찌의 맛은 그 나름대로 독특한 풍미를 가지는 장아찌가 된다. 절임 공정을 꼭 거쳐야 하는데는 세 가지 이유가 있다. 첫째는 절임을 함으로써 과즙은 빠져나오게 되고 과육이 쫄깃쫄깃하게 되어 장아찌의 씹힘성이 좋아지고, 둘째는 절임시에 과육에 포함되어 있는 산이 어느 정도 빠져 나와 먹기에 적당한 농도가 된다. 셋째로는 절임시 사용하는 당이나 소금이 다른 미생물의 생육을 억제한다는 것이다. 당이나 소금의 경우, 농도가 낮을 때에는 미생물이 활동할 수 있지만, 농도가 높을 경우에는 당이나 소금의 강력한 삼투압 작용에 의해 미생물의 생육이 저해된다. 결과적으로 절임 식품의 저장성을 높여주게 되는 것이다.

먼저 매실에서 과육을 칼로 도려낸 다음, 당이나 소금에 절여 매실의 수분을 빼낸

후 과육을 그대로 이용하거나 고추장에 버무려 고추장 매실장아찌를 만들면 더욱더 저장성이 높아지고 고추장의 매운맛과 신맛이 어우러진 맛있는 장아찌가 된다.

다 매실장아찌 제조방법

(1) 설탕절임을 활용한 매실장아찌 만들기

먼저 매실을 선별하고 깨끗이 씻은 다음 물기를 빼낸다. 매실 과육을 분리하는 방법은 매실을 세로로 6~8등분으로 칼집을 내고 칼로 고르게 저며 씨를 분리한다. 이렇게 분리한 과육은 주둥이가 넓은 유리병이나 항아리에 설탕과 번갈아가며 한켜

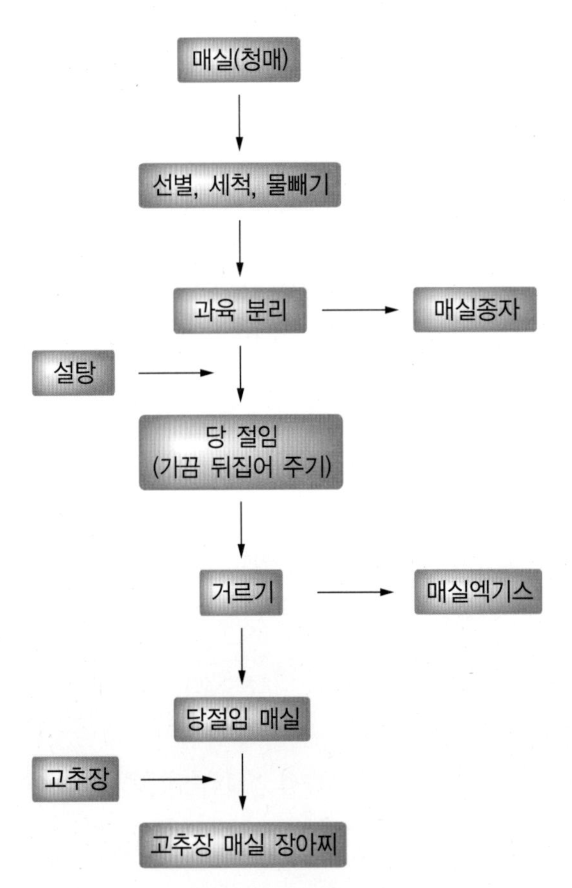

그림 3-8 • 설탕절임을 활용한 고추장 매실장아찌 제조공정

한켜 쌓아서 매실 당절임을 한다.

이때 사용하는 설탕은 자기의 취향에 따라 선택하면 된다. 색이 들어 있는 황설탕(갈색설탕)이나 캐러멜이 첨가된 흑설탕을 사용할 경우, 추출된 매실청의 색이 갈색으로 진할 뿐 아니라 매실 과육의 색도 진하게 나올 수밖에 없다. 매실장아찌를 만드는 용도라면 매실 과육의 색과 향기를 크게 해치지 않는 백설탕을 사용하는 것이 유리하다. 황설탕이나 흑설탕에 대한 상세한 정보는 매실엑기스 만들기 장의 '흑설탕의 진실' 을 참고하시기 바란다.

칼로 도려낸 매실 과육 3 kg에 대하여 설탕은 80% 수준인 약 2.4 kg 정도 넣어주면 된다. 매실청을 만들 때와 같이 1 : 1로 넣어줄 경우 당이 녹는 시간이 길어지고 매실청의 당도도 너무 높게 된다. 가능한 한 빨리, 고루 절이기 위해서는 매실을 용기의 바닥에 깔고 설탕을 채워서 매실의 과육에 설탕이 골고루 들어가게 해야 한다. 매실과 설탕을 한켜한켜 차곡차곡 쌓은 다음 맨 위에는 남은 설탕으로 덮어준다. 전체적으로 골고루 절이기 위해서는 위쪽에 설탕이 많이 있는 것이 유리하다. 설탕이 녹으면 아래로 흘러내리기 때문에 위쪽의 매실이 설탕물에 잠기기 전까지는 공기에 노출되어 과육이 갈색으로 변하게 되는 경우가 많다.

매실을 설탕과 잰 다음날부터 설탕이 녹기 시작하는데 매실엑기스가 어느 정도 흘러나오면 설탕이 용기의 바닥으로 가라앉게 된다. 이것을 그냥 두게 되면 설탕이 녹지 않고 전체적으로 추출률이 고르지 않은 경우가 많다. 따라서 매실엑기스가 우러나오고 설탕이 녹기 시작하면 가끔 바닥에 고여 있는 설탕을 뒤집어 주어야 한다. 이때 주의해야 할 것은 오염이 되지 않게 하는 것이 중요하다. 가능한 한 손을 깨끗이 씻은 다음 물기를 제거하고 손으로 저어주거나 주걱 같은 것을 이용할 경우에는 주걱을 깨끗이 씻은 다음 물기를 제거하고 사용해야 한다. 항아리의 경우에는 설탕이 바닥으로 가라앉았는지를 모르고 그냥 지나쳤다가 매실과육과 매실청을 분리할 때에 설탕이 녹지 않고 그대로 있다는 것을 알고 매우 당황하는 경우가 있다. 매실을 설탕에 절여 놓은 1주일 후부터는 적어도 3일에 한 번씩은 저어 주어야 설탕이 잘 녹고 매실 과육이 골고루 침출되어 전체적으로 쪼글쪼글한 매실절임을 만들 수 있다.

매실과육을 설탕과 혼합하여 두면 매실엑기스가 흘러나오는데 당절임 장소의 온도가 높으면 매실로부터 유래된 야생효모에 의해 발효가 일어나기 쉽다. 따라서 보관장소는 가능한 한 시원한 곳이 좋으며 설탕이 잘 녹을 수 있도록 잘 섞어 주는 것이 중요한 포인트가 된다. 효모에 의한 발효가 일어나면 가스가 발생하는데 이러한 공기가 빠져나갈 수 있게 절임용기를 밀폐해서는 안 된다. 또한 처음에 매실과육과 설탕을 혼합하여 넣었을 때 전체 용기의 80% 이상은 채우지 않는 것이 좋다. 발효에 의해 생성되는 거품에 의해 과육이 넘칠 수가 있으므로 주의해야 한다.

매실 당절임 기간은 설탕이 다 녹고 매실 과육이 먹기에 적당한 정도로 절여 졌을 때 매실에서 우러나온 매실청을 과육과 분리한다. 일반적으로 매실을 설탕에 잰 다음 15~20일 정도 지나면 매실 당절임이 완료된다. 온도가 높으면 빨리 설탕이 녹기 때문에 절임 속도가 빠르고, 온도가 낮으면 상대적으로 시간이 오래 걸린다. 위에서도 언급했듯이 절임 장소로 적당한 곳은 햇볕이 들지 않는 서늘한 곳이 좋다. 온도가 높으면 효모나 기타 미생물에 의한 발효가 일어날 수 있기 때문에 온도가 높지 않은 곳에 보관하면서 가끔 저어주는 것이 중요하다. 매실청과 과육의 분리 시간이 늦어지면 늦어질수록 매실 과육으로부터 수분이 많이 빠지게 되어 과육이 질겨지기 때문에 어느 정도 절임이 되었다고 판단되면 매실청과 매실을 분리하여야 한다.

이렇게 만든 매실청을 보관할 때에는 반드시 살균을 해두어야 한다. 그냥 담아 두게 되면, 매실로부터 유래된 야생효모나 매실을 저어줄 때 들어온 잡균에 의해 발효가 일어날 수 있다. 따라서 분리된 매실청은 반드시 살짝 끓인 다음 과일 주스용 PET병이나 주스용 유리병에 담아두면 매실차나 매실 음료로 긴요하게 이용할 수 있다. 이때 주의해야 할 것은 매실엑기스를 끓인 다음 식히지 말고 뜨거운 채 그대로 병에 담아서 보관해야만 재발효를 막을 수 있다는 것이다.

매실청의 살균이나 PET병의 사용에 대해서 좀 더 상세한 사항은 매실주스 · 매실차용 엑기스(매실청) 만들기 장의 '매실엑기스의 여과 및 보관' 부분을 참고하기 바란다.

매실장아찌를 만드는 다른 방법으로는 매실청이나 매실주를 만들고 남은 매실의

깨끗한 물로 세척하고 물기를 뺀 매실을 세로로 6~8등분하면서 매실 과육을 도려낸다.

설탕에 절여두면 매실의 푸른색이 노르스름하게 변하면서 쪼글쪼글하게 절여진다.

설탕에 절인 매실을 건져내어 매실청과 분리한다.

분리한 당절임 매실 과육을 고추장에 버무린다.

당절임 매실 과육을 고추장과 버무리면 고추장 매실장아찌가 탄생한다.

매실 과육을 잘 발라낸 매실핵을 이용하여 베개를 만들면 시원한 여름용 베개가 된다.

과육을 이용하여 매실장아찌를 만드는 것이다. 당절임을 한 매실은 설탕이 묻어 있어 끈적거리는데 이것을 따뜻한 물에 살짝 헹구어 과육에 묻어 있는 설탕을 제거하면 과육을 도려내는 작업을 수월하게 할 수 있다. 당절임 매실을 헹구어 낸 물은 매실청과 혼합하여 함께 살균해 두고 사용할 수 있다. 당절임 매실을 이용할 경우 매실을 당절임하기 전에 미리 매실을 세로로 6~8등분으로 칼집을 내주면 절임이 완료된 후 과육을 벗겨내기가 쉬워진다. 칼집을 내놓은 매실을 하나하나 도려낸 것은 곧바로 매실장아찌로 먹을 수 있으며 고추장과 버무려 두면 매실장아찌의 보존성을 높이고 단맛과 어우러진 매콤한 맛을 즐길 수 있는 고추장 매실장아찌가 된다.

칼집을 낸 매실을 당절임 한 후 매실청을 따로 분리하고 난 매실과육

당절임 매실에서 칼집을 낸 과육부분을 도려낸 후의 매실장아찌

매실주를 만들고 난 매실에도 산미는 상당히 남아 있다. 이것을 재료로 매실장아찌를 만들 경우에는 청매를 이용하여 매실주를 담근 것을 이용하는 것이 좋다. 황매의 경우 장시간 놓아두면 물러지기 때문에 이용하기 어렵게 된다. 매실주용 매실을 장아찌로 만들려면 매실주 침출을 너무 오래 하지 않는 것이 좋다. 오래하면 할수록 과육이 물러지고 산도 너무 빠져 버리기 때문에 늦어도 3개월 이상은 두지 않는 것이 좋다. 매실주를 걸러 내고 난 과실을 먼저 선별한다. 매실주를 담글 동안 물러진 것이 있을 수 있으므로 되도록 단단한 것을 골라내어 매실장아찌용으로 사용하는 것이 좋다.

과육은 세로로 칼집을 내어가면서 도려내는데 이때의 과육은 수분함량이 많기 때문에 고추장에 버무렸을 때 물이 생기므로 이 과육을 바로 이용하는 것은 좋지 않다. 이렇게 채취한 과육을 소금에 절여 수분을 빼내거나 햇볕에 2~3일 정도 건조시켰다가 고추장에 버무리고 숙성시키면 과육 속의 알코올과 유기산이 어우러져 풍미가 우수한 고추장 매실장아찌를 만들 수 있다.

(2) 소금절임을 활용한 매실장아찌 만들기

소금절임을 하는 경우에도 당절임을 하는 방법과 크게 다르지 않다. 소금에 절이는데 있어서 사용하는 소금의 양은 도려낸 매실과육의 약 15%를 사용하면 된다. 매실과육이 5 kg이라면 소금은 750 g 정도 필요하게 된다. 설탕절임의 경우 약 20일 정도

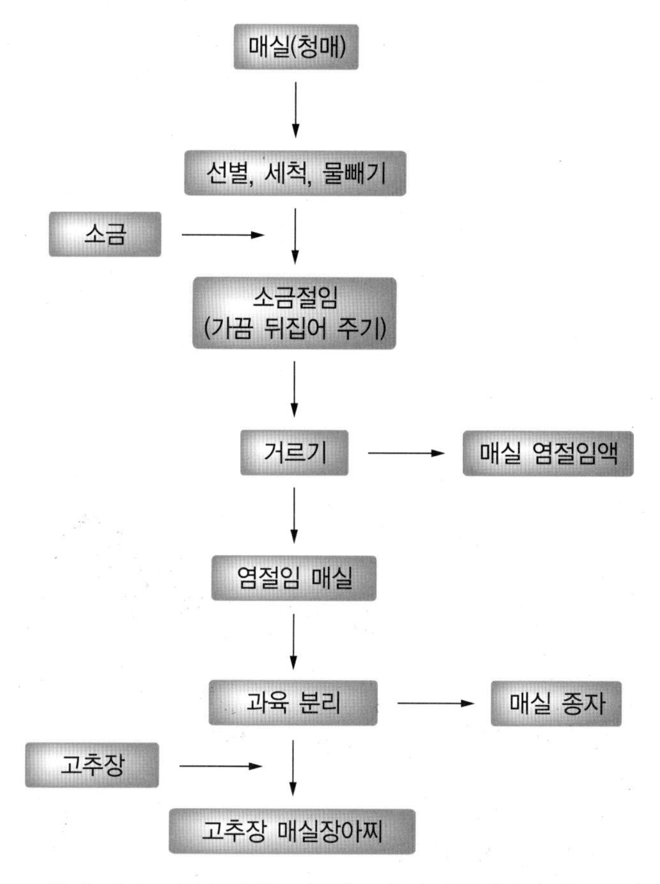

그림 3-9 • 소금절임을 이용한 고추장 매실장아찌 제조공정

의 절임 기간이 필요한 데 비해, 소금절임의 경우에는 매실 과육과 소금을 섞은 후에 유리병이나 항아리에 3~5일 정도만 절여두면 충분하다.

소금절임으로 매실장아찌를 만드는 방법에는 먼저 매실 과육을 도려낸 다음 소금 절임을 하여 장아찌를 만드는 방법이 있고, 또 다른 방법으로는 매실을 통째로 소금 절임 한 다음 장아찌로 만드는 방법이 있다. 여기서는 매실을 통째로 소금절임 하여 장아찌를 담는 방법을 소개하기로 한다. 매실 소금절임 장아찌에는 매실을 소금에 절여 만든 매실장아찌와 이것을 다시 고추장에 버무린 고추장 매실장아찌가 있다. 매실장아찌에 이용되는 매실은 청매가 좋다. 물러지면 매실 과육이 흐물흐물하여 장아찌를 만드는 데 좋지 않다. 따라서 매실이 익어 노란빛을 내기 전의 것을 시중에서 구입하여야 한다. 매실장아찌 재료로는 청매 1 kg에 소금 150 g, 그리고 고추장으로 버무릴 경우 고추장 약 300 g이 필요하다.

5. 매실 고추장 만들기

가 매실과육 준비

매실과육을 매실핵과 쉽게 분리하고 고추장에서 매실의 향긋한 향을 느끼려면 덜 익은 청매보다는 약간 익기 시작해 노란빛이 돌기 시작하는 매실이 좋다. 매실의

매실로부터 매실 과육을 손쉽게 분리할 수 있는 매실 작두

향기는 매실이 익기 시작하여 겉 표면이 노랗게 변할 때 진하게 나기 때문에 이때를 놓치지 않고 매실을 수확하는 것이 좋다. 시장에서 청매를 구입했다면 상온에서 2~3일 정도 보관을 하여 노란빛이 돌기 시작하면서 향긋한 매실향이 강하게 배어 나오는 것을 이용해도 좋다. 이때 너무 오랫동안 두게 되면 물러지고 매실의 표면에 곰팡이나 기타 잡균이 많이 생기게 되므로 오랫동안 두는 것은 금물이다.

우선 매실을 물로 깨끗이 씻은 다음 채반에서 물기를 빼고 꼭지를 제거한다. 매실 과육을 분리하는 방법은, 일반 가정에서는 칼로 매실을 세로로 6~8등분하여 과육을 도려내거나 강판에 갈아서 매실 과육을 씨와 분리할 수 있으며, 또는 작은 매실 과육 채취용 손작두가 있을 경우에는 매실을 으깨면서 매실 종자를 과육으로부터 제거할 수 있다. 다만 이렇게 할 경우 힘이 많이 들기는 하지만 매실향이 그대로 살아 있는 매실과육 으깸이를 만들 수 있다.

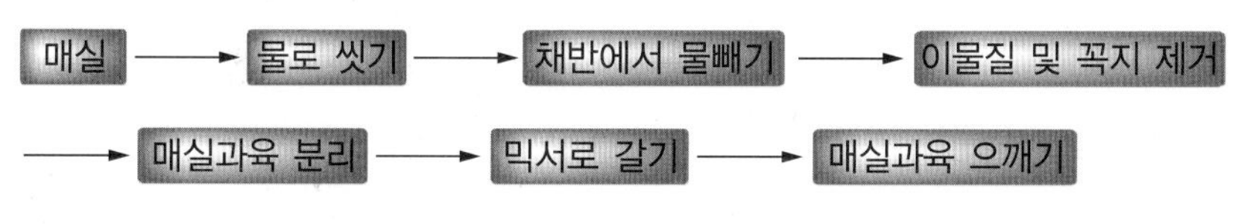

그림 3-10 • 매실과육 으깸이 제조공정

또 다른 방법으로는 많은 양의 매실을 처리할 경우에, 매실향이 좀 날아가기는 하지만 매실을 찌거나 삶아서 쉽게 과육을 분리할 수 있다. 매실을 가열하게 되면 과육이 물러지는데, 이렇게 물러진 매실을 식힌 다음 손으로 문질러 주면 쉽게 매실 과육을 씨와 분리할 수 있다.

매실 과육이 모아지면 믹서에 물을 조금 넣고 과육을 넣은 다음 과육을 곱게 갈아 준다. 이때 매실 과육의 갈변을 방지하기 위하여 항산화제인 비타민C 제제를 이용하면 효과적이다. 약국에서 판매되고 있는 비타민C 영양보충제인 레모나에는 다량의 아스코르빈산이 함유되어 있으므로 매실 과육을 믹서로 갈 때 함께 넣어주게 되면 매실 과육이 갈변하는 것을 방지할 수 있다. 일반적으로 매실 1 kg를 가는 데 레모나 1봉지를 사용하면 충분하다. 매실과육을 칼로 도려낼 때에 미리 비타민 C 제제를 물에 희석해두고 여기에다 과육을 넣게 되면 갈변되지 않는 과육을 얻을 수 있으며 여기에서 사용한 침지액을 믹서로 갈 때 사용하면 된다.

나 매실 고추장 제조공정

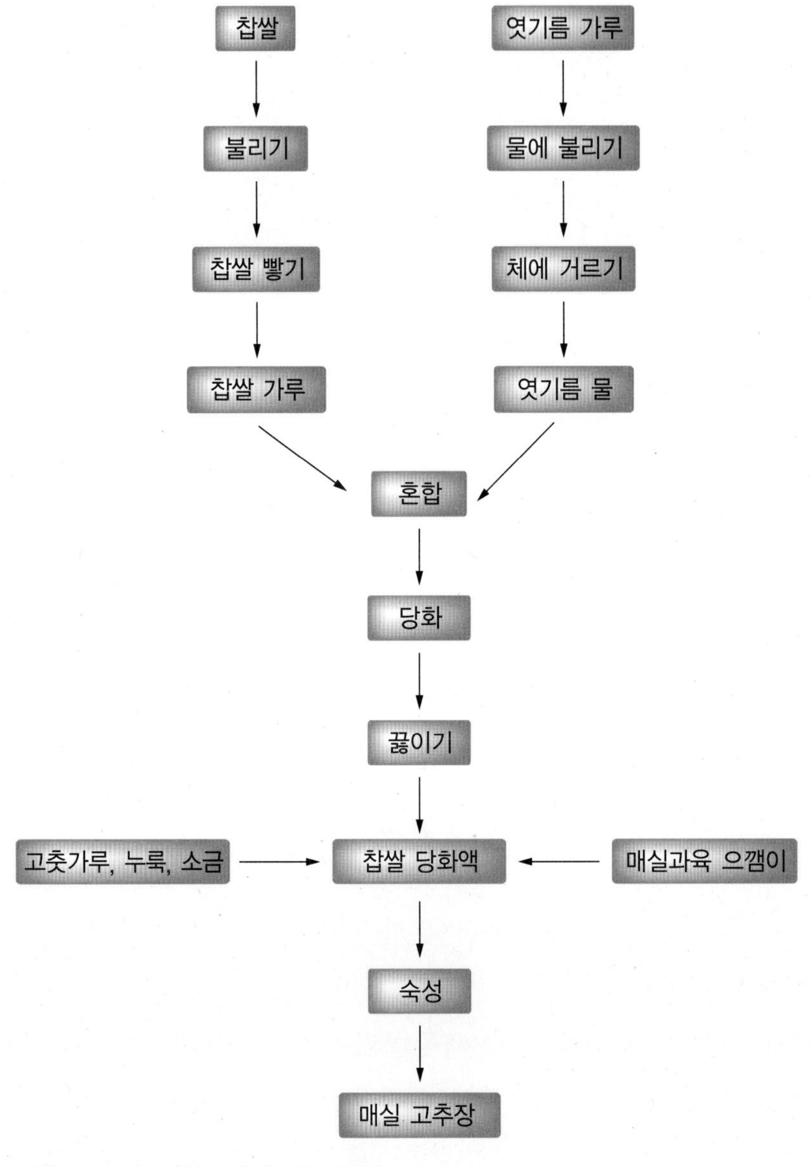

그림 3-11 • 매실 고추장 제조 공정

다 매실 고추장 제조방법

- **원료 배합**

매실 고추장은 일반적인 고추장 만드는 법에서 매실과육 으깸이를 첨가하여 매실의 새콤한 맛과 향을 부가한 것이라고 생각하면 된다. 고추장 원료인 찹쌀, 엿기름가루, 메주가루, 고춧가루, 소금을 기본적으로 이용하며 여기에다 매실과육 으깸이를 혼합하여 숙성시키면 매실향이 살아있는 새콤달콤하면서도 매콤한 매실 고추장이 된다. 매실 고추장에 있어서 원료의 배합비율은 찹쌀 2.5 kg, 엿기름 300 g, 물 3 L, 고춧가루 2 kg, 메주가루 1 kg, 소금 1 kg, 매실과육 으깸이 1 kg 정도를 배합하면 매실의 새콤한 맛과 향을 살리는 매실 고추장을 담글 수 있다.

- **찹쌀가루의 당화**

우선 찹쌀은 깨끗이 씻어서 물에 5시간 이상 충분히 담갔다가 건져서 물기를 뺀 다음 빻아 가루로 만든다. 엿기름가루는 하루 전에 물에 담가 두어 엿기름에 배어 있는 당화효소를 충분히 물에 용출되게 한다. 엿기름이 퍼지면 손으로 주물러서 체에 내리고 건더기는 버린다. 엿기름물에 찹쌀가루를 넣고 잘 섞어준 다음 50~60°C의 뜨거운 온도에서 찹쌀가루를 당화시킨다. 일반 가정에서는 큰 냄비에 담아 가스불에 얹어 놓고 약한 불로 온도를 맞추어 주거나 전기밥솥의 보온 기능을 이용하여 삭힐 수도 있다. 당화 시간은 2~3시간 정도이고 잘 삭혀지면 찹쌀풀이 엿기름과 분리되어 맑게 되고 당화액은 달콤해진다. 맛을 보아 달콤해졌다면 당화는 잘 되었다고 볼 수 있으며, 이것을 불에 얹어서 끓인다. 끓기 시작하면 불을 뭉근히 줄여서 조리는데, 한참동안 끓이면 달착지근한 냄새와 함께 노르스름한 색이 되면서 당화공정이 완료된다.

- **재료 혼합과 숙성**

엿기름으로 당화시켜 열처리한 찹쌀 당화액을 식힌 후 메주가루와 고춧가루 그리고 매실과육 으깸이를 넣고 혼합한다. 이때 소금도 넣게 되는데, 소금은 단번에 넣지 말고 조금씩 넣으면서 간을 맞추어 준다. 이때 간을 하루 만에 맞추지 않고 이틀에 걸쳐서 하는 것이 좋다. 즉 고추장을 담는 날은 소금을 절반만 넣고 다음 날 다시 소금을 조금씩 넣으면서 간을 짭짤하게 맞추어 주면 한꺼번에 하는 것 보다 좀 더 정확하게 간을 맞출 수 있다. 이렇게 원료를 배합한 것을 물기가 없는 항아리에 담고 맨 위에 고추장이 보이지 않도록 소금을 좀 더 뿌린 다음 헝겊으로 싸고 뚜껑을 덮어서 숙성시킨다. 가끔 햇볕이 좋은 날에는 뚜껑을 열어 태양빛을 보게 하고 저녁에는 뚜껑을 덮는다. 이렇게 햇볕을 쪼이게 되면 고추장의 표면에 곰팡이가 생기는 것을 막을 수 있을 뿐만 아니라 잡내를 제거하고 숙성을 촉진시키는 효과가 있다. 고추장은 1주일이 지나면 먹을 수 있으나 1개월 이상 숙성시키면 더욱 깊은 맛을 느낄 수 있다.

시중에 판매되고 있는 매실 고추장 제품

6. 매실조청 만들기

가 매실조청용 원료구입

매실조청을 만들려면 매실과육을 따로 분리해두어야 한다. 매실과육을 씨와 쉽게 분리하려면 청매보다는 약간 익기 시작해 노란빛이 돌기 시작하는 매실이 좋다. 매실의 향기는 매실이 익기 시작하여 겉 표면이 노랗게 변할 때 진하게 나기 때문에 이때를 놓치지 않고 매실을 수확하거나 또는 시장에서 구입한 청매를 상온에서 2~3일

정도 보관을 하게 되면 노란빛이 돌기 시작하면서 향긋한 매실 향이 강하게 배어나오는데 이것을 이용해도 좋다. 이때 너무 오랫동안 두게 되면 물러지고 매실의 표면에 곰팡이나 기타 잡균이 많이 생기게 되므로 오랫동안 두는 것은 금물이다.

나 필요한 기구

매실조청을 만들기 위해서는 무엇보다도 매실과육을 확보해야 되기 때문에 매실에서 과육을 분리할 수 있는 기구가 필요하다. 매실작두가 있으면 매실과육을 쉽게 분리할 수 있으며 일반 가정에서는 칼로 매실을 세로로 6~8 등분한 다음 과육을 도려낼 수 있다. 조청을 만들기 위해서는 곱게 간 매실과육이 필요하므로 과육을 곱게 갈 수 있는 믹서기나 강판이 필요하다. 이렇게 준비된 과육에서 매실즙을 얻기 위해서는 과육을 압착할 수 있는 면포가 준비되어야 한다. 또한 조청을 만들려면 장시간 고아야 하기 때문에 바닥이 얇은 냄비보다는 좀 두꺼운 솥이 좋다. 그리고 완성된 조청을 담을 수 있는 용기가 필요한데 가능한 한 작은 용량의 것을 여러 개 준비해 두는 것이 좋다.

다 매실조청 제조공정

매실 → 물로 씻기 → 채반에서 물빼기 → 이물질 및 꼭지 제거 → 매실과육 분리 → 믹서로 갈기 → 면포로 압착 → 과즙분리 → 솥에서 졸이기 → 매실조청

라 단계별 매실조청 제조방법

- 매실과육 준비

우선 매실을 물로 깨끗이 씻은 다음 채반에서 물기를 빼고 꼭지를 제거한다. 매실과육을 분리하는 방법은, 일반 가정에서는 칼로 매실을 세로로 6~8등분하여 과육을 도려내거나 강판에 갈아서 씨와 분리할 수 있으며, 매실 과육 채취용 손작두가 있을 경우에는 매실을 으깨면서 매실 씨앗을 싸고 있는 핵을 과육으로부터 제거할

수 있다.

매실 과육이 모아지면 믹서에 물을 조금 넣고 과육을 넣은 다음 과육을 곱게 갈아 준다. 이때 매실 과육의 갈변을 방지하기 위하여 항산화제인 비타민C 제제를 이용하면 효과적이다. 약국에서 판매되고 있는 비타민C 영양보충제인 레모나에는 다량의 아스코르빈산이 함유되어 있으므로 매실 과육을 믹서로 갈 때 함께 넣어주게 되면 매실 과육이 갈변하는 것을 방지할 수 있다. 일반적으로 매실 1 kg를 가는 데 레모나 1봉지만 사용하면 충분하다. 매실과육을 칼로 도려낼 때에 미리 비타민C 제제를 물에 희석해두고 여기에다 과육을 넣게 되면 갈변되지 않는 과육을 얻을 수 있으며 여기에서 사용한 침지액을 믹서로 갈 때 사용하면 된다.

또 다른 방법으로는 많은 양의 매실을 처리할 경우에, 매실향이 좀 날아가기는 하지만 매실을 찌거나 삶아서 쉽게 과육을 분리할 수 있다. 매실을 가열하게 되면 과육이 물러지는데, 이렇게 물러진 매실을 식힌 다음 손으로 문질러 주면 쉽게 매실 과육을 씨와 분리할 수 있다. 매실을 먼저 찐 다음 과육을 분리하게 되면 매실을 찌는 도중에 과육 속에 함유되어 있는 폴리페놀산화효소가 불활성화되기 때문에 과육의 갈변현상은 더 이상 일어나지 않는다. 따라서 이 방법으로 과육을 채취할 때는 갈변방지용 비타민 C 제제를 사용할 필요가 없다.

- 매실즙 분리

조청을 만들기 위해서는 매실과육으로부터 매실즙을 분리해야 한다. 믹서로 곱게 갈거나 강판에 간 매실과육을 면포에 넣고 짜게 되면 매실즙을 얻을 수 있다. 이때 유의해야 할 것은 과육을 곱게 갈수록 즙을 짜기가 쉽다는 것이다. 과육을 엉성하게 갈게 되면 과육으로부터 과즙이 잘 나오지 않으며, 곱게 갈수록 과즙을 많이 얻을 수 있다. 매실과육으로부터 매실의 유효성분을 가능한 한 많이 빼내기 위해서는 착즙을 하고난 매실박에다 물을 조금 넣고 잘 섞어 두었다가 다시 압착을 하게 되면 매실의 유효성분 추출률을 높일 수 있다. 물론 물을 너무 많이 넣게 되면 그만큼 더 장시간 졸여야 하기 때문에 매실박 무게의 약 반 정도에 해당하는 물을 붓고 잘 섞은 다음 압착을 하는 것이 좋다.

생과육을 압착하여 매실즙을 얻기란 쉽지가 않은데, 매실즙을 채취하는 또 다른 방법으로는 매실과육에 물을 조금 첨가한 다음 솥에서 살짝 끓이다가 식혀서 즙을 짜는 방법이 있다. 매실과육을 끓이게 되면 과육의 세포가 모두 파괴되기 때문에 면포로 압착할 경우 쉽게 매실즙이 분리된다.

• 졸이기

채취한 매실즙을 솥에 넣고 졸이게 되면 과즙의 색이 녹색에서 갈색, 흑색으로 바뀌면서 점점 진한 조청이 된다. 조청을 만드는 가장 핵심적인 요소는 불 조절이다. 좋은 조청을 만들기 위해서는 약한 불에서 서서히 가열하는 것이 좋다. 너무 센 불에서 졸이게 되면 바닥이 눌어 완성된 조청에서 탄내가 날 수 있다. 시간이 좀 걸리더라도 은은한 불에서 졸이는 것이 조청 만들기의 핵심요소라고 할 수 있다. 졸이는 과정에서 가장 중요한 것은 바로 주걱으로 자주 저어주는 것이다. 바닥이 눋지 않게 저어주어야 하는데, 이때는 반드시 나무주걱을 사용해야 한다. 매실조청은 산이 대단히 많고 pH가 낮기 때문에 플라스틱제를 사용할 경우 유해성분이 용출될 수 있다.

매실즙을 장시간 졸이게 되면 흑갈색으로 바뀌게 되는데 젓가락으로 들어보아 실 같이 내려올 정도로 고아지면 조청이 완성된 것이다. 이때에는 온도가 높아 묽어 보이지만 식으면 굳어지므로 너무 진하게 졸여서는 안 된다. 완성된 조청은 반드시 뜨거울 때에 유리병에 입병해야 한다. 조청을 식혔다가 입병을 하게 되면 장기간 보관할 때 곰팡이가 생길 수 있다. 따라서 완성된 조청을 병에 담을 때는 반드시 뜨거울 때 병에 담고 뚜껑을 곧바로 닫아야 한다. 뜨거운 것을 병에 넣게 되면 병이 깨지거나 폭발하지 않을까 염려하는 경우가 많은데, 일반적으로 잼병은 내열성이라 열에 강하다.

병이 깨지는 것은 갑작스런 온도 변화에 의해 병 내부와 외부의 팽창속도가 다르기 때문이다. 완성된 조청을 급작스럽게 붓지 말고 한 주걱 바닥에 깔고 2~3초 뒤에 서서히 붓는다면 병이 깨지는 것을 막을 수 있다. 그리고 뜨거운 상태에서 뚜껑을 닫아야 잡균의 오염을 막을 수 있기 때문에 조청을 붓고서는 곧바로 뚜껑을 닫아 병의 내부를 진공으로 만들어야 한다. 병이 터질 염려는 전혀 하지 않아도 된다. 물리적으로 그럴 가능성은 전혀 없다.

조청을 담는 용기는 가능한 한 적은 것을 사용하는 것이 좋다. 개봉을 하게 되면 그때부터는 품질이 계속 나빠진다고 봐야 되기 때문에 병이 너무 클 경우 다 먹을 때까지 장시간 공기에 노출된다는 단점이 있다. 따라서 작은 병에 넣어두고 다 먹게 되면 새로운 병의 조청을 먹게 되어 항상 신선한 조청을 먹을 수 있다는 장점이 있다. 병에 담은 조청은 그대로 두어 어느 정도까지는 서서히 식히는 것이 좋다. 빨리 식히기 위해 찬물에 담그게 되면 병이 깨질 우려가 있다. 위에서도 언급했듯이 유리는 갑작스러운 온도변화에 의해 깨질 수 있다. 특히 병의 안쪽은 대단히 뜨거운데 바깥 쪽이 찬물에 접하게 되면 안과 밖의 팽창률이 다르기 때문에 병이 깨질 수 있다. 병의 온도가 60℃ 정도로 내려가면 찬물에 넣어 완전히 식혀주는 것이 좋다. 초기에는 외부와의 온도차가 크기 때문에 빨리 내려가지만 온도가 어느 정도 내려간 후에는 식는 속도가 매우 느리다. 따라서 찬물에 식혀서 냉암소에 보관하는 것이 좋다.

■ 엿기름을 이용한 매실조청 만들기 ■

위에서 제조된 매실조청은 실제 우리가 일반적으로 접하는 조청과는 다르다. 조청이라고 하면 매우 단 것이 특징인데, 매실조청의 경우에는 단맛도 있지만 산의 함량이 너무 많아 단맛은 제대로 느끼질 못할 정도로 신맛이 압도적이다. 이러한 단점을 보완하기 위하여 쌀과 엿기름을 이용하여 매실조청을 만들면 당의 함량도 높고 산의 함량도 높은 매실조청을 만들 수 있다.

만드는 방법은 우선 쌀을 당화시키기 위해서 엿기름물에 찐쌀을 섞어 60~70℃에서 5~7시간 정도 삭힌다. 이렇게 삭힌 것을 면포로 압착하여 당화액을 얻고 여기에 매실즙을 섞어서 졸이면 단맛이 높은 매실조청이 된다. 엿기름을 이용한 매실조청 만들기에 있어서 인터넷상에 돌아다니는 자료 중에는 매실과 엿기름만을 이용하는 방법이 많이 소개되어 있다. 쌀을 이용하여 조청을 만들 때에는 쌀의 전분을 당화시키기 위하여 반드시 엿기름이 필요하다. 왜냐하면 엿기름 속에는 쌀의 전분을 분해하여 엿당(maltose)을 만드는 당화효소가 들어 있기 때문이다. 엿기름물과 찐쌀을 섞어 삭히게 되면 쌀의 전분이 분해되어 단맛이 나게 되는데, 이것을 졸이면 단맛이 많은 조청이 되는 것이다. 이런 원리를 생각해 본다면, 엿쌀을 사용하지 않고 매실과 엿기름만을 이용하여 매실조청을 만든다는 것은 난센스가 아닐 수 없다. 매실에는 당화를 시킬 전분이 거의 없기 때문이다. 매실만을 이용한다면 엿기름을 넣을 아무런 이유가 없는 것이다.

마 매실조청의 이용

매실조청에는 다량의 유기산이 함유되어 있다. 매실과육 자체에도 산이 많은데, 그것을 농축한 것이기 때문에 더더욱 산의 함량이 많아졌다고 보면 된다. 매실조청은 신맛이 강하기 때문에 물에 충분히 희석하여 음용하거나 조리에 이용한다. 매실조청이 가장 많이 이용되는 곳은 배탈이 났을 때인데, 이때에는 매실조청을 물에 희석하여 음용한다. 물에 희석을 하더라도 산의 함량이 많고 pH가 매우 낮기 때문에 매실액이 장내로 들어갔을 때 일시적으로 장내 pH를 낮추어 줌으로써 유해 식중독균의 성장을 억제할 수 있다고 한다. 일반적으로 매실조청을 음용할 경우에는 물로 희석한 다음 꿀을 첨가하면 훨씬 맛이 좋다.

민간요법으로는 감기로 목이 붓고 아플 때, 매실조청을 뜨거운 물에 타고 여기에 마늘 한 쪽을 갈아 넣어 마시면 열이 내리고 부은 목이 가라앉는다고 한다. 매실조청은 장기간 복용하면 폐를 튼튼하게 하며 오래된 기침에도 효과적이라고 알려져 있다.

앞에서도 언급했듯이 매실조청은 산이 다량 함유되어 있어 각종 요리에 식초 대용으로 이용할 수 있으며, 더욱이 생선구이나 각종 찜요리에 조금씩 첨가하면 새콤한 맛을 더한 독특한 요리를 만들 수 있다.

7. 매실 발효액 만들기

가 매실 발효액

매실 발효액이란 우리가 흔히 매실효소액 또는 매실식초라고 부르는 것을 말하며, 만드는 과정은 일반적으로 약초나 채소 등을 이용하여 효소액을 만드는 원리와 동일하다. 다만 매실의 경우 매실 자체에 산이 많기 때문에 신맛이 강한 것이 특징이다. 설탕을 넣고 발효시킨 것을 효소액이라고 하는데 이런 류의 것을 효소액이라고 말하는 것은 그 제법이나 효소라는 용어 자체의 의미로 봤을 때 그다지 잘 어울리는 용어라고 하기는 어렵다.

발효 과정에 식물자체의 효소와 야생효모의 효소가 쓰이는 것은 사실이나 그 발효액 속에 효소가 그대로 남아 있는 것은 아니다. 일반적으로 효소는 불완전하여 쉽게 그 기능을 잃어버린다. 따라서 효소액이라는 용어보다는 효소에 의해 생성된 발효액이라는 용어가 더 어울릴 것으로 생각된다. 매실식초라는 것은 아마도 이렇게 만들어진 액이 신맛이 강하기 때문에 붙여진 이름인 것 같다. 물론 많지는 않지만 일부 초산이 생기는 것은 사실이지만 일반적인 식초의 주된 산이 초산인데 반하여 매실발효액의 주된 산은 매실 자체에 들어 있는 사과산이나 구연산이고 초산이 일부 함유되어 있을 뿐이다. 또한 야생효모에 의해 알코올 발효가 일어나기 때문에 알코올류와 기타 발효생성물이 다양하게 함유되어 있으므로 식초라는 용어보다는 발효액이라는 용어가 더 적합하다고 할 수 있다.

나 매실 발효액에 사용되는 원료

매실 발효액을 만들기에 적당한 매실은 잘 익은 황매이다. 이것을 발효시키기 위해서는 효모가 필요한데 덜 익은 청매보다는 잘 익은 황매에 야생효모가 많다. 황매 1 kg에 설탕 300 g 정도를 준비하면 되는데, 설탕은 앞에서도 설명했듯이 백설탕이나 황설탕, 흑설탕 어느 것이나 상관없다. 설탕의 종류를 결정하는 것은 최종제품의 색이나 맛을 어떻게 하고 싶으냐에 따라 결정되는 것이다. 예를 들어 색이 진하고 캐러멜 냄새가 나는 제품을 원한다면 흑설탕을 사용하는 것이 좋고, 깔끔한 색과 매실의 향긋한 향기가 나는 제품을 원한다면 백설탕을 사용하는 것이 좋다. 백설탕은 건강에 나쁘고 흑설탕은 건강에 좋으니까 흑설탕을 사용해야 된다고 생각한다면 매실주스 · 매실차용 엑기스(매실청) 만들기 편의 '흑설탕의 진실' 부분을 읽어보면 설탕에 대한 진실을 알 수 있을 것이다.

다 매실 발효액 제조공정

황매 → 고르기 → 씻기 → 물빼기 → 용기에 넣기 → 설탕 넣기 → 발효 → 거르기 → 열처리 → 병에 담기

라 매실 발효액 제조방법

• **매실 씻기와 물빼기**

흠집이 없고 노르스름하게 익은 황매를 골라 흐르는 수돗물에 가볍게 씻은 후 반나절 정도 두어 물기를 완전히 뺀 다음, 유리병이나 옹기에 넣고 그 위에 설탕을 두껍게 덮어 둔다. 매실발효액 제조용 매실을 씻을 때에는 가급적 세척제를 사용하지 않는 것이 좋다. 세척제를 사용하게 되면 매실 표면에 붙어 있는 효모가 모두 떨어져 나가기 때문에 발효가 잘 일어나지 않을 수 있다. 따라서 이때의 씻기란 매실에 있는 먼지나 이물질을 제거한다는 의미의 가벼운 헹굼 정도라고 생각하면 된다.

• **용기 준비**

매실 발효액을 만들 때 주로 사용하는 용기는 입구가 넓은 옹기나 유리병을 사용하면 된다. 옹기는 무겁고 다루기가 힘들며, 사용한 후 잘 씻어 놓지 않거나 살균을 잘해 두지 않으면, 그 다음해 사용할 때 잡균의 오염으로 인해 발효액을 망칠 수가 있기 때문에 주의해야 한다. 그리고 옹기의 경우 뚜껑을 그대로 사용하지 말고 비닐과 고무줄을 이용하여 따로 뚜껑을 만들어 쓰는 것이 좋다. 일반적인 옹기 뚜껑은 공기가 잘 통하기 때문에 잡균의 오염이 쉬우며, 공기 유입에 의한 산화 때문에 품질이 급격히 나빠질 수 있다. 많은 책에서 '숨쉬는 항아리' 라는 표현으로 항아리가 숨을 쉬기 때문에 발효에 유용하다고 하는데, 가공을 하거나 제품을 저장하는데 있어 숨을 쉰다는 것은 살아 있는 것이 아니라 죽어가고 있다는 말과 같다. 숨을 쉰다는 것은 공기와 접촉을 한다는 것인데, 발효제품이나 가공품 또는 모든 먹거리에 있

어서 공기와 접촉한다는 것은 품질면에서 나빠진다는 것을 의미한다. 물론 발효를 원활히 하기 위해서 공기가 필요한 것은 사실이며, 이때 필요한 공기란 미생물이 초기에 번식을 하기 위한 미량의 공기(식초를 만들기 위한 초산발효는 예외로서 초산발효시에는 다량의 산소가 필요하다)를 말한다. 원료를 배합하거나 가끔 섞어 줄때 들어가는 공기 정도면 충분하며, 따로 넣어 준다면 그것은 과량이 된다. 즉 공기는 쥐약이라고 생각하면 된다. 바늘구멍만 있어도 공기는 꾸준히 들어간다. 왜냐하면 공기 중에 들어 있는 산소와 용기 속에 들어 있는 산소의 분압차에 의해 산소가 저절로 유입되기 때문이다.

유리병의 경우는 뚜껑을 완전히 닫았을 때 발효 중에 생기는 가스가 빠져 나갈 수 없게 되어 폭발의 위험성이 있다. 따라서 뚜껑을 완전히 닫은 다음 반바퀴 정도를 다시 풀어 용기 속에서 생기는 가스가 미세한 틈으로 빠져 나갈 수 있게 해야 한다.

- 설탕 넣기

매실을 넣고 설탕을 뿌린 다음 비닐로 덮고 고무줄로 매어두면 발효 중에 생기는 가스가 자동적으로 빠져나가기 때문에 관리하기가 편하다. 매실을 넣은 다음에 설탕을 매실의 위쪽에 덮어두는 것은 설탕이 녹아 서서히 아래로 내려가면서 설탕의 삼투압에 의해 매실즙이 용출될 수 있게 하기 위해서다. 설탕을 밑에 넣게 되면 위쪽의 매실이 공기에 의해 급격히 산화되고 잡균에 쉽게 오염될 수 있다.

설탕은 매실 무게의 약 30% 정도를 사용하는데, 매실즙이 완전히 추출되었을 때의 당도는 약 35% 정도로 예상된다. 초기의 당도가 35% 정도라면 발효가 매우 더디게 진행될 수 있지만 발효 초기에 설탕이 조금 녹게 되고 녹은 설탕의 삼투압에 의해 매실액이 용출되면서 곧바로 효모에 의해 발효가 일어나므로 초기부터 발효 속도가 빠르게 진행된다. 설탕이 매실 무게의 30% 이상 들어가면 발효가 느려지고 발효가 완료된 후에도 단맛이 진하게 남게 된다.

- **발효와 거르기**

매실의 과피 표면에는 야생효모가 붙어 있기 때문에 설탕의 삼투압에 의해 과즙이 용출되면 곧바로 효모에 의한 발효가 시작된다. 설탕이 너무 많아 삼투압이 높으면 효모도 생육할 수 없는 상태가 될 수 있지만, 30~40°Brix 정도의 당도에서는 느리지만 천천히 발효가 일어난다. 이때 다량의 가스(주로 이산화탄소)가 발행하므로 반드시 공기가 빠져 나갈 수 있게 해 두어야 한다.

매실과 설탕을 넣은 후 3~4일 정도가 지나면 발효가 시작된다. 거품이 일면서 알코올 냄새와 함께 식초 냄새가 나면서 발효가 진행된다. 발효기간은 발효온도 25℃에서 약 20일 정도 소요된다. 설탕이 어느 정도 녹으면 매실액 추출이 잘 될 수 있도록 가끔 뒤집어 주는 것이 좋다. 발효가 진행되면 매실은 과육 속에 생기는 이산화탄소에 의해 발효액 위쪽으로 떠오르게 되는데, 가능하다면 떠오르지 않게 눌러두는 것이 좋다. 매실발효액은 설탕 함유량이 많기 때문에 발효가 꾸준히 지속되는데 발효가 끝나지 않았다고 계속두지 말고 거품이 좀 잔잔해지면 거르기를 해야 한다. 계속 두게 되면 잡균의 오염과 미생물의 부패에 의해 곰곰한 냄새가 나며 품질이 점점 나빠진다. 약 20일 정도 지나면 채반에 받쳐 매실과 발효액을 분리한다.

- **열처리**

열처리는 발효액을 90~95℃ 정도로 끓이는 것을 의미한다. 앞에서도 언급했듯이 발효액 속에는 상당량의 당분과 미량 영양원이 다양하게 포함되어 있으므로 잡균에 의해 쉽게 오염될 수 있다. 따라서 어느 성노 발효가 진행되었다고 판단되면 걸러낸 발효액을 열처리 해두어야 한다. 열처리로 발효액 내에 들어 있는 미생물을 살균하며, 또한 발효액 속의 효소를 불활성화시킴으로써 더 이상의 품질변화를 막을 수 있다.

- **병에 담기**

열처리한 발효액을 보관 용기에 담을 때에는 뜨거운 상태의 것을 그대로 담고 곧바로 뚜껑을 닫아주어야 한다. 식혀서 담으면 또다시 발효가 진행될 수 있기 때문이다. 이때 사용하는 용기는 과일 주스용 플라스틱병은이나 내열성 유리병을 사용하는 것이 좋다. 과일 주스용 플라스틱병은 각종 과일을 소재로 한 주스를 담는 플라스틱

병을 말하며, 주스병이라도 청량감이 있는 탄산가스가 들어 있던 제품의 병은 내열성 플라스틱이 아니기 때문에 사용해서는 안된다.

마 매실발효액의 이용

매실발효액 속에는 매실 유래의 유효성분과 발효 중에 생긴 알코올류와 향기 성분의 초산 등 다양한 물질들이 함유되어 있다. 이때 열처리 과정에서 휘발성이 강한 성분과 일부 알코올류들이 날아가고 기타 가용성 고형물과 비점이 높은 물질들은 그대로 남게 된다. 매실발효액은 신맛이 강할 뿐만 아니라 단맛도 강하기 때문에 물에 희석하여 음용하거나 요리를 할 때 신맛을 내는 조미료로 이용할 수 있다.

백설탕과 건강

사실 백설탕에 대한 이미지는 별로 좋지 않다. 잘못된 정보를 바탕으로 백설탕에 대한 여러 가지 좋지 않은 이야기들을 늘어놓은 책들이 많다. 정말 백설탕이 나쁠까? 백설탕에 독이 들어 있다는 논문을 본 적이 없고, 우리는 매일 설탕을 섭취하고 있지만 어느 누구도 설탕에 중독되었다는 이야기를 들은 적이 없다. 잘못된 것은 백설탕이 아니라 우리의 식습관이다. 단것을 좋아하는 것은 사람의 본성이며, 더 나아가 동물의 본성이기도 하다. 이것은 우리 인간이나 동물의 기본적인 에너지가 당분에서 오기 때문이다. 이 지구상에 태어난 동물이 살아남기 위해서 해야 할 가장 기본적인 일이 바로 당분을 섭취하는 것이다. 이 지구상에 인간이 태어난 이래 먹거리가 풍부하게 된 것은 최근의 일이라고 할 수 있다. 그 전까지는 당분을 섭취하지 못해 우리 몸은 항상 굶주려 있는 상태였던 것이다. 당분이 몸에 들어오면 최대한 흡수하여 우리 몸에 저장해 두었다가 먹지 못할 때를 대비하도록 우리 몸은 진화되어 왔으며 현재 그렇게 설계되어 있다. 우리의 유전자는 아직도 10만 년 전이나 1만 년 전의 굶주림을 그대로 기억하고 있기 때문에 당분을 좋아하고 당분을 먹기만 하면 그대로 살이 되는 것이다. 단적으로 말한다면 설탕 자체가 나쁜 물질이라서 우리에게 해를 끼치는 것이 아니라 우리가 그것을 지나치게 많이 섭취하는 것이 잘못된 것이다. 즉 우리의 식습관이 건강을 해치는 것이지 설탕 자체가 나쁜 물질이기 때문에 해를 끼치는 것이 아니라는 점을 강조하고 싶다.

설탕을 많이 먹게 되면 많은 해악들이 나타난다. 앞에서도 언급했듯이 우리의 유전자는 1만 년 전에 비해 그다지 변한 것이 없는데, 우리의 식습관은 최근 30년간 너무나 큰 변화를 겪었다. 부작용이 일어나지 않는다면 그것이 오히려 이상한 것이다. 설탕이나 꿀과 같은 이당류나 단당류는 소화과정 없이 곧바로 흡수된다. 따라서 섭취하자마자 혈액의 혈당을 높여준다. 적당한 혈당은 건강을 위한 필수적인 요소지만 당장 필요 없는 과다한 혈당은 우리 몸에 축적된다. 이를 맡고 있는 것이 인슐린이라는 호르몬인데, 인슐린은 혈당이 높아지면 혈액 중의 당을, 간에는 글리코겐(저장다당류, 당분을 여러 개로 모은 다발형태)으로, 근육에는 지방이라는 물질로 축적해 둔다. 따라서 비만이 되면, 온갖 나쁜 병들이 우리 몸을 괴롭히게 되는 것이다. 또한 혈액 중의 당분이 과도하게 올라가면 당연히 인슐린이 갑작스럽게 많이 분비되는데, 이런 상태가 반복적으로 일어나게 되면 우리 몸의 인슐린 분비 작용에 이상이 생길 수 있다. 즉 당뇨병으로 이행될 가능성이 높아진다는 뜻이다. 설탕 자체는 나쁜 물질이 아니지만 그것을 얼마나 자주, 그리고 얼마나 많이 섭취하는가에 따라 우리의 건강이 좌우된다고 할 수 있다.

8. 매실절임 만들기

매실절임은 매실염절임 가공품인 일본의 우메보시와 제조방법이 비슷하지만 단맛을 가미했다는 데서 좀 차이가 난다고 할 수 있다. 매실절임은 매실 특유의 새콤한 신맛과 소금의 짠맛, 설탕의 단맛이 어우러진 매실 가공품이며, 가정에서 만들어 두었다가 냉장고에 보관하면 오랫동안 먹을 수 있다.

가 매실절임용 원료와 용기

매실절임에는 노르스름하게 변색이 되기 전인 청매를 사용하는 것이 좋다. 너무 익어서 물러지기 시작한 매실은 절임시에 터지기 쉽고 염절임 후에도 아삭아삭하고 쫄깃한 맛을 내기가 어렵다. 필요한 재료는 매실 1 kg에 소금 200 g, 설탕 150 g 정도이다. 염절임이나 당액 침지시 매실이 떠오르는 것을 방지하기 위하여 누름판을 사용해야 되므로 주둥이가 넓은 항아리나 유리병을 사용하는 것이 좋다.

나 매실절임 제조공정

매실 → 선별 → 씻기 → 물빼기 → 꼭지제거 → 소금절임 → 말리기 → 당액 침지 → 매실절임

다 매실절임 제조방법

- **절임용 원료 준비**

시장에서 구입해온 매실을 펴 놓고 깨진 것이나 곰팡이가 난 것을 제거하고, 깨끗하고 잘 익은 것만을 선별한 다음 흐르는 수돗물에 깨끗이 씻어 채반에 널어 물빼기를 해둔다. 매실절임은 매실과육을 그대로 먹는 것이기 때문에 매실의 꼭지를 일일이 제거해 주어야 한다. 이쑤시개를 이용하면 시간은 걸리지만 쉽게 꼭지를 빼낼 수 있다.

- **소금절임**

절임을 할 매실이 잠길 정도의 물에다 소금을 녹인 다음, 준비해둔 매실을 넣고 매실이 뜨지 않게 누름판으로 눌러둔다. 매실 1 kg에 물 1 L와 소금 200 g을 사용하면 된다. 즉 20%의 소금물에 매실을 침지하는 것이 된다. 염절임을 한 후 10~15일 정도 지나면 매실은 수분이 빠져 약간 쪼글쪼글하게 되는데 이때 건져내어 햇볕에 3~4일 말린다.

- **당액 침지**

햇볕에 3~4일간 말려 쭈글쭈글해진 매실을 미리 준비한 15%의 당액에 침지를 한다. 당액은 물 1 L에 설탕 150 g을 넣고 녹이면 된다. 이렇게 당액에 침지해 두면 소금절임을 한 매실에서 염분이 빠져나오고 당액 중의 당분이 매실 속으로 들어가게

된다. 당액 침지를 할 때 차조기잎을 넣게 되면 매실을 불그스레하게 물들일 수 있다.

당액에 침지하고 3일 정도가 지나면 침지액에서 미생물이 생장하게 되는데, 이 미생물들은 매실 과육을 연화시키는 효소를 생성하므로 며칠 동안 그대로 방치해 두면 매실이 물러지고 발효취가 강하게 되어 먹지 못하게 된다. 따라서 3일 정도 지나면 침지한 당액을 따로 따라내어 끓인다음, 잘 식혀서 다시 그 물을 매실이 들어 있는 침지 항아리에 붓는다. 이러한 작업을 3일 간격으로 5회 정도 하게 되면 매실의 신맛과 소금의 짠맛, 그리고 당액의 단맛이 어우러진 매실절임이 완성된다. 당액 침지시 주의해야 할 점은 발효에 의해 매실이 떠오를 수 있는데, 떠오른 매실은 쉽게 갈변되기 때문에 누름판으로 눌러서 매실이 당액에 모두 잠기게 하는 것이 중요하다. 그리고 거듭 강조하지만 발효가 일어나게 되면 매실이 급속도로 물러지므로 반드시 3일에 한 번씩은 당액을 끓인 다음 식혀서 붓는 것을 잊지 말아야 한다.

- **보관**

이렇게 완성된 매실절임은 단맛이 있기 때문에 상온에서 보관할 경우 오래가지 못한다. 따라서 절임이 완료된 매실을 차곡차곡 재어두고 끓여 식힌 당액을 조금 부은 다음 냉장고에 보관해야 오랫동안 먹을 수 있다.

9. 매실잼 만들기

가 잼의 제조원리

잼용 과일에는 펙틴과 산, 당이 적당히 들어 있어야 한다. 잼으로 응고가 되려면 펙틴, 산, 설탕의 세 가지 성분이 각각 일정한 농도와 비율로 맞아야 한다. 과일에는 산과 펙틴이 적당히 들어 있는 것이 있는 반면, 산은 많은데 펙틴이 적거나, 산은 적은데 펙틴이 많은 것들이 있다. 따라서 한 가지 과일로 잼을 만드는 것보다는 두 가지 이상의 과일을 섞어서 만들면 펙틴과 산이 서로 보완되어 맛있는 잼을 만들 수 있다.

양질의 잼이 되려면 잼의 완성점에 있어서 당도는 약 60%, 펙틴은 1.0~1.5% 정

표 3-4 • 산과 펙틴 함량에 따른 과실의 분류

산과 펙틴이 많은 것	살구, 감귤, 자두, 매실, 복분자 등
펙틴은 많으나 산이 적은 것	복숭아, 무화과, 앵두 등
산은 많으나 펙틴이 적은 것	포도, 딸기 등
산과 펙틴이 적은 것	사과, 배 등

도가 되어야 한다. 산의 함량에 있어서는 총산보다도 pH가 중요한데, 젤리가 형성되는 pH 범위는 2.9~3.5 정도이다. 일반적으로 과실에 많이 함유되어 있는 유기산의 경우, 약 0.6~1.0% 정도의 산을 함유하고 있으면 적당한 pH 범위에 들게 된다. 매실에는 산이 다량 함유되어 있으므로 다른 종류의 과일잼을 만들 때 매실 과육을 함께 넣어주면 산의 비율이 맞춰져 질 좋은 과일잼을 만들 수 있다. 매실 자체만으로 잼을 만들 경우에는 매실의 산 함량이 너무 높기 때문에 좋은 잼을 만들기가 쉽지 않다.

나 매실잼 제조공정

원료 → 선별 → 씻기 → 물빼기 → 꼭지제거 → 핵제거 → 과육 준비 → 믹서로 갈기 → 설탕 넣기 → 졸이기 → 담기 → 매실잼

다 매실잼 제조방법

• **매실잼용 원료구입**

매실잼에 사용할 매실은 가능한 완숙된 것이 좋다. 그러나 펙틴의 함량만을 고려한다면 익을수록 펙틴의 함량이 줄어들기 때문에 청매 쪽이 좋을 수도 있으나, 청매의 경우 원료 자체에 이미 산이 많은 편이다. 더욱이 졸이는 과정에서 산의 함량이 높아지므로 잼이 딱딱하게 굳고 신맛이 너무 강하여 기호성 있는 잼을 만들기 어렵다. 따라서 부족한 펙틴을 첨가한다면, 산의 함량을 기준으로 볼 때, 노랗게 변하여 물러지기 시작한 매실이 잼을 만들기에 적합하다고 할 수 있다. 노랗게 완숙된 매실이라도 산의 함량이 약 3% 정도 되기 때문에 설탕이나 펙틴을 충분히 넣어 주어야

산의 비율이 맞는 맛있는 잼을 만들 수 있다.

- **과육준비**

잼을 만들려면 우선 썩은 것을 제거하고 과일을 깨끗이 세척 한 다음 과육을 도려내야 한다. 매실잼용 매실은 완숙된 것을 사용해야 되기 때문에 매실고추장을 만들듯이 먼저 매실을 푹 찐 다음 과육을 손으로 주물러 채반에 걸쳐 놓고 과육과 핵을 분리하면, 작업시간이 단축된다. 또한 매실을 통째로 찌게 되면 과육 속의 갈변효소가 파괴되기 때문에 과육을 손으로 문질러도 과육의 갈변은 더 이상 일어나지 않는다.

매실과육을 준비하는 또 다른 방법으로는 매실과육을 6등분하여 칼로 도려내는 것이다. 이때 도려낸 과육을 물에 담가 두면 작업 도중 과육이 갈변하는 것을 어느 정도 막을 수 있다. 이때 담금용 물에 우리가 흔히 비타민 C 제제로 복용하는 레모나와 같은 것을 한 봉지 풀어 넣게 되면 과육의 갈변을 완벽하게 방지할 수 있다.

- **믹서로 갈기**

매실을 통째로 쪄서 준비한 매실과육이나 칼로 도려내어 준비한 매실과육에는 껍질이 그대로 존재하기 때문에 믹서로 곱게 갈아야 부드러운 잼을 만들 수 있다. 이때 칼로 도려낸 매실과육을 갈 때에는 매실과육 1 kg에 대하여 갈변방지제로 아스코르빈산이 들어있는 레모나를 1봉지 넣어 주면 과육의 갈변을 막을 수 있다. 이러한 방법은 다른 과육을 갈 때에도 마찬가지로 사용할 수 있다. 레모나가 아닌 다른 비타민 C 제제도 똑같은 역할을 한다.

원료의 처리는 반드시 스테인리스로 만든 기구를 사용하는 것이 좋다.

- **설탕과 펙틴의 첨가량 및 첨가시기**

앞에서도 언급했듯이 매실은 산 함량이 대단히 높기 때문에 산의 비율을 맞추기 위해서는 설탕을 많이 넣어 주어야 한다. 잘 익은 황매의 경우 산의 함량이 약 3%, 당의 함량은 10%, 펙틴의 함량은 0.5% 정도 된다고 보았을 때, 최종 제품의 당도를 60%, 산의 함량을 1.0%, 펙틴의 함량을 1.2%정도 되게 하려면, 매실과육 1 kg에 대하여 설탕은 약 1.2 kg, 펙틴은 약 20 g이 필요하다. 설탕의 양이 적으면 상대적으로 산의 함량이 높아져 신맛이 너무 강하게 되기 때문에 최소한 이 정도의 설탕을 넣어 주어야 맛있는 잼을 만들 수 있다.

그리고 잼을 굳게 하는 데는 반드시 펙틴이 필요한데, 설탕을 많이 넣어주게 되므로 최종 펙틴을 1.2% 정도로 맞추기 위해서는 최소한 위에서 계산한 20 g정도의 펙틴을 반드시 넣어 주어야 한다.

당은 한꺼번에 넣는 것보다 3회 정도 나누어서 넣으면 과육에 골고루 당이 침투되어 좋은 잼을 만들 수 있다. 과육을 믹서에 갈고나서 미리 계량해둔 설탕의 일부분을 과육에 뿌리고 잘 섞어 준다. 이는 졸이기를 할 때 과육으로부터 과즙이 용출되어 눋지 않게 하는 작용을 한다. 과육이 끓기 시작하면 주걱으로 잘 저으면서 설탕을 골고루 뿌려 주면 된다.

당질류로 설탕만을 쓰게 되면 너무 달 수가 있는데, 이때에는 감미도가 설탕보다 낮은 맥아당(물엿)을 섞어서 사용할 수 있다. 설탕과 맥아당은 8대2 정도로 섞어서 사용하면 되고, 맥아당이 너무 많이 들어가면 품질이 떨어진다. 맥아당은 순도가 약 50% 정도이므로 설탕 100 g을 대신하여 맥아당을 넣는다면 맥아당은 200 g을 넣어 주어야 한다.

펙틴은 미리 계량해 두었다가 과육이 끓기 시작하면 조금씩 넣어주면서 잘 풀리게 저어주어야 한다. 한꺼번에 넣으면 펙틴이 뭉쳐져 골고루 퍼지지 않게 되므로 반드시 소량을 조금씩 뿌리면서 잘 저어주어야 한다.

■ 매실 이외의 과일잼 만들기 ■

다른 과일의 경우에는 산의 함량이 0.5% 내외이므로 설탕을 과육의 20~30% 정도 넣어 주게 되면, 졸이는 과정에서 수분이 날아감으로 당과 산의 함량도 높아지고 펙틴의 비율도 높아져 잼이 된다. 예를 들어 사과를 이용하여 가정에서 잼을 만들 때, 사과 과육 1 kg에 대하여 설탕을 200 g만 넣고 졸이면 산이나 펙틴을 더 첨가하지 않고도 잼을 만들 수 있다. 다만 이렇게 할 경우 농축도를 높여야 하기 때문에 오랫동안 졸여야만 잼이 된다.

졸이기–처음에는 센 불로 끓이다가 어느 정도 수분이 증발하면 약한 불로 서서히 졸여야 한다. 바닥이 눋게 되면 잼에서 탄내가 나므로 치명적으로 품질이 나빠지게 된다. 졸이는 시간은 과육의 양에 따라 다르겠지만 설탕을 많이 넣어주는 매실의 경우, 약 15~20분가량 졸이면 된다. 졸이기를 할 때 주의할 점은 냄비 바닥이 눋지 않게 나무주걱으로 계속 저어 주어야 한다는 것이다.

담기 및 보관–잼의 완성점은 얼음물을 이용하여 알아볼 수가 있다. 걸쭉하게 졸인 잼을 숟가락으로 조금 떠서 식힌 다음 얼음물이 든 컵에 떨어뜨렸을 때 완전히 풀어지지 않고 조금이라도 굳은 채로 밑바닥까지 떨어지게 되면 잼이 완성된 것이다. 좀 덜 졸인 듯이 보이더라도 잼을 냉각시키면 굳게 되므로 너무 많이 졸이지 말아야 한다. 얼음물이 든 컵에 떨어드렸을 때 전혀 흐트러지지 않고 그대로 바닥으로 떨어진다면 잼이 너무 농축된 것이라고 볼 수 있다. 이런 상태로 병에 담게 되면 너무 굳어져서 잼이 빵에 잘 발라지지 않게 된다. 물을 조금 붓고 다시 끓여서 잼의 완성점을 맞추는 것이 좋다.

매실과육 1 kg을 사용한다면 설탕 1.2 kg를 첨가해 주어야 하는데, 졸이는 과정에서 수분 약 100 g 정도가 날아가고, 최종적으로는 약 2.1 kg 정도의 잼을 얻게 된다. 따라서 300 g 정도의 잼병 7개가 필요한 셈이다.

완성된 잼은 미리 깨끗하게 씻어서 말려둔 병에 뜨거운 채로 담아 밀봉하여 둔다. 주의해야 할 것은 잼을 병에 넣고 식기 전에 곧바로 뚜껑을 닫아야 한다는 것이다. 식혀서 뚜껑을 닫게 되면 잡균의 오염으로 잼을 오랫동안 보관할 수가 없다. 또한 잼을 너무 큰 병에 담아두면 다 먹기도 전에 곰팡이가 피거나 당질이 녹을 수가 있으므로 작은 병에 여러 개로 나누어 저장하는 것이 바람직하다. 개봉을 하지 않은 것은 상온에서도 1년 이상 보관이 되지만 일단 개봉된 잼은 냉장고에 보관하면서 이용해야 곰팡이나 기타 잡균의 오염을 방지할 수 있다.

참고문헌

강민영 등 3명. 1999. 매실과육과 매실착즙박의 이화학적 특정. 한국식품과학회지 31(6) 1434-1439.

광양시농업기술센터. 2007. 매실음식 모음집. 과양시농업기술센터.

김용두 등 3명. 2002. 매실품종과 수확시기별 및 매실가공식품의 시안화합물의 변화. 한국식품저장유통학회지 9(1) 42-45.

김의부. 1992. 매실재배. 오성출판사.

김정옥, 신말식. 2007. 한국 음식문화에서 매실과 매화. 호남문화연구 40:79-116.

김정훈 등 5명. 1996. 아미그달린의 투여경로에 따른 면역생물학적 연구. 약학회지 40(2) 202-211

김준호 등 3명. 2003. 매실분말식품개발 및 고형물 가공기술 개발. 농촌진흥청 현장애로기술 개발사업 연구보고서.

농수산물유통공사. 1994. 매실의 국내현황과 일본시장 동향. 농수산물무역정보 66:24-31.

농촌진흥청. 1990. 표준영농교본-70 특수과수재배.

농촌진흥청. 2001. 표준영농교본-111 자두, 매실.

농촌진흥청. 2002, 과실종합생산(IFP)을 위한 과수원 토양관리 및 병해충 방제.

농촌진흥청. 2008. GAP 표준재배지침서 우수농산물관리제도 매실.

박은정. 2003. 매실주 제조 중 주요성분변화에 관한 연구. 성신여대 박사학위 논문.

손상수 등 3명. 2003. 매실을 이용한 알콜 발효의 최적 조건. 한국식품영양과학회지 32(4) 539-543.

손상수 등 3명. 2003. 매실을 이용한 알콜 발효의 최적 조건. 한국식품영양과학회지 32(4) 539-543.

이운직. 1988. 매실재배의 기초지식. 광명.

정기태 등 6명. 1992. 매실을 이용한 식초 제조방법 연구. 농시논문집 34(2) 65-69.

조성환 등 8명. (2006. 국내 매실 산업의 활성화를 위한 기능성 물질 및 가공기술 개발에 관한 연구. 농림부)

차환수, 황진봉, 박정선, 박용곤, 조재선. 1999. 매실의 성숙중 유기산, 유리당 및 유리 아미노산의 변화. 농산물저장유통학회지. 6:481-487.

차환수 등 8명. 2000. 청매실의 저장성 증진 및 새로운 가공기술 개발. 농림부.

최갑림. 2005. 다변량분석법에 의한 매실의 품종군 분류. 순천대학교 석사학위 논문.

長谷部秀明. 1980. ウメの品種と栽培. 社團法人 農山漁村文化協會.

童啓風. 1998. 中國果樹實用新技術大全 落葉果樹券. 中國農業科學出版社.

中國農業科學院. 1987. 中國果樹栽培學. 農業出版社.

Yaegaki, H., H. Iwata, T. Haji, Y. suesada, M. Yamaguchi. 2006. Classification and identification of cultivars in Japanese apricot (Prunus mume Sieb. et Zucc.) based on quantitative evaluation of morphological features of stone. Bull. Natl. Inst. Fruit Tree Sci. 5:29-37.

Yaegaki, H., T. Shimada, T. Moriguchi, H. Hayama, T. Haji, M. Yamaguchi. 2001. Molecular characterization of S-RNase genes and S-genotypes in the Japanese apricot (Prunus mume Sieb. et Zucc.). Sex. Plant Reprod. 13:251-257.

Shimada, T., T. Haji, M. Yamaguchi. T. Takeda, K. Nomura, and M. Yoshida. 1994. Classification of mume (Prunus mume Sieb. et Zucc) by RAPD Assay. J. Japan. Soc. Hort. Sci. 63:543-551.

생산자와 소비자를 위한

매실의 재배와 이용

초판 3쇄 발행: 2014년 5월 15일

감　수: 김정호

집　필: 강상조, 윤익구, 전지혜, 임명순
최장전, 권정현, 정석태

발 행 인: 김중영

발 행 처: 오성출판사

주　소: 서울시 영등포구 영등포동 6가 147-7

전　화: 02)2635~5667~8

팩　스: 02)835~5550

등　록: 1973년 3월 2일 제 13-27호

I S B N: 978-89-7336-155-7